高职高专"十一五"规划教材

机械工程材料

第二版

高琪妹　主编
叶明生　主审

化学工业出版社
·北京·

本书在充分汲取高职高专和成人高校培养技术应用型专门人才方面取得的成功经验和教改实践及成就的基础上修订而成的。

全书分为十二章，其内容包括：金属材料的性能、材料的结构、材料的凝固、金属的塑性变形与再结晶、钢的热处理、非合金钢、低合金钢和合金钢、铸铁、非铁金属及其合金、非金属材料与复合材料、材料的选用、新型材料发展动态。在各章中附以知识目标、能力目标、思考与应用的训练，以强化综合应用能力的培养。适时引入典型实例，引导和培养学生用相关知识解决实际问题的能力，以供读者使用。

本书的内容已制作成用于多媒体教学的PPT课件，并将免费提供给采用本书作为教材的院校使用。如有需要，请发电子邮件至cipedu@163.com获取，或登陆www.cipedu.com.cn免费下载。

本书可作为高职高专机械类或近机类各专业的通用教材，也可作为电视大学、职工大学、函授大学及有关的专业工程技术人员较实用的参考书。

图书在版编目（CIP）数据

机械工程材料/高琪妹主编．—2版．—北京：化学工业出版社，2010.10（2016.7重印）
高职高专“十一五”规划教材
ISBN 978-7-122-09446-9

Ⅰ．机…　Ⅱ．高…　Ⅲ．机械制造材料-高等学校：技术学院-教材　Ⅳ．TH14

中国版本图书馆CIP数据核字（2010）第173320号

责任编辑：高　钰　　装帧设计：刘丽华
责任校对：边　涛

出版发行：化学工业出版社（北京市东城区青年湖南街13号　邮政编码100011）
印　　装：大厂聚鑫印刷有限责任公司
787mm×1092mm　1/16　印张10¼　字数252千字　2016年7月北京第2版第4次印刷

购书咨询：010-64518888（传真：010-64519686）　售后服务：010-64518899
网　　址：http://www.cip.com.cn
凡购买本书，如有缺损质量问题，本社销售中心负责调换。

定　　价：20.00元

第二版前言

本教材是根据《高职高专教育基础课教学的基本要求》和《高职高专教育专业人才培养目标及规格》，在充分汲取高职高专近年来培养技术应用型专门人才方面取得的成功经验、教改实践和教材使用现状的基础上修订而成的。

本书编写的主要特点有：在不影响体系相对完整基础上，突出高职院校学生工程意识和实践能力目标的培养。

为了有助于理清学习思路，强化应用，在各章中附以知识目标、能力目标、思考与应用的训练，以强化综合应用能力的培养。

适时引入典型实例，引导和培养学生用相关知识解决实际问题的能力。

增加材料学科前沿热点知识和发展动态，反映时代特色。

本书的内容已制作成用于多媒体教学的 PPT 课件，并将免费提供给采用本书作为教材的院校使用。如有需要，请发电子邮件至 cipedu@163. com 获取，或登陆 www. cipedu. com. cn 免费下载。

本书由高琪妹教授主编并编写绪论、第二、三、六和附录，张雅琴编写第一、七和八章，李明顺编写第四、五和十一章，武斌儒编写第九和十章，王爱民编写第十二章。

本书由徐州工业职业技术学院叶明生教授担当主审，对书稿的内容及文字进行了认真审阅，并提出了许多宝贵的修改意见，编者对此表示衷心的感谢！

由于编者学识有限，不足之处敬请广大读者给予指正。

编者

2010 年 10 月

第一版前言

本教材是根据《高职高专教育基础课教学的基本要求》和《高职高专教育专业人才培养目标及规格》，在充分汲取高职高专探索培养技术应用型专门人才方面取得的成功经验、教学实践和教材使用现状的基础上编写而成的。

本书编写的主要特点如下。

1. 在教学内容的组织与安排上，尽可能符合认知规律、教学规律、不求面面俱到，部分内容引而不发，给教学留有余地，学习留有空间。力求简明，重点突出，深入浅出，较合理地处理系统性与实践性、先进性与针对性之间的关系，既注重体系的完整性，又兼顾目前各院校学生及学习者对实际的需求。

2. 以应用型能力培养为主线，全书紧紧抓住材料的化学成分、加工工艺、组织、结构、性能和应用之间的相互关系及其变化规律这个“纲”展开思路，纲举目张。

3. 本课程的性质较之其他课程理论性强，实践应用性广。为了有助于理清学习思路，强化应用，在各章中附以指导性较强的学习指导和趣味性的思考与应用题，以强化综合应用能力的培养。

4. 增加材料学科前沿热点知识和发展动态，以反映时代特色。

5. 全书名词、术语、牌号均采用最新的国家标准，并使用法定计量单位。

本书由高琪妹副教授主编，并编写绪论及第二章、第三章、第六章、第十二章和附录；张雅琴高级讲师编写第一章、第七章、第八章；李明顺高级讲师编写第四章、第五章、第十一章；武斌儒高级讲师编写第九章、第十章。

本书由叶明生副教授主审，他对书稿的内容及文字进行了认真审阅，并提出了许多宝贵的修改意见，参加审稿工作的还有王绍良、赵玉奇、梁正、于宗保等，编者在此表示衷心感谢！本书编写过程中的主要参考书目列于书后，编者向这些著作的作者一并衷心致谢！

由于编者学识有限，不足之处在所难免，敬请广大读者给予指正。

编者
2004.3

目　录

绪　论

一、材料的发展

人类为了生存和生产，总是不断地探索、寻求制造生产工具的材料，而每一种新材料的研制、开发和应用，都会促使生产力向前发展，并给人们的生活带来巨大的变革，将人类社会及物质文明推向一个新的阶段。所以，历史学家根据材料的使用情况，将人类生活的时代划分为石器时代、青铜器时代、铁器时代。而今，人类已跨进人工合成材料的新时代，即高分子材料、先进陶瓷材料、复合材料、人工合成材料及即将进入的纳米材料时代。

大约在二三百万年前，我们的祖先用坚硬的容易纵向开裂成薄片的燧石和石英石等天然材料制成石刀、石斧、石锄。到公元前的夏朝，我国就开始使用青铜。从河南安阳晚商遗址出土的司母戊鼎重达875kg，外形尺寸为1.33m×0.78m×1.10m，是迄今世界上最古老的大型青铜器，制造时采用了精湛的铸造技术。到公元前的春秋战国时期，开始大量使用铁器。从兴隆战国铁器遗址中发掘出了浇铸农具用的铁模，说明冶金铸造技术已由泥砂造型水平进入铁模铸造的高级阶段。可见我国古代在材料及其加工工艺方面的科学技术曾远远超过同时代的欧洲，在世界上遥遥领先，对世界文明和人类进步做出过巨大的贡献。但是，由于封建制度的长期统治，我国工农业生产和科学技术等在解放前处于落后且停滞状态。

新中国成立以后，我国的钢铁冶炼技术有了突破性的进展，目前钢产量已跃居世界首位。武汉长江大桥使用碳素结构钢制造，而我国自行设计和建造的南京长江大桥则用强度较高的合金结构钢16Mn制造，九江长江大桥则用强度更高的合金结构钢16MnVN制造。我国的原子弹、氢弹的研制成功，火箭、人造卫星的上天，都以材料的发展为坚实基础。

目前，人们把信息、新材料、能源和生物工程等称为现代科学技术和现代文明的四大支柱，而在这四者之中，新材料又是最重要的基础。历史证明，每一次重大新技术的发明，往往都依赖于新材料的发展。可见材料科学在现代技术中的重要地位和作用。

二、工程材料的分类

材料的种类很多，其中用于机械制造的各种材料，称为机械工程材料。生产中用来制作机械工程结构、零件和工具的机械工程材料，分为金属材料、非金属材料和复合材料三大类。

金属材料是最重要的机械工程材料，它包括铁和以铁为基的合金（俗称黑色金属），如钢、铸铁和铁合金等；非铁金属材料（俗称有色金属），如铜及铜合金、铝及铝合金等。钢铁材料应用最广，占整个结构材料、零件材料和工具材料的90%左右。

非金属材料是泛指除金属材料和复合材料以外的材料，机械制造中常用的有高分子材料、陶瓷材料等。非金属材料不但能代替部分金属材料，而且已经成为一种重要的、独立的新型工程材料。近年来，非金属材料发展迅速，其中以人工合成高分子材料发展最为突出。

复合材料以其无可比拟的优越性能，站在现代工程材料的前列。复合材料主要包括纤维增强复合材料，层状复合材料和颗粒复合材料三类。可以说，人工复合材料的使用，标志着人类社会发展已进入了一个崭新的时代。

目前，金属材料、非金属材料和复合材料相互补充、相互结合，已经组成了一个完整的材料体系。

三、课程的性质、内容和基本要求

《机械工程材料》是高职高专机械类专业必修的技术基础课。其教学目的和任务是使学生获得常用机械工程材料的基础知识，为进一步学习其他相关课程和将来从事机械行业生产技术工作奠定必要的理论基础。

本课程的内容主要是金属材料的性能、金属学基本知识、钢的热处理、常用金属材料、非金属材料、复合材料，以及新型材料发展动态等。

学完本课程后，应达到下列的基本要求。

① 熟悉常用机械工程材料的成分、加工工艺、组织结构与性能之间的关系及变化规律。

② 掌握常用机械工程材料的性能与应用，具有选用常用机械工程材料和改变材料性能方法的初步能力。

③ 了解与本课程有关的新材料、新技术、新工艺及其发展动态。

④ 根据教学实际情况应适量安排实验课、课堂讨论、课后调研等环节，以利于培养学生分析问题和解决问题的综合能力。

⑤ 本课程应安排在金工实习后学习，教材中热处理方法的选择及确定热处理工序位置、工程材料的选用等内容，尚需在有关后续课程、课程设计和毕业设计中反复联系、巩固与提高，从而才能达到基本掌握与应用本课程知识的要求。

第一章 金属材料的性能

知识目标

1. 掌握强度、塑性的概念、拉伸实验方法和步骤。
2. 掌握硬度、冲击韧度和疲劳的概念，了解其测定原理与方法。
3. 了解金属材料工艺性能的含义和种类。

能力目标

1. 能做拉伸实验，并做出力学性能指标的计算结果。
2. 能进行材料布氏、洛氏硬度检测。

为了正确地使用金属材料，应充分了解和掌握金属的性能。金属材料由于其特有的性能特点而被广泛应用。在机械制造行业中，为了设计制造具有较强竞争力的产品，必须了解和掌握材料的各种性能，以便使产品设计、选材和制造等方面体现出最优化。通常把金属材料的性能分为使用性能和工艺性能。其中使用性能是指金属材料为保证机械零件或工具正常工作应具备的性能，即在使用过程中所表现出的特性。金属使用性能包括力学性能、物理性能和化学性能等。了解金属的性能，才能正确、经济、合理地选用金属材料。金属使用性能的优劣，直接与日常生活密切相关。金属材料适应各种冷、热加工的性能，包括铸造性、锻造性、焊接性、热处理性和切削加工性。

第一节 金属的力学性能

金属的力学性能是指金属在力的作用下所显示的与弹性和非弹性反应相关或涉及应力-应变关系的性能，如弹性、强度、硬度、塑性、韧性等。弹性是指物体在外力作用下改变其形状和尺寸，当外力卸除后又恢复到其原始形状和尺寸的特性。物体受外力作用后导致物体内部之间相互作用的力称为内力，而单位面积上的内力则称为应力（MPa）。应变是指由外力所引起的物体原始尺寸或形状的相对变化（%）。

金属力学性能的高低表征金属抵抗各种损害作用的能力大小，它是评定金属材料质量的主要判据，也是金属制件设计时选材和进行强度计算的主要依据。金属力学性能主要有强度、塑性、硬度、韧性和疲劳强度等。

一、强度与塑性

强度是指金属抵抗永久变形和断裂的能力。塑性是指金属在断裂前发生不可逆永久变形的能力。永久变形是指物体在力的作用下产生的形状、尺寸的改变，外力去除后，不能恢复到原来的形状和尺寸。这种不能恢复到原始的形状和尺寸的变形称永久变形或塑性变形。金属材料的强度和塑性指标可以通过拉伸试验测得。

（一）拉伸试验

金属材料的强度和塑性指标可以通过拉伸试验求得。拉伸试验是指用静载荷对试样进行轴向拉伸，测量载荷和相应的伸长，并测量其力学性能的试验。拉伸时一般将拉伸试样拉至断裂。

1. 拉伸试样

通常采用圆柱形拉伸试样，试样尺寸按国家标准（GB 6397—86）中金属拉伸试验试样中的有关规定进行制作。试样分为短试样和长试样两种，一般采用短试样。光滑圆柱形拉伸试样示意图如图 1-1 所示。图 1-1(a) 为标准试样，图 1-1(b) 为拉伸后的试样。d_0 为标准试样的原始直径，d_1 为试样断口处的直径。L_0 为标准试样的标距，L_1 为拉断试样对接后测出的标距。长试样 $L_0=10d_0$；短试样 $L_0=5d_0$。

2. 试验方法

拉伸试验在拉伸试验机上进行。拉伸试验机示意图如图 1-2 所示。将试样装在试验机的上、下夹头上，开动机器，缓慢加载，在液压轴向力的作用下将试样拉伸，直至拉断为止。同时，记录装置记录下拉伸过程中的力-伸长曲线。

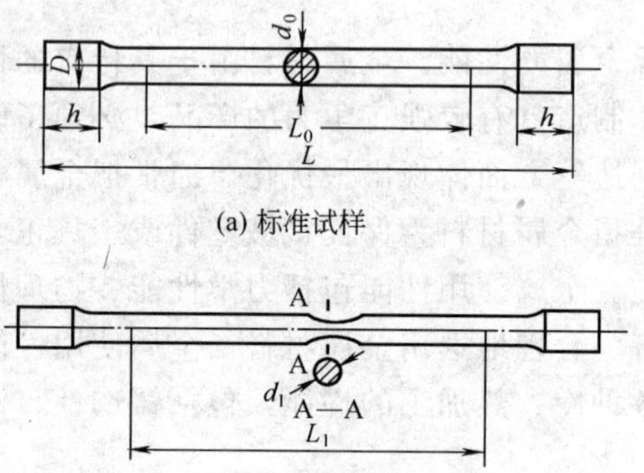

(a) 标准试样

(b) 拉伸后的试样

图 1-1　拉伸试样示意

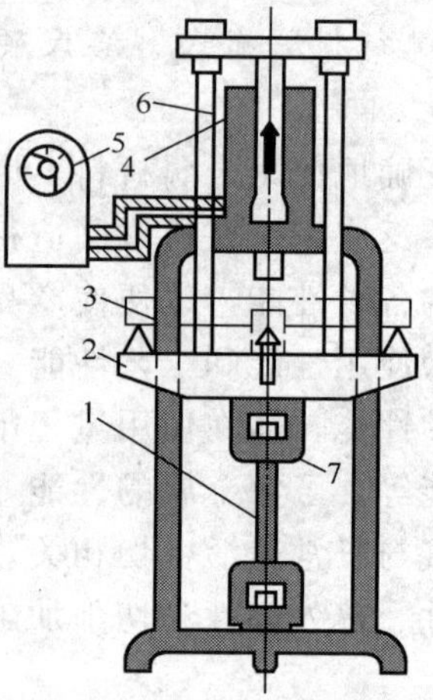

图 1-2　拉伸试验机示意

1—试样；2—工作台；3—立柱；4—工作活塞；5—表盘；6—拉杆；7—上夹头

（二）力-伸长曲线

在进行拉伸试验时，载荷 F 和试样伸长量 ΔL 之间的关系曲线，称为力-伸长曲线。通常把载荷 F 作为纵坐标，伸长量 ΔL 作为横坐标，退火低碳钢的力-伸长曲线，如图 1-3 所示。

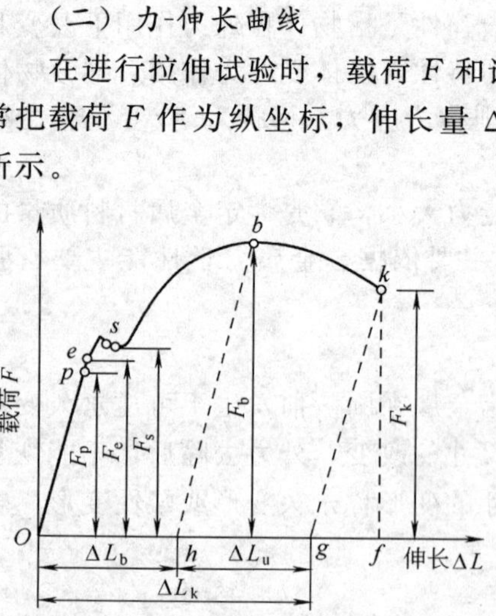

图 1-3　退火低碳钢的力-伸长曲线

观察拉伸试验和力-伸长曲线，将会发现在拉伸试验的开始阶段，试样的伸长量 ΔL 与载荷 F 之间成正比例关系，力-伸长曲线 Op 为一条斜直线，即试样与载荷成正比地增加，当去除载荷后试样伸长变形消失，恢复到原来形状，其变形规律符合虎克定律，试样处于弹性变形阶段。载荷在 $F_p \sim F_e$ 之间，试样的伸长量与载荷已不再成正比关系，拉伸曲线不成直线，但试样仍处于弹性变形阶段。

当载荷不断增加，超过 F_e 后，去除载荷，变形不能完全恢复，即有塑性变形产生，塑性伸长将被保留下来。当载荷继续增加到 F_s 时，力-伸长曲线在 s 点后出现一个平台，即在载荷不再增加的情况下，试样也会明显伸长，这种现象称为屈服现象。载荷 F_s 称为屈服载荷。

当载荷超过屈服载荷后，试样抵抗变形的能力将会增加，此现象为冷变形强化，即抗力增加现象。在力-伸长曲线上表现为一段上升曲线，即随着塑性的增大，试样变形抗力也逐渐增大。

当载荷达到 F_b 时，试样的局部截面开始收缩，产生了颈缩现象。由于颈缩使试样局部截面迅速缩小，最终导致试样被拉断。颈缩现象在力-伸长曲线上表现为一段下降的曲线。F_b 是试样拉断前能承受的最大载荷，称为极限载荷。

从完整的拉伸试验和力-伸长曲线可以看出，试样从开始拉伸到断裂要经过弹性变形、屈服阶段、变形强化阶段、颈缩与断裂四个阶段。

由于拉伸曲线上的载荷 F 与伸长量 ΔL 不仅与试样的材料有关，还与试样的尺寸有关。为了消除试样尺寸的影响，需采用应力-应变曲线。将试样承受的载荷 F 除以试样的原始截面积 S_0，则得到试样所受的应力 σ，即

$$\sigma=\frac{F}{S_0}$$

将试样的伸长量 ΔL 除以试样的原始标距 L_0，则得到相对伸长 ε，即

$$\varepsilon=\frac{\Delta L}{L_0}$$

分别以 σ 和 ε 为纵坐标和横坐标，绘出应力-应变曲线。退火低碳钢的 σ-ε 曲线，如图 1-4 所示。

应力-应变曲线的形状与拉伸曲线完全相似，只是坐标与数值不同。但它不受试样尺寸的影响，可以直接看出金属材料的一些力学性能。

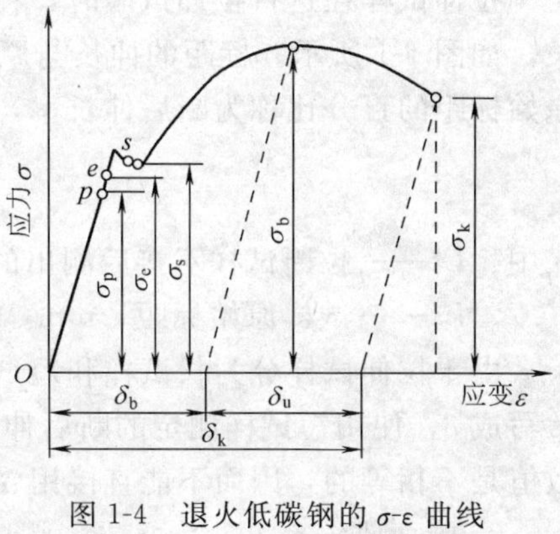

图 1-4 退火低碳钢的 σ-ε 曲线

（三）强度指标

强度是指金属材料在载荷作用下，抵抗塑性变形和断裂的能力。金属材料抵抗拉伸变形和破坏的强度指标有屈服点（屈服强度）、规定残余伸长应力、抗拉强度等。

1. 屈服点和规定残余伸长应力

屈服点是指试样在拉伸试验过程中外力不增加（保持恒定）仍然能继续伸长（变形）时的应力。屈服点用符号 σ_s 表示。它是工程技术上重要的力学性能指标之一，也是大多数机械零件选材和设计的依据。屈服点 σ_s 可按下式计算。

$$\sigma_s=\frac{F_s}{S_0}\quad(\text{MPa})$$

式中　F_s——试样屈服时的载荷，N；

　　　S_0——试样原始横截面积，mm^2。

工业上使用的部分金属材料，如高碳钢、铸铁等，在进行拉伸试验时，没有明显的屈服现象，也不会产生颈缩现象，这就需要规定一个相当于屈服点的强度指标，即规定残余伸长应力。

规定残余伸长应力是指试样卸除载荷后，其标距部分的残余伸长达到规定的原始标距百

分比时的应力，用应力符号 σ 加角标表示。例如，$\sigma_{r0.2}$ 表示规定残余伸长率为 0.2% 时的应力。

对大多数零件而言，塑性变形就意味着零件丧失了对尺寸和公差的控制。因此常将 σ_s 或 $\sigma_{0.2}$ 确定为塑性材料的极限应力，作为零件的选材和设计时的依据。

2. 抗拉强度

抗拉强度是指试样拉断前承受的最大应力值，用符号 σ_b 表示，单位为 MPa，即

$$\sigma_b = \frac{F_b}{S_0} \quad (\text{MPa})$$

式中 F_b——试样承受的最大载荷，N；

S_0——试样原始横截面积，mm^2。

σ_b 是表征金属材料由均匀塑性变形向局部集中塑性变形过渡的临界值，也是表征材料在静拉伸条件下最大承载能力。对于塑性金属材料来说，拉伸试样在承受最大拉应力 σ_b 之前，变形是均匀一致的。但超过 σ_b 后，金属材料开始出现颈缩现象，即产生集中变形。有些脆性材料，在拉伸试验时 $\sigma_{0.2}$ 也难以测出。因此，用脆性材料制作机器零件或工程构件时，常以 σ_b 作为选材和设计的依据，并选用适当的安全系数。

（四）塑性指标

金属材料的塑性可以用拉伸试样断裂时的最大相对变形量来表示，如拉伸断裂后的断后伸长率和断面收缩率。它们是工程上广泛使用的表征材料塑性好坏的主要力学性能指标。

1. 断后伸长率

拉伸试样在进行拉伸试验时，在力的作用下产生塑性变形，原始试样中的标距会不断伸长，如图 1-1 所示。标距的伸长与原始标距的百分比称为伸长率。试样拉断后的标距伸长与原始标距的百分比称为断后伸长率，用符号 δ 表示，即

$$\delta = \frac{L_1 - L_0}{L_0} \times 100\%$$

式中 L_1——拉断试样对接后测出的标距长度，mm；

L_0——试样原始标距，mm。

由于拉伸试样分为长试样和短试样，使用长试样测定的断后伸长率用符号 δ_{10} 表示，通常写成 δ；使用短试样测定的断后伸长率用符号 δ_5 表示。同一种材料的断后伸长率 δ_{10} 和 δ_5 数值是不相等的，因而不能直接用 δ_5 和 δ_{10} 进行比较。一般短试样 δ_5 值大于长试样 δ_{10}。

2. 断面收缩率

断面收缩率是指试样拉断后缩颈处横截面积的最大缩减量与原始横截面积的百分比。断面收缩率用符号 ψ 表示，即

$$\psi = \frac{S_0 - S_1}{S_0} \times 100\%$$

式中 S_0——试样原始横截面积，mm^2；

S_1——试样断口处的横截面积，mm^2。

金属材料塑性的好坏，对零件的加工和使用具有重要的实际意义。塑性好的材料不仅能顺利地进行锻压、轧制等成型工艺，而且在使用时万一超载，由于塑性变形，能避免突然断裂。所以大多数机械零件除要求具有较高的强度外，还必须有一定的塑性。一般说来，伸长率达 5% 或断面收缩率达 10% 的材料，即可满足绝大多数零件的要求。

二、硬度

硬度是衡量金属材料软硬程度的一种性能指标，也是指金属材料抵抗局部变形，特别是塑性变形、压痕或划痕的能力，是一个综合的物理量。通常，材料的硬度越高，耐磨性越好，故常将硬度值作为衡量材料耐磨性的重要指标之一。

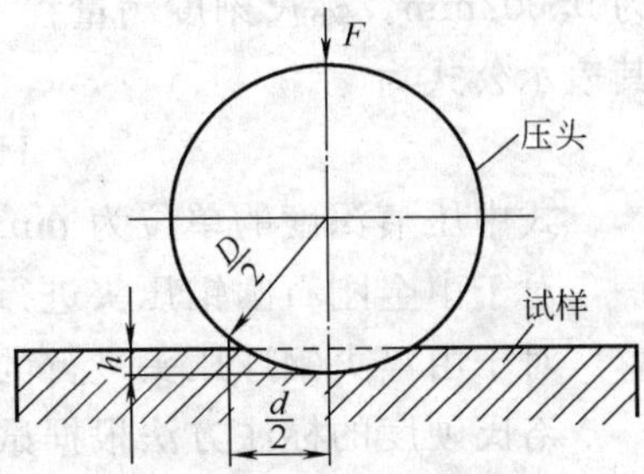

图 1-5　布氏硬度试验原理

常用的硬度测试方法有布氏硬度（HBS或HBW）、洛氏硬度（HRA、HRB、HRC等）和维氏硬度（HV）。

（一）布氏硬度

布氏硬度的试验原理是用一定直径 D 的淬火钢球或硬质合金球，以相应的试验力压入试样表面，经规定的保持时间后，去除试验力，测量试样表面的压痕直径 d，然后根据压痕直径 d 计算其硬度值的方法，如图 1-5 所示。布氏硬度是指球面压痕单位表面积上所承受的平均压力表示的硬度值。选择淬火钢球压头时，用符号 HBS；选择硬质合金球压头时，用符号 HBW。布氏硬度值可用下式进行计算。

$$\text{HBS(HBW)}=0.102\times\frac{2F}{\pi D(D-\sqrt{D^2-d^2})}\quad(\text{MPa})$$

式中　F——试验力，N；

D——压头直径，mm；

d——压痕直径，mm。

式中只有 d 是变数，因此，试验时只要测量出压痕直径，即可通过计算或查布氏硬度表得出 HBS(HBW) 值。布氏硬度计算值一般都不标出单位，只写明硬度的数值。

由于金属材料硬软不同，工件厚薄各异，在进行布氏硬度试验时，压头直径、试验力和保持时间应根据被测金属种类和厚度正确地进行选择。

150HBS10/1000/30 表示用直径为 10mm 的淬火钢球，在 1000kgf(9.807kN) 试验力作用下，保持 30s 测得的布氏硬度值为 150；500HBW5/750 表示用直径为 5mm 的硬质合金球，在 750kgf(7.355kN) 试验力作用下保持 10～15s 测得的布氏硬度值为 500，一般试验力保持时间为 10～15s 时不标明。

布氏硬度的特点是测得的硬度值比较准确，数据重复性强，但因压头直径大，材料表面压痕大，不宜测定太小或太薄的试样及成品样。布氏硬度试验常用来测定原材料、半成品及性能不均匀的材料硬度。

（二）洛氏硬度

图 1-6　洛氏硬度试验原理

洛氏硬度试验原理是以锥角为 120°的金刚石圆锥体或直径为 1.588mm 的淬火钢球，压入试样表面。洛氏硬度试验原理如图 1-6 所示。试验时，先加初试验力，然后加主试验力，压入试样表面之后，去除主试验力，在保留初试验力的情况下，根据试样残余压痕深度增量来衡量试样的硬度大小。

在图 1-6 中，0-0 位置为金刚石压头还没有和试样接触时的原始位置。当加上初试验力 F_0 后，压头压入试样中，深度为 h_0，处于 1-1 位置。再加主试验力 F_1，使压头又压入试样的深度为 h_1，处于 2-2 位置。然后去除主试验力，保持初试验力，压头因材料的弹性恢复在图中 3-3 位置。图中所示 e 值，称为残余压痕深度增量，对于洛氏硬度试验，为 0.002mm。标尺刻度满量程 k 与 e 值之差，称为洛氏硬度值。分为 A、B、C 三个标尺。其表示公式为

$$HR=k-e=k-\text{压痕深度}/0.002$$

式中压痕深度的单位为 mm。

对于由金刚石圆锥压头进行的试验，其标尺刻度量程为 100，洛氏硬度值为 $100-e$。

对于由淬火钢球压头进行的试验，其标尺刻度量程为 130，洛氏硬度值为 $130-e$。

洛氏硬度的标注方法根据试验时选用的压头类型和试验力大小的不同分别采用不同的标尺进行标注。根据 GB/T 230—1991 规定，硬度数值写在符号的前面，HR 后面写使用的标尺，如 50HRC 表示用"C"标尺测定的洛氏硬度值为 50。

洛氏硬度试验是生产中广泛应用的一种硬度试验方法。其优点是硬度试验压痕小，对试样表面损伤小，常用来直接检验成品或半成品的硬度；可测量高硬度薄层和深层的材料；试验操作简便，可以直接从试验机上显示出硬度值，省去了繁琐的测量、计算和查表等工作。但是，由于压痕小，硬度值的准确性不如布氏硬度，数据重复性差。因此，在测试洛氏硬度时，要选取不同位置的三点测出硬度值，再计算平均值作为被测材料的硬度值。

（三）维氏硬度

布氏硬度试验不适合测定硬度较高的材料。洛氏硬度试验虽可用来测定各种金属材料的硬度，但由于采用了不同的压头、总试验力和标尺，其硬度值之间彼此没有联系，也不能直接互相换算。因此，为了从软到硬对各种金属材料进行连续的硬度标定，人们制定了维氏硬度试验法。

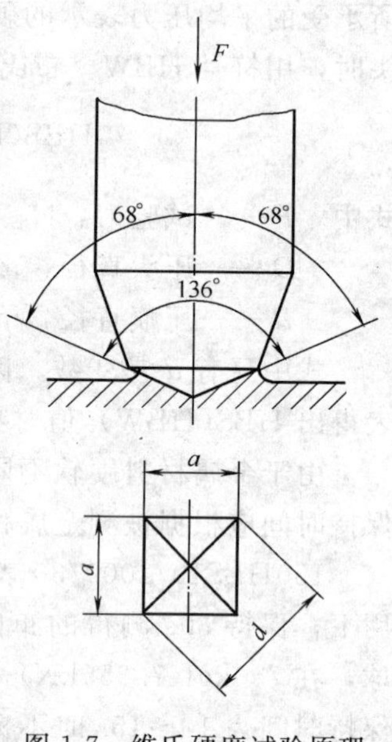

图 1-7 维氏硬度试验原理

维氏硬度的测定原理，如图 1-7 所示。它与布氏硬度测试原理相似。将夹角为 136°的正四棱锥体金刚石做成压头，试验时，在规定的试验力 F(49.03～980.7N) 作用下，压入试样表面，经规定保持时间后，去除试验力，则试样表面上压出一个四方锥形的压痕，测量压痕两对角线 d 的平均长度，可计算出其硬度值。维氏硬度是用正四棱锥形压痕单位表面积上承受的平均压力表示的硬度值。用符号 HV 表示，计算式如下。

$$HV=0.1891F/d^2\ (\text{MPa})$$

式中 F——试验力，N；

d——压痕两条对角线长度的算术平均值，mm。

试验时，用测微计测出压痕的对角线长度，算出两对角线长度的平均值后，查 GB 4340—1984 附表就可得出维氏硬度值。

维氏硬度的测量范围在 5～1 000HV。标注方法与布氏硬度相同。

640HV30 表示用 30kgf(294.2N) 试验力，保持 10～15s 测定的维氏硬度值为 640；640HV30/20 表示用 30kgf(294.2N) 试验力，保持 20s 测定的维氏硬度值为 640。

维氏硬度适用范围宽，从很软到很硬的材料都可以测量，尤其适用于零件表面层硬度的测量，如化学热处理的渗层硬度测量，其测量结果精确可靠。但测取维氏硬度值时，需要测

量对角线长度，然后查表或计算，而且进行维氏硬度测试时，对试样表面的质量要求高，测量效率较低，因此，维氏硬度没有洛氏硬度使用方便。但维氏硬度不存在压头变形问题；压痕轮廓清晰，采用对角线长度计量，精确可靠，硬度值误差较小。

三、冲击韧度

前面讨论的强度、塑性、硬度等力学性能指标都是在静载荷作用下测定的。但是有些零件在工作过程中受到的是动载荷，如锻锤的锤杆、冲床的冲头等，这些工件除要求具备足够的强度、塑性、硬度外，还应有足够的韧性。韧性是金属材料在断裂前吸收变形能量的能力。动载荷特别是冲击载荷比静载荷的破坏性要大得多，因此，需要制定冲击载荷下的性能指标，即冲击吸收功。为了测定金属材料的冲击吸收功，通常采用夏比冲击试验方法。

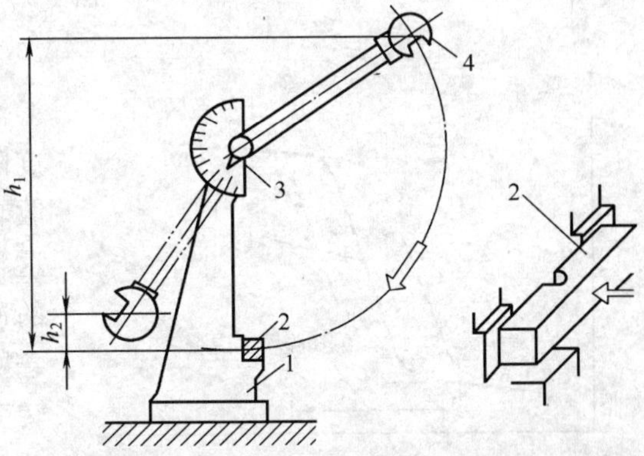

图 1-8　夏比冲击试验原理

1—固定支座；2—带缺口的试样；3—指针；4—摆锤

1. 试验原理

夏比冲击试验是在摆锤式冲击试验机上进行的。试验时，将带有缺口的标准试样安放在试验机的机架上，使试样的缺口位于两支座中间，并背向摆锤的冲击方向，如图1-8所示。将一定质量的摆锤升高到规定高度 h_1，则摆锤具有势能 A_{KV1}（V 形缺口试样）。当摆锤落下将试样冲断后，摆锤继续向前升高到 h_2，此时摆锤的剩余势能 A_{KV2}。摆锤冲断试样所失去的势能是

$$A_{KV}=A_{KV1}-A_{KV2}\ \text{(J)}$$

A_{KV}就是规定形状和尺寸的试样在冲击试验力一次作用下折断时所吸收的功，称为冲击吸收功。A_{KV}可以从试验机的刻度盘上直接读出。它是表征金属材料冲击韧性的主要判据。冲击试样缺口底部单位横截面积上的冲击吸收功称为冲击韧度，用符号 α_K 表示，

$$\alpha_K=A_K/A\quad (\text{J/cm}^2)$$

其中 A 为试样缺口底部横截面积。

显然，冲击吸收功 A_{KV}越大，表示材料抵抗冲击试验力而不破坏的能力越强。

冲击吸收功是评定金属材料力学性能的重要判据，它代表了材料的冲击韧度高低。冲击韧度对组织缺陷非常敏感，它可灵敏地反映材料质量、宏观缺口和显微组织的差异，能有效地检验金属材料在冶炼、加工、热处理工艺等方面的质量。此外，冲击吸收功对温度非常敏感，通过一系列温度下的冲击试验可测出材料的脆化趋势和韧脆转变温度。

2. 冲击试样

为了使试验结果不受其他因素影响，冲击试样要根据国家标准制作，如图 1-9 所示。带 V 形缺口的试样，称为夏比 V 形缺口试样；带 U 形缺口的试样，称为夏比 U 形缺口试样。使用 U 形缺口试样进行冲击试验时，相应的冲击吸收功用符号 A_{KU}表示 。

3. 冲击吸收功-温度关系曲线

冲击吸收功与试验温度有关。有些材料在室温时并不显示脆性，而在较低温度下，则可能发生脆断。冲击吸收功-温度的关系曲线，如图 1-10 所示。对于具有低温脆性的材料，曲线上具有上平台区、过渡区和下平台区三部分。

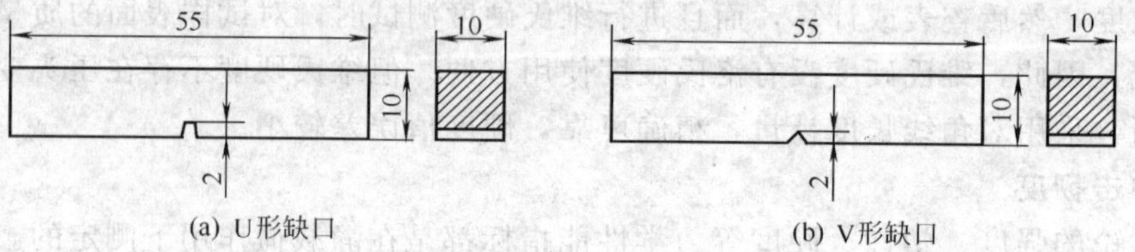

图 1-9　冲击试样

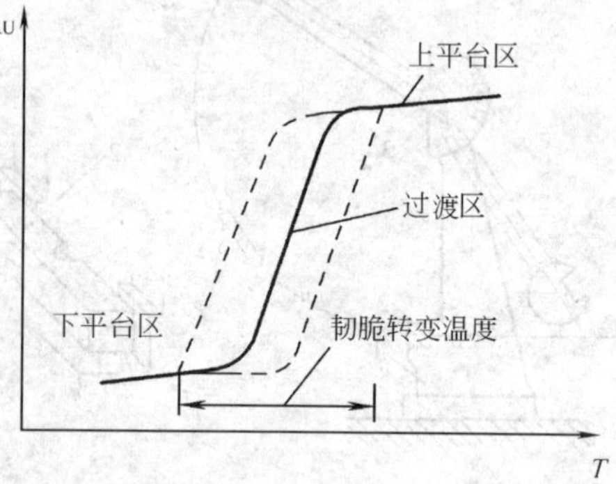

图 1-10　冲击吸收功-温度的关系曲线

在进行不同温度的一系列冲击试验时，随试验温度的降低，冲击吸收功总的变化趋势是随温度降低而降低。当温度降至某一数值时，冲击吸收功急剧下降，钢材由韧性断裂变为脆性断裂，这种现象称为冷脆转变。金属在一系列不同温度的冲击试验中，冲击吸收功急剧变化或断口韧性急剧转变的温度区域，称为韧脆转变温度。韧脆转变温度是衡量金属材料冷脆倾向的指标。材料的韧脆转变温度越低，说明材料的低温抗冲击性越好。非合金钢的韧脆转变温度约为－20℃，因此，在较寒冷（低于－20℃）地区使用的非合金钢构件，车辆、桥梁、运输管道等在冬天易发生脆断现象，在选择金属材料时，应考虑其服役条件的最低温度必须高于材料的韧脆转变温度。

四、疲劳

（一）疲劳现象与疲劳曲线

许多机械零件（如轴、齿轮、弹簧等）是在循环应力作用下工作的。循环应力是指应力的大小、方向随时间发生周期性变化的一类应力。常见的对称交变循环应力，如图 1-11 所示。其最大值 σ_{max} 和最小值 σ_{min} 的绝对值相等，即 $\sigma_{max}/\sigma_{min}=-1$。日常生活和生产中，许多零件工作时承受的应力值通常低于制作材料的屈服点或规定残余伸长应力，但是零件在这种循环载荷作用下，经过一定时间的工作后会发生突然断裂，这种现象称金属的疲劳。

疲劳断裂与静载荷作用下的断裂不同。在疲劳断裂时不产生明显的塑性变形，断裂是突然发生的，因此，具有很大的危险性，常常造成严重的事故。据统计，损坏的机械零件中80%以上是因疲劳造成的。因此，研究疲劳现象对于正确使用材料，进行合理设计具有重要的指导意义。

研究表明，疲劳断裂首先是在零件的应力集中局部区域产生，先形成微小的裂纹核心，即裂纹源。随后在循环应力作用下，裂纹继续扩展长大。由于疲劳裂纹不断扩展，使零件的有效工作面逐渐减小，因此，零件所受应力不断增加，当应力超过材料的断裂强度时，则发生疲劳断裂，形成最后断裂区。疲劳断口示意如图 1-12 所示。

（二）疲劳强度

为了防止疲劳断裂，零件设计时不能以 σ_b、$\sigma_{0.2}$ 为依据，必须制定出疲劳抗力指标。疲劳抗力指标是由疲劳试验测得的。金属在循环应力作用下能经受无限多次循环而不断裂的最大应力值称为金属的疲劳强度，即循环次数值 N 无穷大时所对应的最大应力值，称为疲劳强度。在工程实践中，一般是求疲劳极限，即对应于指定的循环基数下的中值疲劳强度。

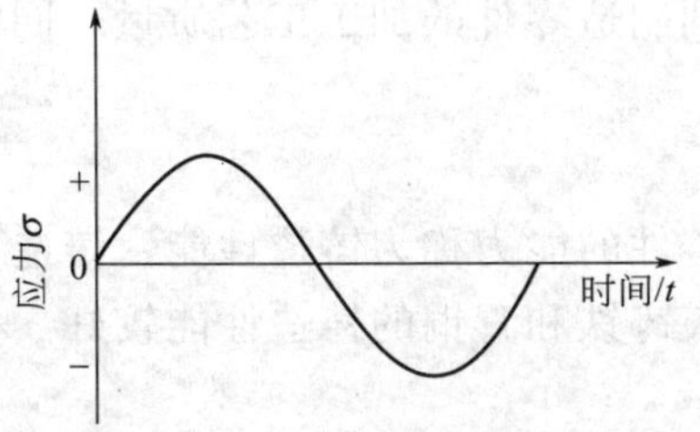

图 1-11　对称交变循环应力

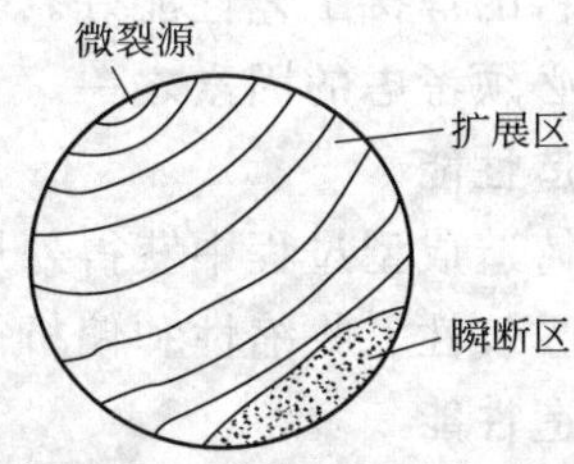

图 1-12　疲劳断口示意

对于黑色金属循环基数为 10^7，对于有色金属循环基数为 10^8。对于对称循环应力，其疲劳强度用 σ_{-1} 表示。许多试验结果表明：材料疲劳强度随着抗拉强度的提高而增加，对于结构钢当 $\sigma_b \leqslant 1\,400$MPa 时，其疲劳强度 σ_{-1} 约为抗拉强度的 1/2。疲劳断裂是在循环应力作用下，经一定循环次数后发生的。在循环载荷作用下，材料承受一定的循环应力 σ 和断裂时相应的循环次数 N 之间的关系可以用曲线来描述，这种曲线称为 σ-N 曲线，如图 1-13 所示。

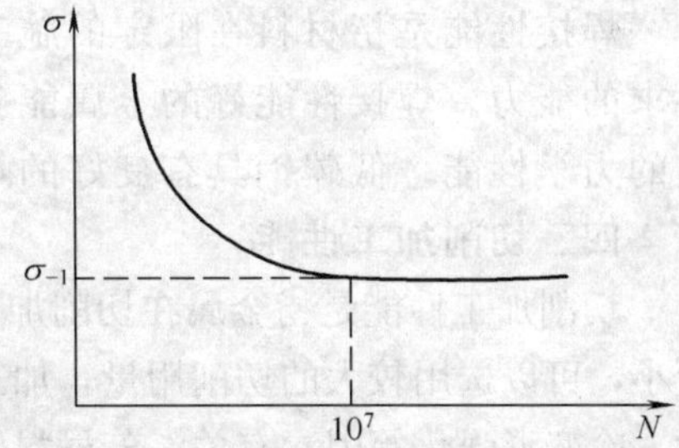

图 1-13　σ-N 曲线

由于大部分机械零件的损坏是由疲劳造成的，消除或减少疲劳失效，对于提高零件使用寿命有着重要意义。影响疲劳强度的因素很多，除设计时在结构上注意减轻零件应力集中外，改善零件表面粗糙度，可减少缺口效应，提高疲劳强度。采用表面处理，如高频淬火、表面形变强化（喷丸、滚压、内孔挤压等）、化学热处理（渗碳、渗氮、碳-氮共渗）以及各种表面复合强化工艺等都可改变零件表层的残余应力状态，从而使零件的疲劳强度提高。

典型实例 1

在第二次世界大战中，德军派出轰炸机频频轰炸英国本土。英国皇家空军驾驶战机在空中拦截，战况惨烈。突然，在不长的一段时间内，英国战机相继坠落，机毁人亡。英国军方对坠落飞机介入调查，最初的结论认为：德国是否发明了什么新式武器。因为在坠落飞机的残骸上无任何弹痕，从而引起一片恐慌。但随着调查的深入，最终结论是：这些坠落的战机无一例外地是由于疲劳现象而坠毁的，“挑战者号”航天飞机失事也是如此。也就是说，飞机发动机内的零件出现了疲劳断裂。机械零件之所以产生疲劳破坏，主要是由于制造这些零件的材料表面或内部有缺陷，如夹杂、划痕、夹角、软点、细微裂纹等，这些地方的局部应力大于屈服强度，在循环载荷的反复作用下，产生疲劳裂纹，最后达到某一临界尺寸时而突然断裂。

第二节　金属的工艺性能

工艺性能是指金属材料在制造机械零件和工具的过程中，适应各种冷、热加工的性能。也就是金属材料采用某种加工方法制成成品的难易程度。它包括铸造性能、锻造性能、焊接性能、热处理性能及切削加工性能等。例如，某种材料采用焊接方法容易得到合格的焊件，就说明该材料的焊接工艺性能好。工艺性能直接影响到制造零件的加工工艺质量，同时也是选择材料时必须考虑的因素之一。

一、铸造性能

金属在铸造成型过程中获得外形准确、内部健全铸件的能力称为铸造性能。铸造性能包括流动性、吸气性、收缩性和偏析等。在金属材料中灰铸铁和青铜的铸造性能较好。

二、锻造性能

金属材料通过锻压加工方法成型的难易程度称为锻造性能。锻造性能的好坏主要同金属的塑性和变形抗力有关。塑性越好，变形抗力越小，金属的锻造性能越好。例如，黄铜和铝合金在室温状态下就有良好的锻造性能；非合金钢在加热状态下锻造性能较好；而铸铜、铸铝、铸铁等几乎不能锻造。

三、焊接性能

焊接性能是指材料在限定的施工条件下焊接成按规定设计要求的构件，并满足预定服役要求的能力。焊接性能好的金属能获得没有裂缝、气孔等缺陷的焊缝，并且焊接接头具有一定的力学性能。低碳钢具有良好的焊接性能，而高碳钢、不锈钢、铸铁的焊接性能则较差。

四、切削加工性能

切削加工性能是指金属在切削加工时的难易程度。切削加工性能好的金属对使用的刀具磨损量小，可以选用较大的切削用量，加工表面也比较光洁。切削加工性能与金属材料的硬度、导热性、冷变形强化等因素有关。若材料硬度在170～260HBS时，最易切削加工。铸铁、铜合金、铝合金及非合金钢都具有较好的切削加工性能，而高合金钢的切削加工性能较差。

思考与应用

一、名词解释

1. 强度　2. 屈服点　3. 抗拉强度　4. 断后伸长率　5. 塑性　6. 冲击韧度　7. 硬度　8. 疲劳

二、填空题

1. 金属材料的性能包括________性能和________性能。

2. 洛氏硬度按选用的总试验力及压头类型的不同，常用的标尺有______、______和______三种。

3. 500HBW5/750表示用直径为______mm，材质为______的压头，在______kgf(______kN) 压力下，保持______秒，测得的______硬度值为______。

4. 冲击韧度的符号是______，其单位为________。

5. 填出下列力学性能指标的符号：屈服点______、洛氏硬度A标尺______、断后伸长率______、断面收缩率______、对称弯曲疲劳强度______。

6. 金属材料的使用性能包括______性能、______性能和______性能。

7. 金属材料的疲劳断裂的过程包括______、______和______。

三、选择题

1. 拉伸试验时，试样拉断前能承受的最大拉应力称为材料的______。

A. 屈服点　　B. 抗拉强度　　C. 弹性极限

2. 测定淬火钢件的硬度，一般常选用______来测试。

A. 布氏硬度计　　B. 洛氏硬度计　　C. 维氏硬度计

3. 进行疲劳试验时，试样承受的载荷为______。

A. 静载荷　　B. 冲击载荷　　C. 循环载荷

4. 洛氏硬度C标尺所用的压头是__________。

A. 淬火钢球　　B. 金刚石圆锥体　　C. 硬质合金球

5. 金属抵抗永久变形和断裂的能力，称为________。

A. 硬度　　B. 塑性　　C. 强度

6. 金属的________越好，则其锻造性能越好。

A. 强度　　B. 塑性　　C. 硬度

四、判断题

1. 塑性变形能随载荷的去除而消失。(　　)
2. 所有金属材料在拉伸试验时都会出现显著的屈服现象。(　　)
3. 进行布氏硬度试验时，当试验条件相同时，压痕直径越小，则材料的硬度越低。(　　)
4. 洛氏硬度值是根据压头压入被测材料的残余压痕深度增量来确定的。(　　)

五、简答题

1. 画出低碳钢力-伸长曲线，并简述拉伸变形的几个阶段。

2. 下列硬度标注方法是否正确？如何改正？

HBS210～240；450～480HBS；HRC15～20；HV30

3. 采用布氏硬度试验测取材料的硬度值有哪些优缺点？

4. 有一钢试样，其直径为10mm，标距长度为50mm，当载荷达到18 840N时试样产生屈服现象；载荷加至36 110N时，试样产生颈缩现象，然后被拉断；拉断后标距长度为73mm，断裂处直径为6.7mm，求试样的σ_s、σ_b、δ和ψ。

六、课外调研

1. 结合本章内容，你认为冲击吸收功、韧脆转变温度、疲劳极限等力学性能有什么实用价值？
2. 仔细观察你周围的工具、器皿和机械设备等，分析其制造材料的性能与使用要求的关系。

第二章　材料的结构

知识目标

1. 掌握晶体、非晶体、晶格、单晶体、多晶体等概念。
2. 掌握实际金属的晶体结构、晶体的常见缺陷及其对性能的影响。
3. 掌握合金、组元、相、组织、固溶体、金属化合物、机械混合物等概念。

能力目标

1. 能鉴别合金的晶体与非晶体的结构及其性能特点。
2. 能进行金属的晶体结构分析。

物质是由原子组成的，原子的排列位置和空间分布称为结构。在一定的条件下原子具有一定的聚合状态，条件改变时物态（气态、液态和固态）可以互相转化。工程上常用的材料是固态。固态物质依原子排列状况分为两种形式：晶体和非晶体。自然界中，大多数固体物质是晶体。

第一节　金属的晶体结构

一、晶体结构的基本概念

（一）晶体与非晶体

固态物质按其原子（或分子）的聚集状态可分为晶体和非晶体两大类。在晶体中原子（或分子）按一定的几何规律呈周期排列的方式称晶体结构，简单立方晶体结构示意如图2-1（a)所示。非晶体中原子是无规则地堆积在一起的。

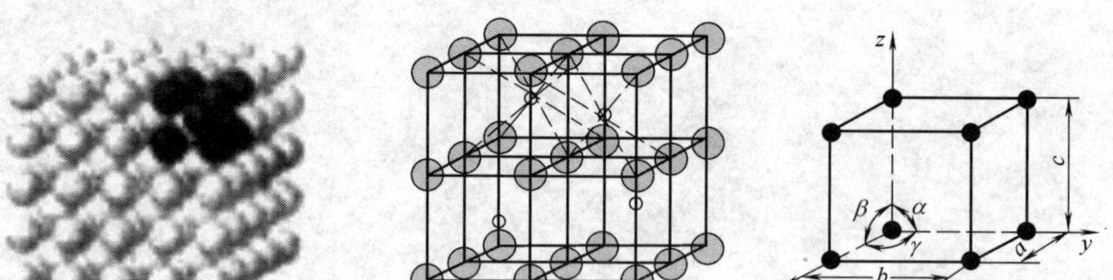

(a) 晶体结构　　(b) 晶格　　(c) 晶胞

图 2-1　简单立方晶体示意

在自然界中，除少数物质（如普通玻璃、沥青、石蜡等）是非晶体外，绝大多数固态无机物都是晶体。晶体有固定的熔点，且具有各向异性，一般情况下固态金属都是晶体。而固态非晶体没有固定的熔点，它随着温度升高将逐渐变软，最终成为有显著流动性的液体。液体冷却时将逐渐稠化，最终变成固体。此外，因非晶体物质在各个方向上的原子聚集密度大致相同，因此表现出各向同性。

晶体和非晶体在一定条件下可以互相转化。例如，玻璃经高温长时间加热能变为晶态玻璃；而通常是晶态的金属，如从液态急冷也可获得非晶态金属。

（二）晶格、晶胞和晶格常数

1. 晶格

为描述晶体内部原子排列的规律，把原子抽象为空间几何点，并用假想空间直线把这些点连接起来构成三维几何格架称为晶格，图 2-1(b)是简单立方晶格示意。

2. 晶胞

从晶格中选取一个能够完整反映晶格特征的最小几何单元，称为晶胞，图 2-1(c)是简单立方晶胞示意。

3. 晶格常数

晶胞各棱边尺寸 a、b、c 称为晶格常数，以 Å（埃）为度量单位($1Å=10^{-10}$ m)。晶胞各棱间夹角分别以 α、β、γ 来表示，如图 2-1(c)所示。

（三）原子半径

原子半径指晶胞中原子密度最大方向上相邻两原子之间距离的一半。

（四）晶胞原子数

晶胞原子数是指一个晶胞内所包含的原子数目。

（五）配位数和致密度

配位数和致密度是表示晶格中原子排列紧密程度的参数。配位数是晶格中与任一原子等距离且相距最近的原子数目。晶胞中原子本身所占的体积分数称为致密度。

二、常见的晶格类型

1. 体心立方晶格

体心立方晶格的晶胞为一立方体，立方体的八个顶角和中心各排列着一个原子，体心立方晶胞示意，如图 2-2 所示。体心立方晶胞中的原子数为 $8\times1/8+1=2$ 个。这 2 个原子占有的体积为 $2\times4\pi r^3/3$，r 为原子半径（最近原子间距的一半）；体心立方晶格原子半径与晶格常数 a 的关系为 $r=a\sqrt{3/4}$；晶胞体积为 a^3。因此，体心立方晶格的致密度 K 为

$$K=\frac{\text{晶胞中原子占有的体积}}{\text{晶胞体积}}=\frac{2\times4\pi(a\sqrt{3}/4)^3/3}{a^3}=0.68$$

属于这种类型的金属有 α 铁、铬(Cr)、钨(W)、钼(Mo)、钒(V) 等。

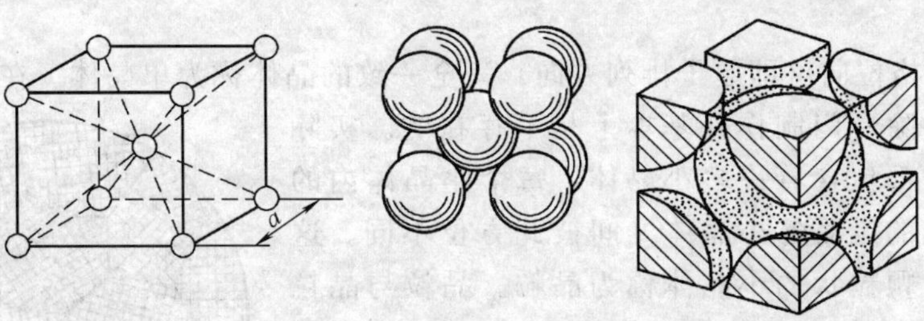

图 2-2 体心立方晶胞示意

2. 面心立方晶格

面心立方晶格的晶胞也为一立方体，立方体的八个顶角和六个面的中心各排列着一个原子，面心立方晶胞示意如图 2-3 所示。其晶格类型及特性参数见表 2-1。

图 2-3　面心立方晶胞示意

表 2-1　晶格类型及特性参数

晶格类型	晶格常数	晶胞中原子数	原子半径	致密度	类型金属举例
体心立方	a	1/8×8+1=2	$a\sqrt{3}/4$	0.68	α-Fe、Cr、W、Mo 等
面心立方	a	1/8×8+1/2×6=4	$a\sqrt{2}/4$	0.74	γ-Fe、Al、Cu、Ni 等
密排六方	a,c	1/6×12+3+1/2×2=6	$a/2$	0.74	Mg、Zn、α-Ti 等

3．密排六方晶格

密排六方晶格的晶胞是一个六方柱体，柱体的十二顶角和上、下面中心各排列着一个原子，在上、下面之间还有三个原子，密排立方晶胞示意如图 2-4 所示。其晶格类型的特性参数见表 2-1。

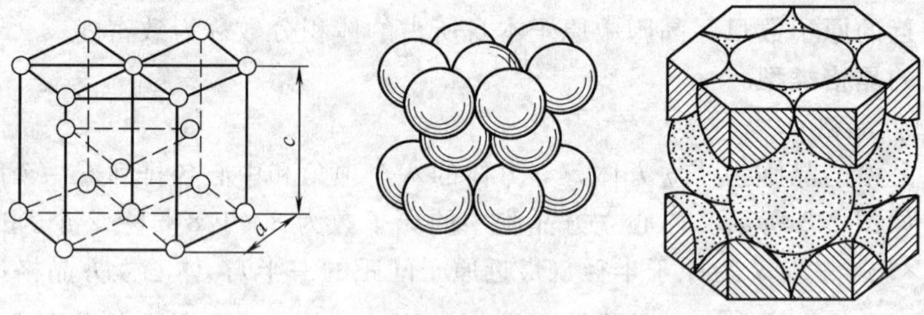

图 2-4　密排立方晶胞示意

第二节　实际金属的晶体结构

一、多晶体

晶体内部晶格位向（即原子排列方向）完全一致的晶体称为单晶体。在工业生产中，单晶体的金属材料除专门制作外基本上是不存在的。实际金属的晶体结构都包含着许多小晶体，每个小晶体内的晶格方位是一致的，而各小晶体之间彼此方位不同。这种外形呈多面体颗粒状的小晶体称为晶粒。晶粒与晶粒间的界面称为晶界。由许多晶粒组成的晶体称为多晶体。图 2-5 为多晶体结构示意。

图 2-5　多晶体结构示意

二、晶体缺陷

在金属晶体中存在各种晶格缺陷，这些缺陷使晶体中的某些原子偏离正常位置，造成晶格畸变。晶格缺陷的形式有以下三类。

1. 点缺陷

点缺陷是指晶格空位、置换原子和间隙原子。图 2-6 为点缺陷示意。晶格空位是在正常的晶格结点上出现空位，如图 2-6(a)所示。置换原子是指结点上的原子被异类原子所置换，如图 2-6(b)所示。间隙原子是在晶格的间隙中存在多余原子，如图 2-6(c)所示。

点缺陷的形成主要是由于原子在各自平衡位置上进行不停的热运动。当某个原子有足够大的能量克服周围原子对它的限制时，便跳到晶界或晶格间隙处，形成晶格空位及间隙原子。

点缺陷的存在，提高了材料的强度和硬度，降低了材料的塑性和韧性。

2. 线缺陷

线缺陷是晶体中呈线状分布的缺陷，其具体形式是各种类型的位错。最简单直观的一种称为刃型位错，如图 2-7 所示。其表现形式是晶体中某个晶面上下两部分的原子排列数目不等，就好像沿着某个晶面插入一个原子平面，如同刀刃切入一样，故称刃型位错。多出来的半截原子平面的边缘线被称为位错线，以位错线为中心的一个管状区域内晶格发生畸变，存在着内应力，如图 2-7(b)所示。

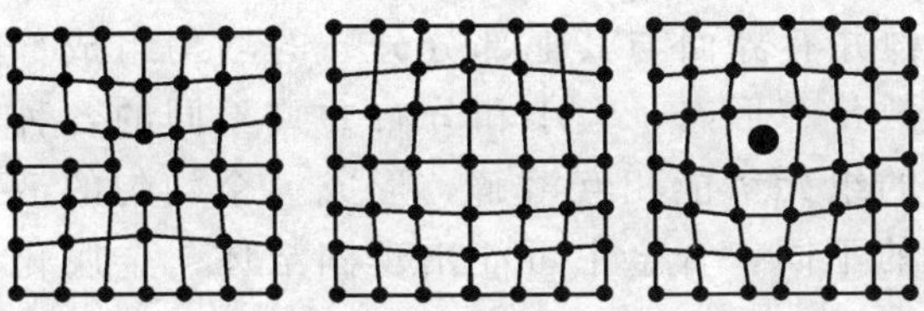

(a) 晶格空位　(b) 置换原子　(c) 间隙原子.

图 2-6　点缺陷示意

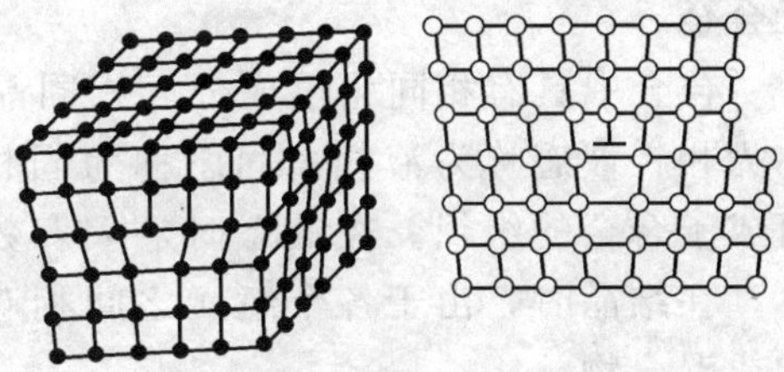

(a) 立体模型　(b) 平面图

图 2-7　刃型位错示意

位错也引起晶格畸变，所以位错的存在对金属很多性能会产生重大影响。理想晶体强度很高，位错的存在可降低强度，当位错大量产生时，强度又提高。所以生产中一般采用增加位错的办法提高强度，但塑性随之降低。

3. 面缺陷

晶体的面缺陷主要有两种：晶界和亚晶界，如图 2-8 所示。晶界是金属中各晶粒的位向不同，晶粒之间必然形成交界面。晶界处原子排列不规则，晶格畸变较大。晶粒内部也不是

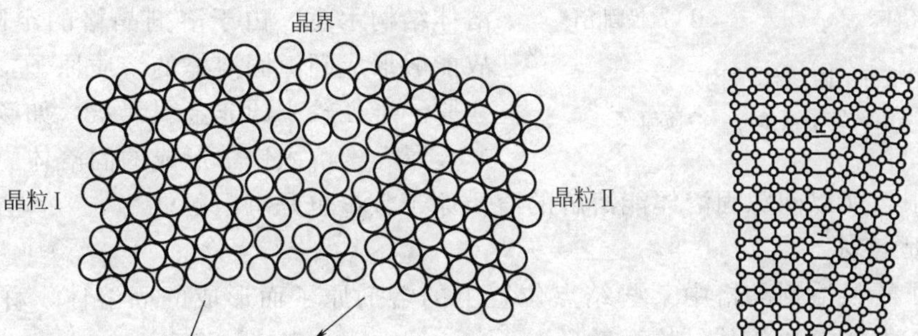

(a) 晶界　(b) 亚晶界

图 2-8　晶界和亚晶界

理想的晶体，而是由位向差很小称为嵌镶块的小晶块组成，称为亚晶粒。亚晶粒的交界称为亚晶界。亚晶界是由一些位错排列而成的小角度晶界。

大多数晶粒之间的位向差较大（15°以上），称为大角度晶界。亚晶粒之间的位向差较小（2°～3°），称为小角度晶界。面缺陷的晶格畸变较大，界面处能量较高，影响的范围也较大。因此，晶界具有与晶粒内部不同的特性。如晶界处熔点较低；耐腐蚀性较差；扩散系数较大；阻碍位错运动，强度、硬度较高；电阻率也较高；金属发生相转变时优先成核等。因此，面缺陷的存在对金属性能特别对力学性能有很大的影响。

第三节　合金的晶体结构

纯金属力学性能较低，难以满足工程上各种使用场合对金属材料的性能要求，因此，实际上使用的金属材料大多是合金。

组成合金的最基本的、独立的单元（元素或稳定化合物）称为组元。根据合金中组元数目的多少，合金可分为二元合金、三元合金和多元合金。例如，铁碳合金是由铁和碳两组元组成的二元合金，硬铝是由铝、铜和镁组成的三元合金。由三个以上组元组成的合金称为多元合金。

合金中具有相同化学成分、相同晶体结构并有界面与其他部分分开的均匀组成部分称为相，液态称为液相，固态称为固相。由数量、形态、大小和分布方式不同的各种相组成了合金的组织。在液态时，大多数合金的组元都能相互溶解，形成一个均匀的液溶体。在结晶时，由于各个组元之间相互作用的不同，合金中可能出现固溶体、金属化合物或混合物。

一、固溶体

在固态下，合金的组元相互溶解而形成的均匀固相，称为固溶体。合金中与固溶体晶格相同的组元为溶剂，含量较多；另一组元为溶质，含量较少。

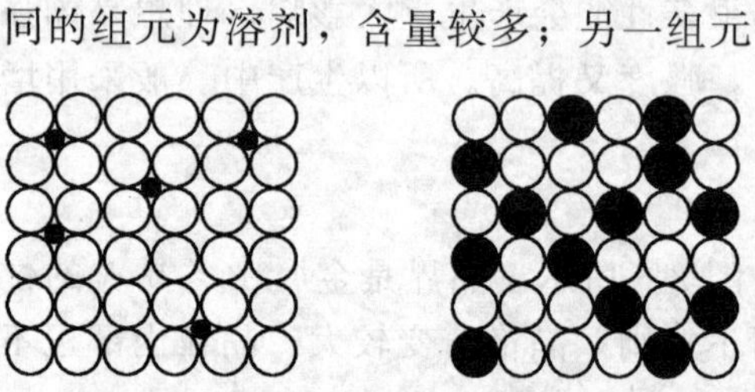

(a) 间隙固溶体　　(b) 置换固溶体

图 2-9　固溶体结构示意

○——溶剂原子；●——溶质原子

根据溶质原子在溶剂晶格中所处位置不同，固溶体可分为间隙固溶体和置换固溶体两类。

1. 间隙固溶体

溶质原子分布于溶剂晶格间隙之中而形成的固溶体，称为间隙固溶体。图 2-9(a) 是间隙固溶体结构示意。由于溶剂晶格的空隙尺寸很小，故能够形成间隙固溶体的溶质原子，通常都是一些原子半径较小的非金属元素，如碳、氮、硼等非金属元素溶入铁中形成的固溶体。由于溶剂晶格的空隙有限，所以间隙固溶体能溶解的溶质原子数量也是有限的。

2. 置换固溶体

溶质原子置换溶剂晶格中某些结点位置上的溶剂原子而形成的固溶体，称为置换固溶体。图 2-9(b)是置换固溶体结构示意。

在置换固溶体中，溶质在溶剂中的溶解度主要决定于原子半径、电化学特性及晶格类型等。一般说，若两者原子半径及电化学特性相近，晶格类型相同的组元，一般形成置换固溶体。

在固溶体中由于溶质原子的溶入而使溶剂晶格发生畸变。晶格畸变阻碍了位错的运动，使晶格间的滑移变得困难，从而提高了合金抵抗塑性变形的能力，使金属材料的强度、硬度升高，而塑性下降。这种现象称为固溶强化。它是提高金属材料力学性能的重要途径之一。

二、金属化合物

合金组元间发生相互作用而形成一种具有金属特性的物质称为金属化合物。金属化合物的晶格类型和性能完全不同于任一组元，其类型主要有正常价化合物、电子化合物及间隙化合物。正常价化合物指分子式严格遵守化合价规律的化合物，它由电负性相差较大的两种原子构成，如 MnS、ZnS 等，特性是脆性大、硬度高。电子化合物指不遵守化合价规律但按电子浓度组成的化合物，电子浓度是化合物的价电子数与原子数之比（如 CuZn)，其特性是具有明显的金属特性，熔点和硬度高、塑性差。间隙化合物指过渡金属元素与原子半径较小的非金属元素碳、氮等形成的化合物（如 CrN)，具有很高的熔点和硬度。

金属化合物的一般特点是熔点高、硬度高、脆性大。合金中含有金属化合物后，其强度、硬度和耐磨性有所提高，而塑性和韧性则降低。金属化合物是许多合金的重要组成相。

三、混合物

两种或两种以上的相互按一定质量分数组成的物质称为混合物。混合物中各组成部分可以是纯金属、固溶体或化合物各自的混合，也可以是它们之间的混合，混合物中各组成部分仍保持自己原来的晶格。混合物的性能取决于各组成相的性能，以及它们分布的形态、数量与大小。

思考与应用

一、名词解释

1. 结合键 2. 晶体与非晶体 3. 多晶体 4. 单晶体 5. 合金 6. 组元 7. 相 8. 相图 9. 固溶体 10. 金属化合物

二、填空题

1. 晶体与非晶体最根本的区别是____________________。

2. 在体心立方和面心立方晶格中，单位晶胞内有原子数分别为__________和__________，其致密度分别为__________和__________。

3. 实际金属中存在有__________、__________和__________三类晶体缺陷。

4. 实际金属中的点缺陷包含__________、__________和__________；线缺陷包含__________和__________；面缺陷包含__________和__________。

5. 两个相同原子或性质相差不大的原子互相靠近，电子不会转移，原子间借__________所产生的力而结合，形成共价键；两种离子由__________而结合，形成离子键。

6. 组成合金的最基本的独立物质称为____________。

7. 根据构成合金元素之间相互作用不同，合金组织可分为__________、__________、__________。

三、选择题

1. 工程上使用的金属材料一般都呈（　　）。

A. 各向异性　　B. 各向同性　　C. 伪各向异性　　D. 伪各向同性

2. 当晶格常数相同时，体心立方晶格比面心立方晶格（　　）。

A. 原子半径大，但致密度也大　　B. 原子半径小，但致密度也小

C. 原子半径大，但致密度小　　D. 原子半径小，但致密度大

四、判断题

1. 因为单晶体是各向异性的，所以实际应用的金属材料在各个方向上的性能也是不同的。(　　)
2. 在立方晶系中，原子密度最小的，则晶面间距也最小。(　　)
3. 实际金属是由许多结晶位向都完全相同的小晶粒组成的。(　　)
4. 在面心立方晶胞中所包含的原子数为 2。(　　)
5. Cr 金属属于体心立方晶格；γ-Fe 属于面心立方晶格。(　　)

五、简答题

1. 从原子结构的观点来看，金属、陶瓷和高分子材料有何主要区别？在性能上有何表现？
2. 晶体缺陷有哪些？对材料有哪些影响？对所有的材料都有影响吗？
3. 非晶体的结构有特点？性能如何？
4. 绘图表示面心立方晶格中密度最大的晶面和晶向。

六、课外调研

1. 论述金属的实际晶体与理想晶体要结构和性能上的差别及其原因。
2. 分析位错的性质、对性能的影响及在生产中的实际意义。

第三章　材料的凝固

知识目标

1. 掌握金属和合金的结晶的概念和一般规律。
2. 了解材料的同素异构转变。
3. 掌握铁碳合金的基本相、组织和性能特点。
4. 掌握铁碳合金相图及典型合金的结晶分析。

能力目标

1. 能准确区分晶体的结晶和非晶体的凝固。
2. 能利用铁碳合金相图分析典型合金进行结晶及其碳含量对组织和性能的影响。

第一节　凝固的基本概念

在一定条件下，物质的状态（气态、液态和固态）能互相转化。通常把物质从液态转化成固态的过程统称为凝固。

一、晶体的结晶

液态物质内部的原子并非完全呈无规则的排列。在短距离的小范围内，原子呈现出近似于固态结构的规则排列，即近程有序的原子集团。这类原子集团是不稳定的，瞬间出现又瞬间消失。结晶实质上是原子由近程有序状态转变为长程有序状态的过程。广义地讲，物质从一种原子排列状态（晶态或非晶态）过渡到另一种原子规则排列状态（晶态）的转变过程称为结晶。因此，有时把液态转变成固体晶态称为一次结晶，而把固态转变成另一种固体晶态称为二次结晶。

热力学定律指出，在等压条件下，一切自发过程都是朝着系统自由能降低的方向进行。自由能是物质中能够自动向外界释放出其多余的或者能够对外做功的这一部分能量。

同一物质的液体和固体自由能与温度的关系曲线如图 3-1 所示。它们都随着温度升高而降低，但液体降低得更快，两条曲线相交于 T_0 点，即液态和固态的能量状态相等，处于动态平衡，可长期共存，对应的温度 T_0 称为理论结晶温度或熔点。显然，在 T_0 温度以上，物质稳定的状态为液态，而在 T_0 温度以下，物质稳定状态为固态。因此，液态物质要结晶，就必须冷却到 T_0 温度以下，即必须冷却到低于 T_0 以下的某一个温度 T_1 才能结晶。这种现象称为过冷。理论结晶温度 T_0 与实际结晶温度 T_1 之差称为过冷度，即 $\Delta T = T_0 - T_1$。过冷度越大，液态和固态之间能量状态差就越大，促使液体结晶的驱动力就越大。只有当结晶的驱动力达到一定值时，结晶过程才能进行。所以，结晶的必要且充分条件是具有一定的过冷度。

在液态金属的冷却过程中，可以用热分析法来测定其温度的变化规律，即液态金属的冷

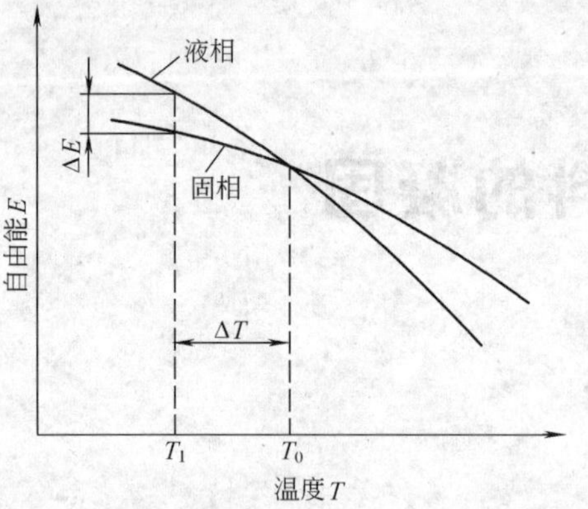

图 3-1　液体和固体自由能与温度的关系曲线

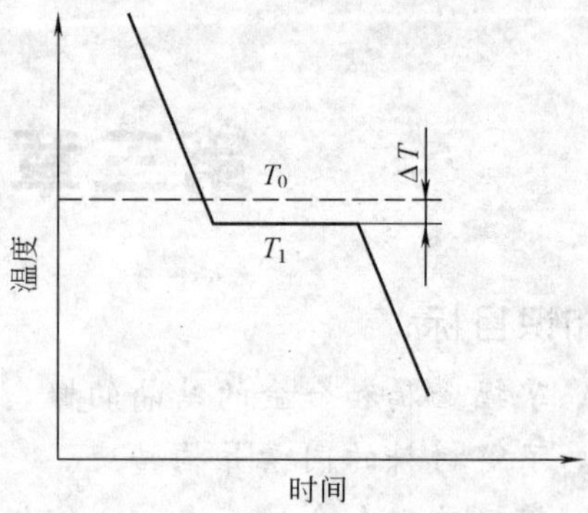

图 3-2　液态金属的冷却曲线

却曲线，如图 3-2 所示。在 T_0 温度以上时，液态金属的温度是均匀下降的。当冷却到温度 T_1 时，液态金属开始结晶，并不断放出结晶潜热，保持系统温度不变，即在曲线上出现“平台”。结晶完毕后，温度继续均匀下降。一般来说，液态物质的冷却速度越大，过冷度也越大，实际结晶温度就越低。

二、非晶体的凝固

相对晶态而言，非晶态是物质的另一种结构状态，它不像晶态原子有规则排列成一定的晶体结构，而是一种长程无序、短程有序的混合结构。这种结构中原子排列从总体上说是无规则的，但邻近原子排列却有一定规律，所以，非晶固态物质（非晶体）在性质上表现为各向同性。

非晶体的凝固与晶体的结晶，虽然都是由液态转化为固态，但在本质上是有区别的。在非晶体的凝固中，黏滞系数是连续加大的过程，可将其看作黏滞系数很大的“熔体”。所以，非晶体的凝固是在一个温度范围内逐渐完成的。从能量观点看，若熔体在凝固时能完全释放内能，它将转变成晶体。若部分释放内能，则转化成为非晶体。所以，非晶体处于亚稳定状态。

第二节　金属的结晶

一、金属的结晶过程

在液态金属中，存在着大量尺寸不同的短程有序的原子集团，它们是不稳定的。当液态金属过冷到一定温度时，一些尺寸较大的原子集团开始变得稳定，而成为结晶核心，又称为晶核。形成的晶核都是按各自方向吸附周围原子自由长大，在长大的同时又有新晶核出现、长大。当相邻晶体彼此接触时，被迫停止长大，而只能向尚未凝固的液体部分伸展，直至全部结晶完毕。因此，在一般情况下，金属是由许多外形不规则、位向不同、大小不同的晶粒组成的多晶体。纯金属结晶过程示意如图 3-3 所示。

在金属结晶过程中，晶核的形成有两种方式，一种是自发形核（均质形核）即晶体核心是从液体结构内部自发长出的。另一种是非自发形核（异质形核），晶核是依附于外来杂质而生成的。通常自发形核与非自发形核是同时存在的，在实际金属合金中，非自发形核比自发形核更重要，往往起优先和主导的作用。

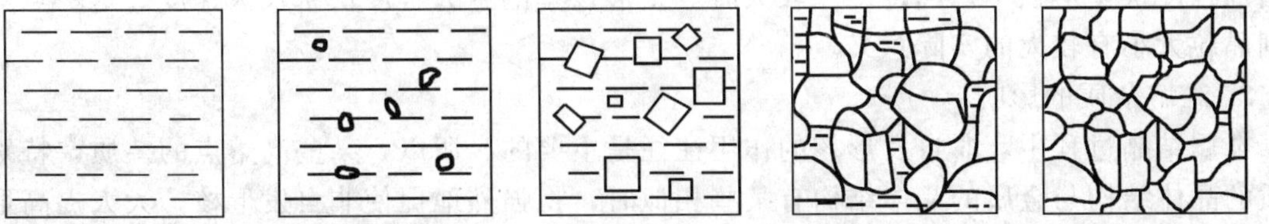

(a) 液态金属　(b) 形成晶核　(c) 晶核长大　(d) 部分结晶　(e) 完全结晶

图 3-3　纯金属结晶过程示意

晶体的树枝状长大示意如图 3-4 所示。长大首先在晶核的棱角处以较快生长速度形成枝晶的主干（又称一次晶轴），在主干的生长过程中，又不断地生长分枝（即二次、三次晶轴），从而形成枝晶。晶核之所以能够按枝晶生长，主要是因为晶核的棱角具有较好的散热条件，而且缺陷多，易于固定转移来的原子，再加上枝晶结构表面积大，便于从周围液体获得生长所需的原子。如果在结晶过程中，有足够的液体金属填满各枝晶的空隙，则结晶完毕后，枝晶形态就不会显露出来。因此，往往是在金属铸锭表面上才有可能看到枝晶的形态。

图 3-4　晶体的树枝状长大示意

二、影响形核和长大的因素

金属的结晶过程是晶核不断形成、长大的过程。显然，结晶后的晶粒大小必然与形核率、长大速度有关。而影响形核率和长大速度的重要因素是冷却速度（或过冷度）和难熔杂质。

1．过冷度的影响

金属结晶时，过冷度与形核率、长大速度的关系如图 3-5 所示。从图中看出，形核率和长大速度随过冷度的增加而增大，并在一定过冷度时达到最大值，随后过冷度进一步增加，而它们却逐步减小。其主要原因是在结晶过程中，晶核形成和长大的驱动力与 ΔT 成正比，而晶核形成和长大所需的必要条件——原子迁移能力（或扩散能力）与 ΔT 成反比。所以，这两种因素的综合结果，使形核率和长大速度与 ΔT 的关系，出现了一个极大值。

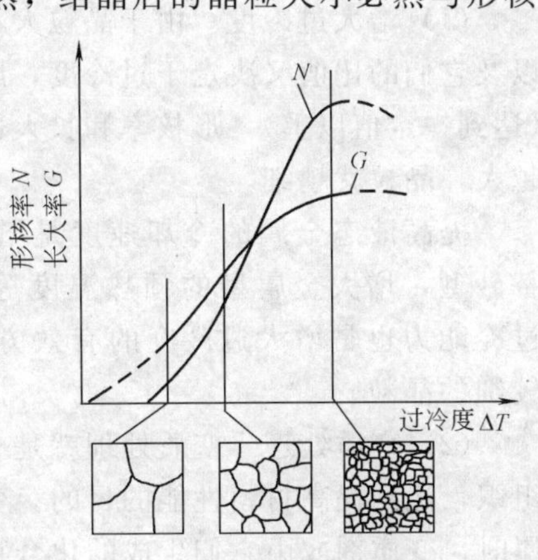

图 3-5　过冷度与形核率、长大速度的关系

在实际工业生产中，液态金属一般达不到极值时的过冷度。所以，过冷度越大，形核率和长大速度就越大。但是，当过冷度较小时，长大速度

的增加程度快于形核率；当过冷度较大时，则形核率的增大程度快于长大速度。这一点对于控制晶粒大小有较大的实际意义。

2. 难熔杂质的影响

金属结晶过程中，非自发形核的作用往往是主要的。所以，某些高熔点的杂质，特别是杂质的晶体结构与金属的晶体结构有某些相似时，将强烈地促使非自发形核，大大提高形核率。这一点在生产中已得到广泛应用。

三、晶粒大小及控制

1. 晶粒度的概念

晶粒度是晶粒大小的量度。影响晶粒度的主要因素是形核率 N 和长大速度 G，形核率 N 和长大速度 G 越大，则结晶后的晶粒越多，晶粒就越细小。若形核率不变，晶核的长大速度越小，则结晶所需的时间越长，能生成的核心越多，晶粒就越细。

金属结晶后形成的晶粒度对其力学性能有很大的影响。在一般情况下，晶粒越小，则金属的强度、塑性和韧性越好。表 3-1 为纯铁的晶粒度与力学性能的关系。

表 3-1　纯铁的晶粒度与力学性能的关系

晶粒平均直径 /mm	抗拉强度 /MPa	屈服强度 /MPa	伸　长　率/%
9.7	—	40	28.8
7.0	180	38	30.6
2.5	211	44	39.5
0.20	263	57	48.8
0.16	264	65	50.7
0.10	278	116	50.7

2. 晶粒大小的控制

细化晶粒是提高金属性能的重要途径之一。控制晶粒大小的方法主要有以下两种。

(1) 增大过冷度　由于晶粒大小取决于形核率与长大速度的比值。而形核率和长大速度以及它们的比值又决定于过冷度，所以晶粒大小实际上可以通过过冷度来控制。过冷度越大(达到一定值以上)，形核率和长大速度越大，但形核率的增大程度更大，因而比值 N/G 也越大，晶粒就越细。

提高液态金属的冷却速度是增大过冷度的主要方法。如在铸造生产中，用金属型代替砂型，增大金属型的预热温度等，均可提高铸件的冷却速度。此外，提高液态金属的过冷能力也是增大过冷度的有效方法。如在浇注时采用高温熔化低温浇注的方法能获得较细的晶粒。

(2) 变质处理　变质处理就是有意地向液态金属中加入某些变质剂，以细化晶粒和改善组织，达到提高材料性能的目的。变质剂的作用有两种情况。一种情况是变质剂加入液态金属时，变质剂或由它们生成的化合物，符合非自发晶核的形成条件，大大增加晶核的数目，这一类变质剂称为孕育剂，相应处理称为孕育处理。如在铁水中加入硅铁、硅钙合金及细化的石墨。另一种情况是加入变质剂，虽然不能提供结晶核心，但能改变晶核的生长条件，强烈地阻碍晶核长大或改善组织形态。如在铝硅合金中加入钠盐，钠能在硅表面上富集，从而降低硅的长大速度，阻碍粗大硅晶体形成，细化了组织。

典型实例 2

国家体育场（鸟巢）为 2008 年奥运会主体育场，“鸟巢”结构设计奇特新颖，其钢结构的主要用材是“Q460”钢材，Q460 是一种低合金高强度钢，要求最低屈服点的数值要达到 460MPa，就是说钢材所受应力达到 460MPa 时才会发生塑性变形，这个强度要比一般钢材的大。其中一个主要的工艺手段就是通过细化晶粒来显著改善钢的强度和韧性。

四、材料的同素异构现象

同一物质在固态时发生晶格类型的转变，称为同素异构转变。常见的元素如 Fe、Ti、Co、Mn、Sn、C 等都具有同素异构转变。

在金属晶体中，铁的同素异构转变尤为重要。纯铁的冷却曲线与晶体结构变化如图 3-6 所示。铁在结晶后继续冷却至室温的过程中，先后发生两次晶格转变，其转变过程如下：液态铁结晶后是体心立方晶格，称 δ-Fe，在 1 394℃以下转变成面心立方晶格，称 γ-Fe，这个转变也是形核长大过程，γ-Fe 的晶核容易在 δ-Fe 的晶界上形成，γ-Fe 冷却到 912℃时又要转变成体心立方晶格，称 α-Fe。

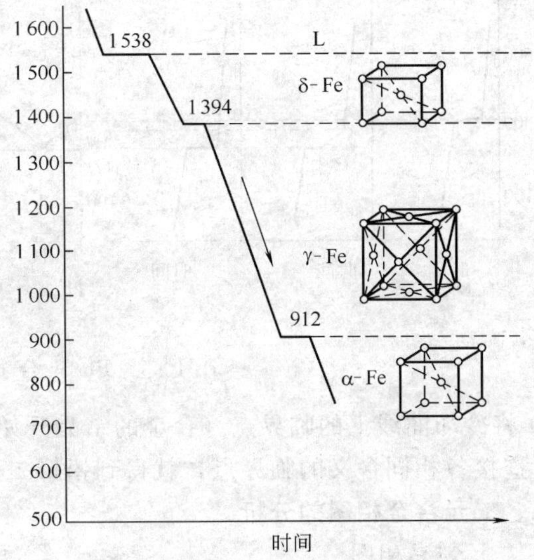

图 3-6　纯铁的冷却曲线与晶体结构变化

同素异构转变的过程是原子重新排列的过程，它也遵循着生核与长大的基本规律。由此可见，同素异构转变实质上也是一种广义的结晶过程，与液-固结晶过程不同之处在于晶体结构的转变是在固态下进行的。铁的同素异构转变，是钢铁能够进行热处理的内因和根据，也是钢铁材料性能多种多样、用途广泛的主要原因之一。

第三节　合金的结晶

同一个合金系，因成分的变化，合金的组织也不同；同一成分的合金，其组织随温度的不同而变化。因此为了掌握合金的组织与性能之间的关系，必须了解合金的结晶过程，了解合金中各组织的形成及变化的规律。

一、二元合金相图的建立

合金相图是用图解的方法表示合金在极其缓慢的冷却速度下，合金的状态随温度和化学成分的变化关系，又称平衡图。它是研究和选用合金的重要工具，对于金属的加工及热处理具有指导意义。

二元合金相图一般是采用热分析法建立的。现以铅锑二元合金为例，说明测绘合金相图的方法和步骤。

① 配制若干组成分不同的Pb-Sb合金，见表3-2。

表3-2 Pb-Sb合金的成分和临界点

合金序号	化学成分/%		临界点/℃	
	Pb	Sb	开始结晶温度	终了结晶温度
1	100	0	327	327
2	95	5	300	252
3	89	11	252	252
4	50	50	460	252
5	0	100	631	631

② 用热分析法作出各组合金的冷却曲线，如图3-7所示。

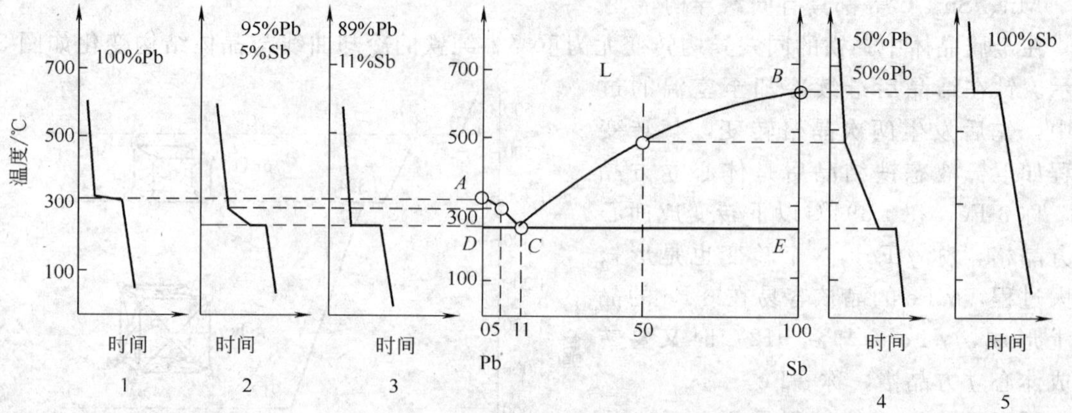

图3-7 Pb-Sb合金相图的绘制

③ 将冷却曲线上的临界点（合金的结晶开始及终了温度）标在成分-温度坐标系的坐标图上，连接各相同含义的临界点，就得到铅锑二元合金相图。

二、二元合金相图的分析

1. 二元匀晶相图

二元合金中两组元在液态和固态下均能无限互溶，并由液相结晶出单相固溶体的相图，称为二元匀晶相图。如Cu-Ni、Fe-Cr、Au-Ag等合金都能形成匀晶相图。现以Cu-Ni合金为例分析匀晶相图。

Cu-Ni合金的匀晶相图，如图3-8(a)所示。t_A 点为纯铜熔点，即为纯铜组元；t_B 点为纯镍熔点，即为纯镍组元。由 $t_A \sim t_B$ 镍的含量由0逐渐增加到100%，铜的含量由100%逐渐减少到0。

$t_A L_1 t_B$ 液相线，表示各种成分的Cu-Ni合金在冷却（或加热）过程中开始结晶（或熔化终了）的温度；$t_A \alpha_1 t_B$ 为固相线，表示各种成分的Cu-Ni合金在冷却（或加热）过程中结晶终了（或开始熔化）的温度。图3-8(b)为 $w_{Cu}=40\%(w_{Ni}=60\%)$ 合金冷却曲线。

液相线与固相线把整个相图分为三个不同相区。在液相线以上是单相的液相区，合金处于液态的液相区，以L表示；固相线以下为合金处于固态的固相区，该区域内是Cu与Ni组成的单相无限固溶体，以α表示；在液相线与固相线之间是液相+固相的两相共存区（即结晶区），以L+α表示。

2. 二元共晶相图

二元共晶相图是合金中两组元在液态能无限互溶，固态下有限互溶，并在冷却中发生共

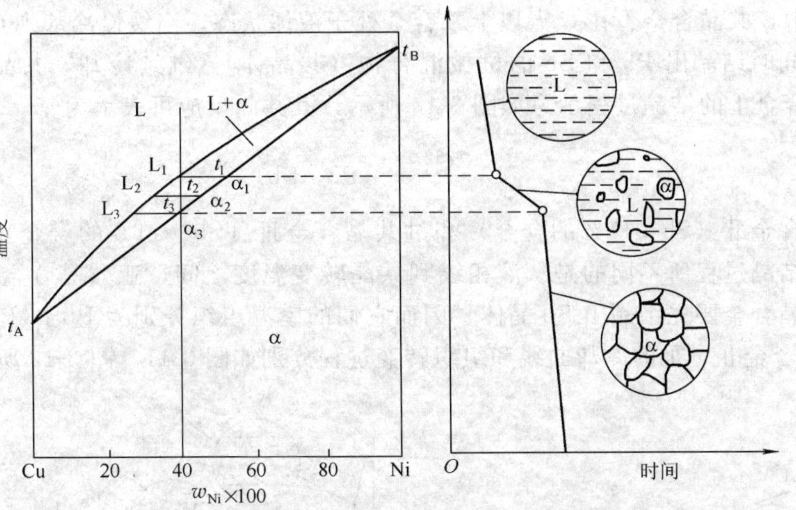

(a) 匀晶相图　　　　(b) 冷却曲线

图 3-8　Cu-Ni 合金相图及结晶曲线

晶反应所形成的相图。如 Pb-Sb、Pb-Sn、Al-Si、Ag-Cu 等合金都能形成二元共晶相图。下面以 Pb-Sb 合金为例，对共晶相图进行分析。

Pb-Sb 二元合金共晶相图如图 3-9 所示。图中 A 点是铅的熔点（327℃）；B 点是锑的熔点（631℃）；C 点是共晶点，此点的温度为共晶温度，其成分 $w_{Sb}=11\%$、$w_{Pb}=89\%$，温度是 252℃，当含 $w_{Sb}=11\%$的铅锑合金液体冷却到 252℃时，在恒温下从一个液相中同时结晶出铅和锑两个固相，这种由一种液态在恒温下同时结晶析出两种固相的反应称为共晶反应。

图 3-9 中 ACB 线是合金液体开始结晶温度的连线，称为液相线。在此线以上的合金全部为液相，用 L 表示。DCE 线是合金液体结晶终止温度的连线，称为固相线。合金在此共晶温度时都有共晶反应。在此线以下的合金全部为固相。

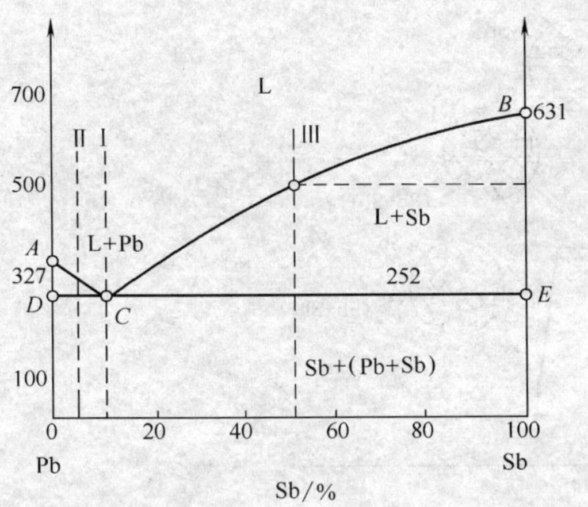

图 3-9　Pb-Sb 二元合金共晶相图

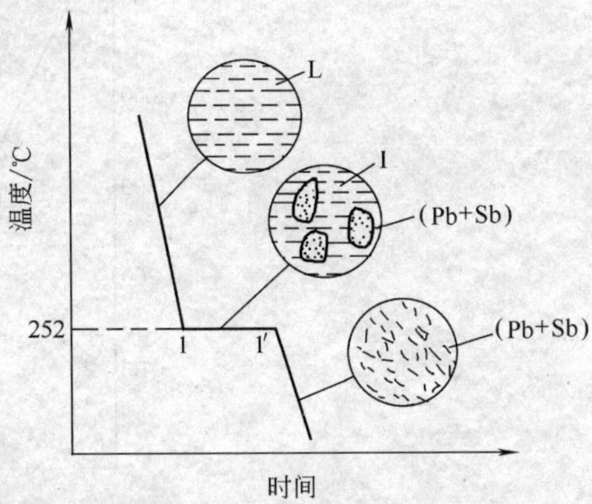

图 3-10　Pb-Sb 合金 Ⅰ 的结晶过程示意

三、典型 Pb-Sb 合金的结晶过程

对于具有共晶相图的合金系，根据其结晶的特点，可分为三种类型合金。对应共晶成分（$w_{Sb}=11\%$、$w_{Pb}=89\%$）的合金称为共晶合金；化学成分低于或高于共晶成分的合金，分别称为亚共晶合金和过共晶合金。

图 3-9 中，共晶合金Ⅰ在 C 点以上，合金处于液体状态，当缓慢冷却到 C 点时，在恒温下从液相中同时结晶出 Pb 和 Sb 的机械混合物（共晶体）。继续冷却，共晶体不再发生变化。Pb-Sb 合金Ⅰ的结晶过程示意如图 3-10 所示，其共晶反应可表示为

$$L_c \xrightarrow{252℃} (Pb+Sb)$$

亚共晶合金Ⅱ（Sb＜11％的合金）和过共晶合金Ⅲ（Sb＞11％的合金）的结晶过程与共晶合金的结晶过程所不同的是从液相线到共晶转变温度之间，亚共晶合金要先结晶出 Pb 晶体，过共晶合金要先结晶出 Sb 晶体，因而它们的室温组织分别为 Pb＋(Pb＋Sb)和 Sb＋(Pb＋Sb)。合金Ⅱ、Ⅲ的冷却曲线和组织转变过程分别如图 3-11、图 3-12 所示。

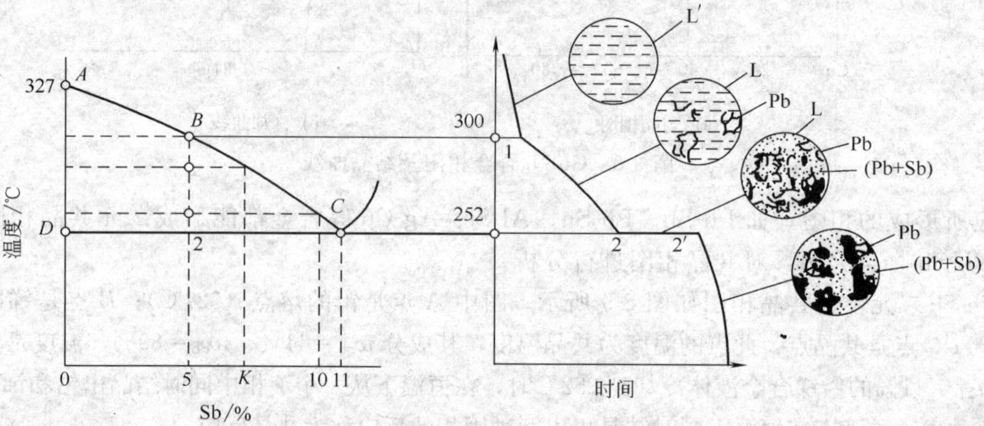

图 3-11　Pb-Sb 合金Ⅱ的结晶过程示意

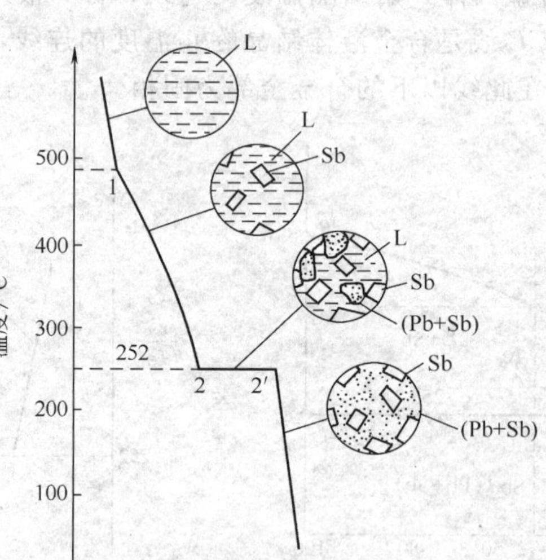

图 3-12　Pb-Sb 合金Ⅲ的结晶过程示意

第四节　铁碳合金相图

现代工业中，钢和铁是应用最广泛的金属材料，形成钢和铁的主要元素是铁和碳，又称

为铁碳合金。不同成分的合金具有不同的组织和性能，若要了解铁碳合金的成分、组织及性能之间的关系，必须研究铁碳合金相图。

一、铁碳合金的基本相

在铁碳合金中，铁和碳在液态下可以无限互溶，固态下碳可以与铁组成化合物，也可以形成固溶体，或者形成机械混合物。

1. 铁素体

碳溶解在 α-Fe 中形成的间隙固溶体，称为铁素体，用符号 F 表示。金相显微镜下为多边形晶粒，其晶胞示意如图 3-13 所示。由于 α-Fe 是体心立方晶格，晶格间隙较小，所以碳在 α-Fe 中的溶解度较低。在 727℃时，α-Fe 中的最大溶碳量仅为 0.021 8%，随着温度的降低，α-Fe 中的溶碳量逐渐减少，在室温时碳的溶解度降低到 0.000 8%。铁素体的含碳量低，其性能与纯铁相似，具有良好的塑性和韧性，但强度和硬度却较低。它在 770℃以下具有磁性。

2. 奥氏体

碳溶解在 γ-Fe 中形成的间隙固溶体，称为奥氏体，用符号 A 表示。金相显微镜下为规则的多边形晶粒，奥氏体的晶胞示意如图 3-14 所示。由于 γ-Fe 是面心立方晶格，晶格的间隙较大，故奥氏体的溶碳能力较强。在 727℃时溶碳量为 0.77%，1 148℃时溶碳量最大，可达 2.11%。奥氏体的强度和硬度不高，但具有良好的塑性，容易压力加工。奥氏体没有磁性。

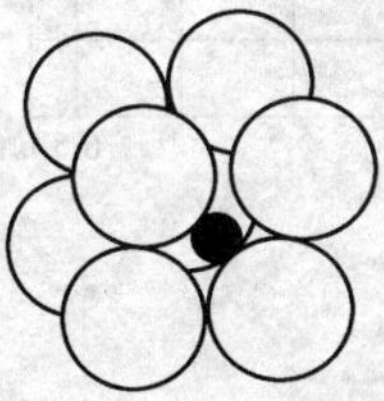

图 3-13　铁素体的晶胞示意

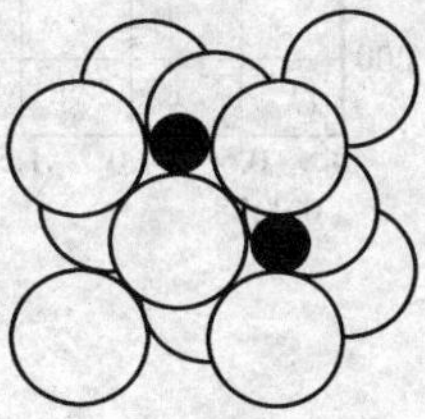

图 3-14　奥氏体的晶胞示意

3. 渗碳体

渗碳体是含碳量为 6.69%的铁与碳的金属化合物，分子式为 Fe_3C。渗碳体具有复杂的晶体结构，不发生同素异构转变。渗碳体的硬度很高，塑性很差，是一个硬而脆的组织。在钢中渗碳体是以不同形态和大小的晶体出现于组织中，对钢的力学性能影响很大。

4. 珠光体

由铁素体和渗碳体组成的两相机械混合物，称为珠光体，用符号 P 表示。它是铁素体和渗碳体片层相间、交替排列而成的混合物。

在缓慢冷却条件下，珠光体的含碳量 0.77%，其力学性能良好，介于铁素体和渗碳体之间，即强度较高，硬度适中，具有一定的塑性。

5. 莱氏体

由奥氏体和渗碳体组成的两相机械混合物，称为莱氏体，用符号 L_d 表示。奥氏体在 727℃时将转变为珠光体，在室温下由珠光体和渗碳体组成的机械混合物，称为低温莱氏体，用符号 L_d'表示。莱氏体硬度很高，脆性大，塑性很差。

二、铁碳合金相图分析

铁碳合金相图是指在极其缓慢加热（或冷却）条件下，表示不同成分的铁碳合金随温度变化所处的状态或组织的图形。在铁碳合金中，由于碳的质量分数 $w_C>6.69\%$ 的铁碳合金脆性极大，没有实用价值，且 Fe_3C 又是一个稳定的化合物，可以作为一个独立的组元，因此，研究的铁碳合金相图实际上是 Fe-Fe_3C（$w_C \leqslant 6.69\%$）相图，如图 3-15 所示。为了便于分析和研究，将相图上实用意义不大的左上角简化，简化后的 Fe-Fe_3C 相图，如图 3-16 所示。

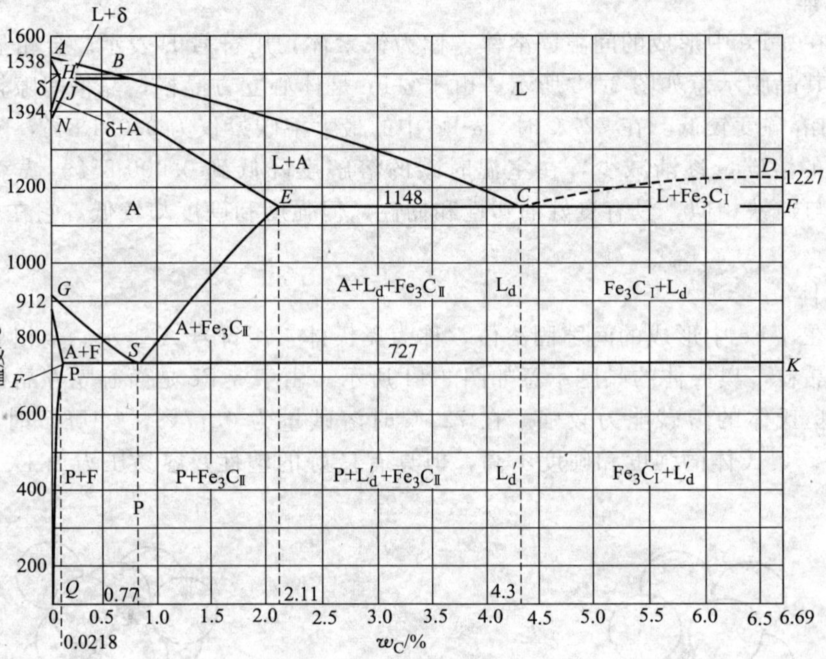

图 3-15　Fe-Fe_3C 相图

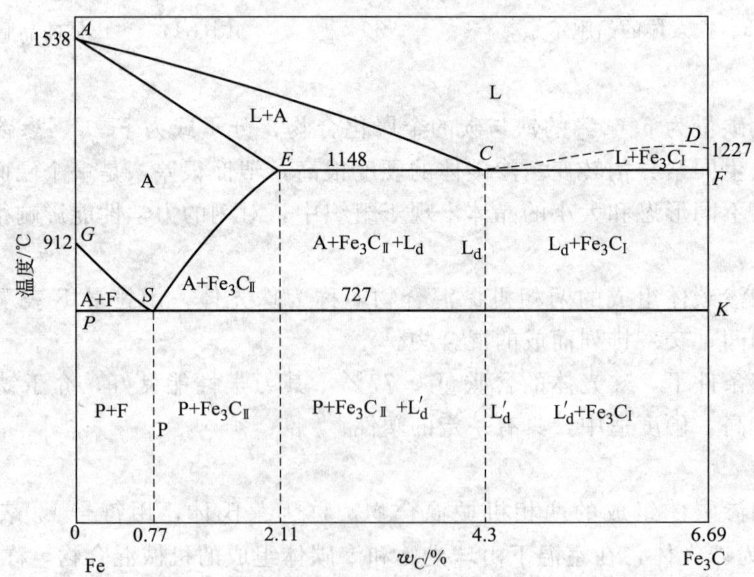

图 3-16　简化的 Fe-Fe_3C 相图

1. Fe-Fe_3C 相图中各特性点

Fe-Fe_3C 相图中主要特性点的温度、成分及其含义见表 3-3。

表 3-3　Fe-Fe_3C 相图中主要特性点的温度、成分及其含义

点的符号	温度/℃	含碳量 w_C/%	含　义
A	1538	0	纯铁的熔点
C	1148	4.3	共晶点，$L_c \xrightleftharpoons{1148℃} L_d(A_E+Fe_3C)$
D	1227	6.69	渗碳体的熔点
E	1148	2.11	碳在 γ-Fe 中最大溶解度
G	912	0	纯铁的同素异构转变点 $\alpha\text{-Fe} \xrightleftharpoons{912℃} \gamma\text{-Fe}$
P	727	0.0218	碳在 α-Fe 中最大溶解度
S	727	0.77	共析点(A_1)，$A_S \xrightleftharpoons{727℃} P(F_P+Fe_3C)$
Q	室温	0.0008	碳在 α-Fe 中的溶解度

2. Fe-Fe_3C 相图中各特性线

Fe-Fe_3C 相图中主要特性线及其含义见表 3-4。表中出现的 $Fe_3C_Ⅰ$、$Fe_3C_Ⅱ$、$Fe_3C_Ⅲ$ 的含碳量、晶体结构和自身性能均相同，主要区别是形成条件不同，分布形态各异，所以对铁碳合金性能的影响也不同。

表 3-4　Fe-Fe_3C 相图中的特性线及其含义

特性线	名　称	含　义
ACD 线	液相线	铁碳合金在此线以上处于液态(L)，缓冷至 *AC* 线时，液体开始结晶出奥氏体；缓冷至 *CD* 线时，液体开始结晶出渗碳体，称此渗碳体为一次渗碳体($Fe_3C_Ⅰ$)
AECF 线	固相线	铁碳合金缓冷至此温度时全部结晶为固相，加热到此温度线，合金开始熔化
ECF 线	共晶线	w_C>2.11%的铁碳合金，缓冷至该线(1148℃)时，均发生共晶转变，生成莱氏体，其反应为 $L_c \xrightleftharpoons{1148℃} L_d(A_E+Fe_3C)$
PSK 线	共析线	w_C>0.0218%的铁碳合金，缓冷至该线(727℃)时，均发生共析转变，生成珠光体，其反应为 $A_S \xrightleftharpoons{727℃} P(F_P+Fe_3C)$
GS 线	A_3 线	w_C<0.77%的铁碳合金，缓冷时由奥氏体中析出铁素体的开始线(或缓慢加热时铁素体转变成奥氏体的终了线)
ES 线	A_{cm} 线	碳在奥氏体中的溶解度线，即 w_C>0.77%的铁碳合金，由高温缓冷时，从奥氏体中析出渗碳体的开始线(或缓慢加热时二次渗碳体溶入奥氏体的终了线)，称此渗碳体为二次渗碳体($Fe_3C_Ⅱ$)
PQ 线	碳在 F 中的溶解度线	碳在铁素体中的溶解度线。在 727℃时，碳在铁素体中的最大溶解度为 0.0218%，因此，铁素体从 727℃冷却下来时，也将析出渗碳体，称为三次渗碳体($Fe_3C_Ⅲ$)

3. Fe-Fe_3C 相图相区分析

依据特性点和特性线的分析，简化后的 Fe-Fe_3C 相图主要有四个单相区 L、A、F、Fe_3C；五个双相区（对应两个单相区所夹相区）L+A、A+F、L+Fe_3C、A+Fe_3C、F+Fe_3C。相图上其他各区域的组织，如图 3-15 所示。

三、典型铁碳合金的结晶过程分析

铁碳合金按其碳的质量分数及室温平衡组织分为三类。

① 工业纯铁（w_C≤0.0218%）——组织为铁素体和少量三次渗碳体。

② 钢（w_C=0.0218%～2.11%），其中又可分为

亚共析钢（w_C<0.77%）——组织为铁素体和珠光体；
共析钢（w_C=0.77%）——组织为珠光体；
过共析钢（w_C>0.77%）——组织为珠光体和二次渗碳体。
③ 白口铸铁（w_C=2.11%～6.69%），其中又可分为
亚共晶白口铸铁（w_C< 4.3%）——组织为珠光体、二次渗碳体和莱氏体；
共晶白口铸铁（w_C=4.3%）——组织为莱氏体；
过共晶白口铸铁（w_C>4.3%）——组织为一次渗碳体和莱氏体。
典型铁碳合金在 Fe-Fe_3C 相图中的位置如图 3-17 所示。

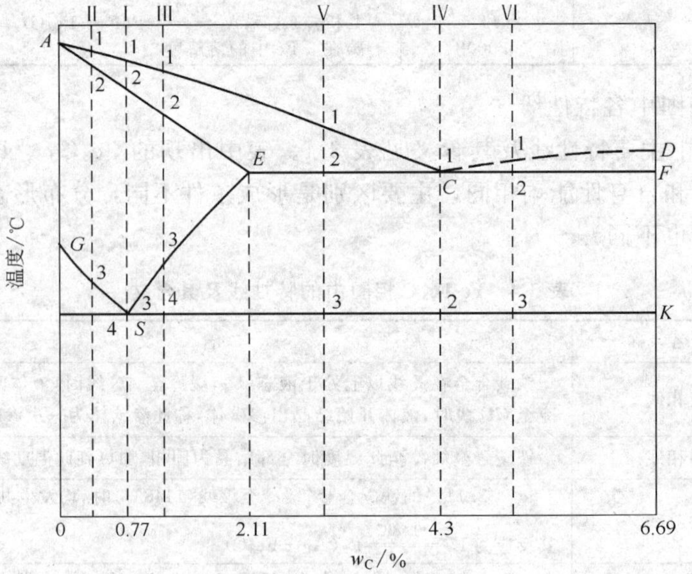

图 3-17　典型铁碳合金在 Fe-Fe_3C 相图中的位置

1. 共析钢

图 3-17 中合金Ⅰ为 w_C=0.77%的共析钢，其冷却曲线和结晶过程如图 3-18 所示。合金Ⅰ在 1 点以上全部为液相（L），当缓冷至与 AC 线相交的 1 点时，开始从液相中结晶出奥氏体，奥氏体的量随温度降低而增多，其成分沿 AE 线变化，剩余液相逐渐减少，其成分沿 AC 线变化。冷至 2 点时，液相全部结晶为与原合金成分相同的奥氏体。2 点～3 点（即 S 点）间为单一的奥氏体冷却。当冷至 3 点（727℃）时，剩余奥氏体发生共析转变，转变产物为珠光体。其共析转变式为

$$A_S \xrightleftharpoons{727℃} F_P + Fe_3C$$

在 3 点以下，继续缓冷时，铁素体成分沿 PQ 线变化，将从铁素体中析出少量三次渗碳体（$Fe_3C_{Ⅲ}$），并与共析渗碳体混在一起，不易分辨，而且对钢的影响不大，故可忽略不计。因此，共析钢的室温组织为珠光体。共析钢的显微组织如图 3-19 所示。

2. 亚共析钢

图 3-17 中合金Ⅱ为 w_C =0.45%的亚共析钢，其冷却曲线和结晶过程如图 3-20 所示。合金Ⅱ在 3 点以上的冷却过程与合金Ⅰ在 3 点以上相似。当合金冷至与 GS 线相交的 3 点时，开始从奥氏体中析出铁素体。随着温度降低，铁素体量不断增多，其成分沿 GP 线变

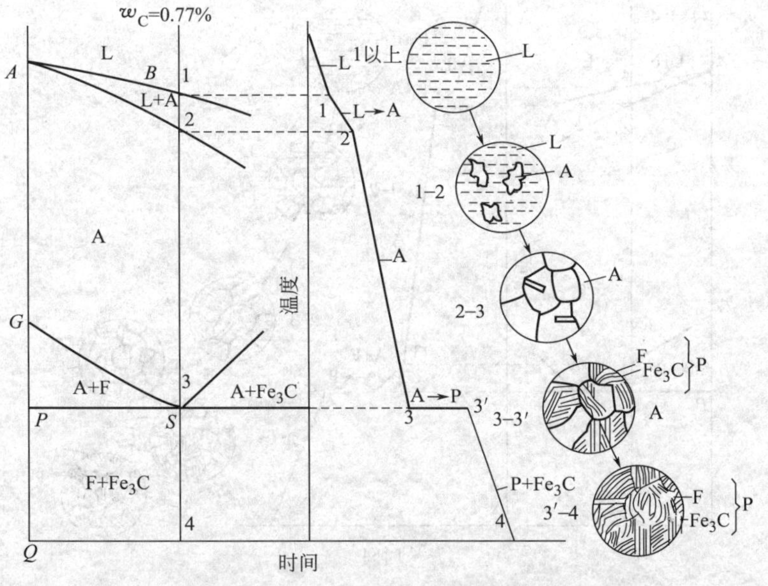

图 3-18　共析钢冷却曲线和结晶过程示意

图 3-19　共析钢的显微组织（500×）

化，而剩余奥氏体量逐渐减少，其成分沿 GS 线变化，当温度降至与 PSK 线相交的 4 点时，奥氏体中的质量分数 w_C 达到 0.77%，发生共析转变，形成珠光体。温度继续下降，与共析钢一样由铁素体中析出极少量的三次渗碳体，可忽略不计。故其室温组织为铁素体和珠光体。

所有亚共析钢的冷却过程均与合金Ⅱ相似，其室温组织都是由铁素体和珠光体组成。所不同的是随着 w_C 的增加，珠光体量逐渐增多，而铁素体量逐渐减少。亚共析钢的显微组织如图 3-21 所示。图中白色块状部分为铁素体，片状黑白相间的组织为珠光体。

3. 过共析钢

图 3-17 中合金Ⅲ为 $w_C=1.2\%$的过共析钢，其冷却曲线和结晶过程如图 3-22 所示。合金Ⅲ在 3 点以上的冷却过程与合金Ⅰ在 3 点以上相似。当合金冷至与 ES 线相交的 3 点时，奥氏体中含碳量达到饱和，碳以二次渗碳体（$Fe_3C_{Ⅱ}$）的形式析出，呈网状沿奥氏体晶界析出。随着温度降低，$Fe_3C_{Ⅱ}$ 的数量不断增多，奥氏体量不断减少，且奥氏体成分沿 ES 线变

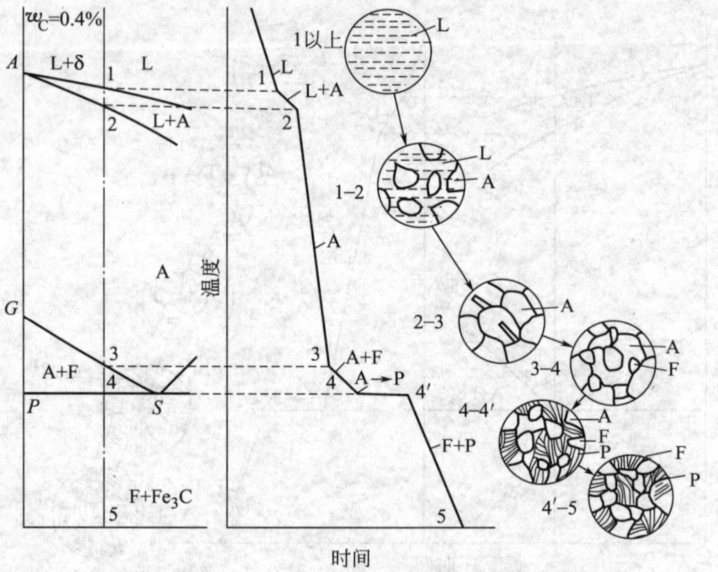

图 3-20　亚共析钢的结晶过程示意

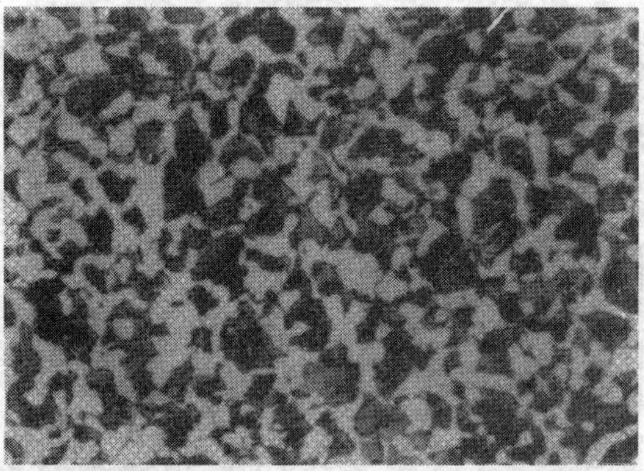

图 3-21　亚共析钢的显微组织（250×）

化。当温度降至与 PSK 线相交的 4 点时，奥氏体中的质量分数 w_C 达到 0.77%，发生共析转变，形成珠光体。温度继续下降，组织基本不变。其室温组织为珠光体和网状二次渗碳体。

所有过共析钢的室温组织都是由珠光体和网状二次渗碳体组成的。不同的是随含碳量的增加，网状二次渗碳体量增多，珠光体量减少。过共析钢的显微组织如图 3-23 所示。图中呈片状黑白相间的组织为珠光体，白色网状组织为二次渗碳体。

4. 共晶白口铸铁

图 3-17 中合金Ⅳ为 $w_C=4.3\%$ 的共晶白口铸铁，其冷却曲线和结晶过程如图 3-24 所示。合金Ⅳ在 1 点以上为单一液相，当温度降到与 ECF 线相交时，液态合金发生共晶转变，即从一定成分的液相中同时结晶出成分为 E 点的共晶奥氏体和成分为 F 点的共晶渗碳体。由共晶奥氏体和共晶渗碳体组成的共晶体，称为莱氏体，用符号 L_d 表示。其转变式为 $L_c \xrightarrow{1148℃} L_d$（$A_E+Fe_3C$）。继续冷却，从共晶奥氏体中不断析出二次渗碳体，奥氏体中的碳含量沿 ES 线向共析成分接近，当缓冷至 2 点（727℃）时，奥氏体的含碳量达到共析成

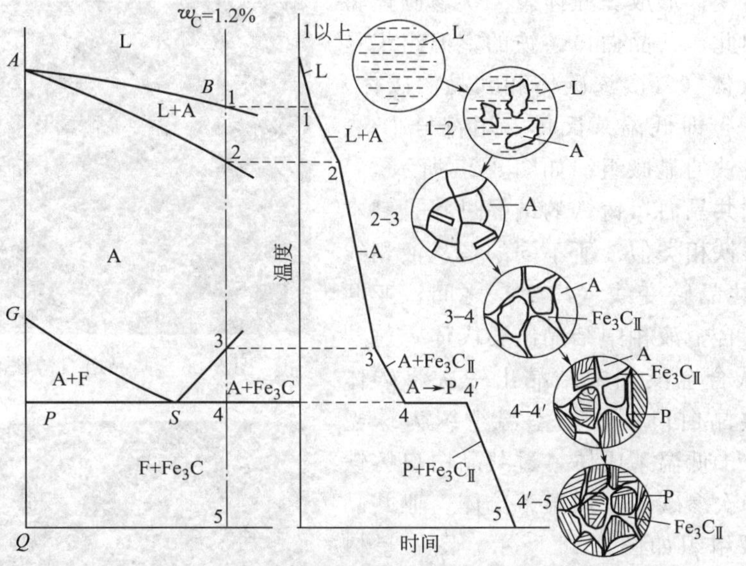

图 3-22　过共析钢的结晶过程示意

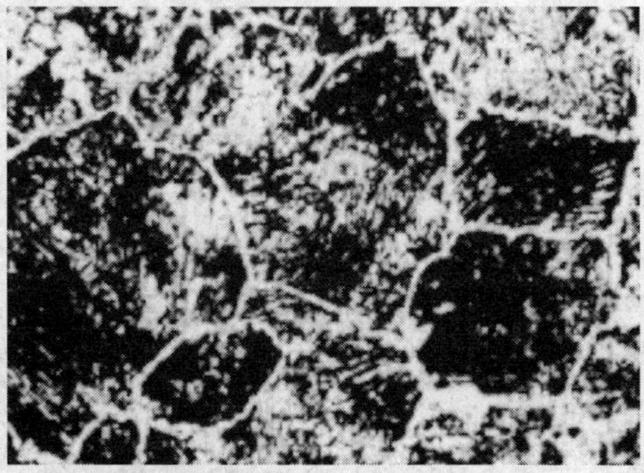

图 3-23　过共析钢的显微组织（500×）

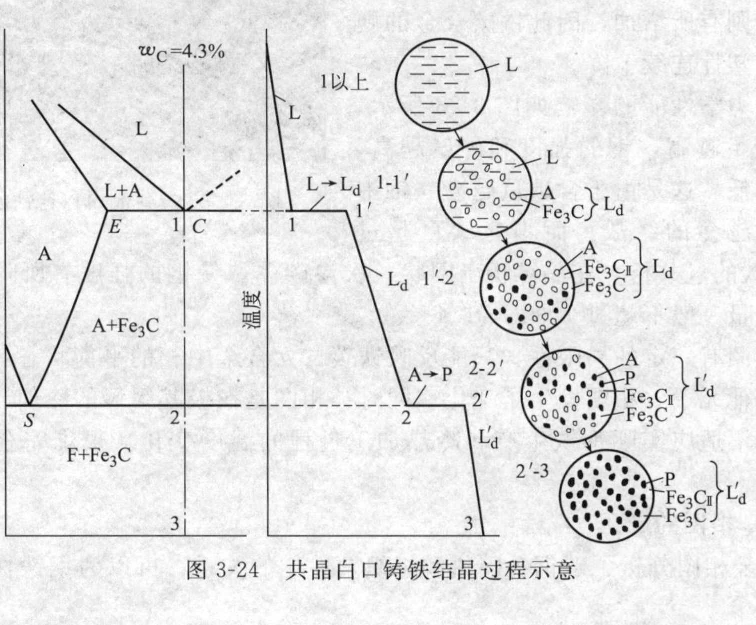

图 3-24　共晶白口铸铁结晶过程示意

分，发生共析转变，形成珠光体，二次渗碳体将保留至室温。因此，共晶白口铸铁的室温组织是由珠光体和渗碳体（二次渗碳体和共晶渗碳体）组成的两相组织，即低温莱氏体，用符号 L_d' 表示。共晶白口铸铁的显微组织如图 3-25 所示。

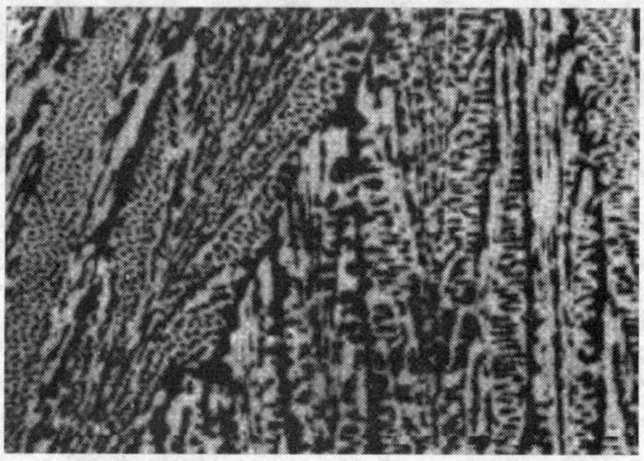

图 3-25　共晶白口铸铁的显微组织

亚共晶和过共晶白口铸铁的结晶过程，基本上与共晶白口铸铁相类似。所不同的是从液相线（AC、CD）到共晶转变线（ECF）之间，亚共晶白口铸铁先从合金液相中结晶出奥氏体，过共晶白口铸铁先从合金液相中结晶出一次渗碳体（$Fe_3C_Ⅰ$）。亚共晶白口铸铁的室温组织为珠光体＋二次渗碳体＋低温莱氏体，过共晶白口铸铁的室温组织是一次渗碳体＋低温莱氏体。亚共晶白口铸铁的显微组织如图 3-26 所示。图中呈树枝状分布的黑色块状是由初生奥氏体转变成的珠光体，珠光体周围白色网状物为二次渗碳体，其余部分为低温莱氏体。过共晶白口铸铁的显微组织如图 3-27 所示。图中呈白色条片状的为一次渗碳体，其余部分为低温莱氏体。

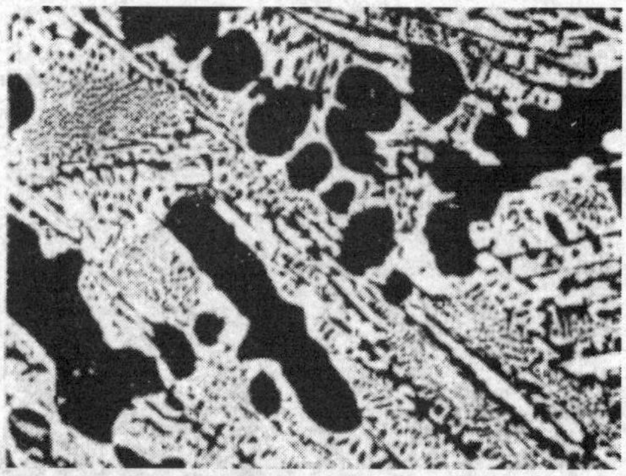

图 3-26　亚共晶白口铸铁的显微组织

四、含碳量对铁碳合金组织和性能的影响

根据铁碳合金相图的分析，碳是决定碳钢力学性能的主要因素，不同含碳量的合金具有不同的组织，具有不同的性能，铁碳合金在室温的组织都是由铁素体和渗碳体两相组成。铁素体具有良好的塑性，塑性变形由铁素体提供，渗碳体硬而脆，随着含碳量的增加，铁素体的量逐渐减少，渗碳体的量则有所增加，因此铁碳合金的硬度呈直线上升，塑性连续下降。

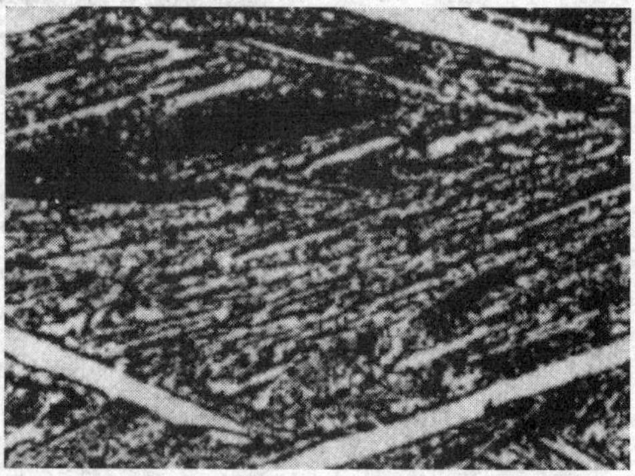

图 3-27　过共晶白口铸铁的显微组织

含碳量对钢力学性能的影响如图 3-28 所示。由图可知，含碳量越高，钢的强度和硬度越高，而塑性和韧性越低。这是由于含碳量越高，钢中的硬脆相 Fe_3C 越多的缘故。而当含碳量超过 0.9%时，达到碳的过共析，在晶界析出网状二次渗碳体，使钢的强度有所降低。所以工业使用的碳钢含碳量一般不超过 1.3%～1.4%。

铁碳合金相图有一定的局限性，只能反映铁碳二元合金中相的平衡状态，但实际应用的钢铁材料含有其他元素，相图发生了变化；同时，相图是在极其缓慢的冷却或加热过程中达到的平衡状态，不适应实际钢铁生产和冷热加工过程的温度变化，很难完全用相图来进行分析。

五、$Fe\text{-}Fe_3C$ 相图的应用

$Fe\text{-}Fe_3C$ 合金相图分析了碳钢含碳量和组织、性能的关系，可以为钢铁材料的使用提供

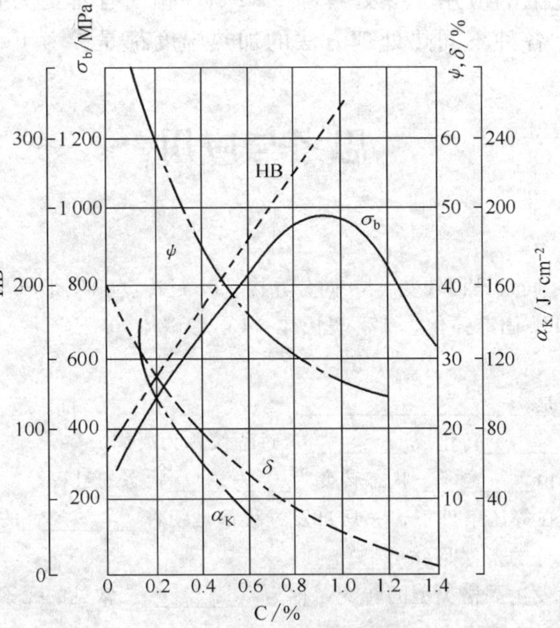

图 3-28　含碳量对钢力学性能的影响

某些指导性依据，在生产实践中具有指导意义。

1. 钢铁选材的成分依据

工程设计中，对金属材料有不同的要求。如金属构件用的钢材，需要强度较高，塑性、韧性好，焊接性好，可选用碳含量较低的钢。各种机器零件需要强度、塑性和韧性都比较好的材料，可选用碳含量适中的钢。各种工具要用强度较高、硬度高和耐磨性好的材料，则选择碳含量较高的钢。

2. 钢铁热加工的工艺依据

（1）在铸造生产上的应用　根据 $Fe\text{-}Fe_3C$ 相图的液相线可以找出不同成分的铁碳合金的熔点，从而确定合适的熔化、浇注温度。还可以看到钢的熔化与浇注温度都要比铸铁高（见图 3-29）。此外，从 $Fe\text{-}Fe_3C$ 相图中还可以看出，靠近共晶成分的铁碳合金不仅熔点低，而且凝固温度区间也较小，故具有良好的铸造性能。这类合金适宜于铸造，在铸造生产中获得广泛的应用。

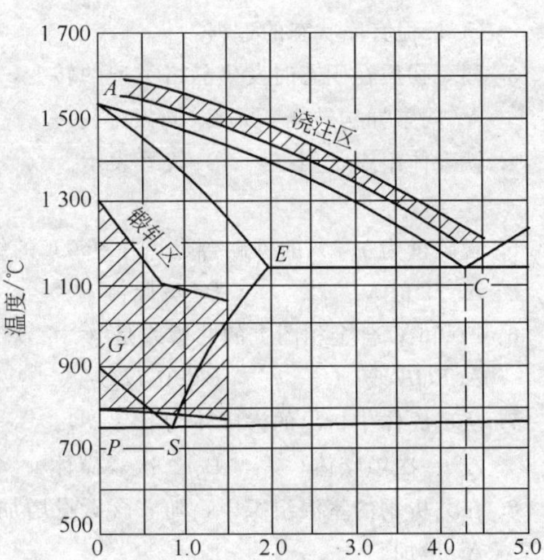

图 3-29　$Fe\text{-}Fe_3C$ 相图与铸、锻工艺的关系

（2）在锻造工艺上的应用　钢经加热后获得奥氏体组织，它的强度低，塑性好，便于塑性变形加工。因此，钢材轧制或锻造的温度范围，多选择在单一奥氏体组织范围内。其选择原则是开始轧制或锻造的温度不得过高，以免钢材氧化严重，甚至发生奥氏体晶界部分熔化，使工件报废。而终止温度也不能过低，以免钢材塑性差，在锻造过程中导致产生裂纹。各种碳素钢合适的轧制或锻造温度范围如图 3-29 所示。

(3) 在热处理工艺上的应用　热处理与 $Fe-Fe_3C$ 相图有着更为直接的关系。根据对工件材料性能要求的不同，各种不同热处理方法的加热温度都是参考 $Fe-Fe_3C$ 相图选定的。

思考与应用

一、名词解释

1. 结晶　2. 凝固　3. 同素异构转变　4. 同分异构　5. 过冷度　6. 形核率　7. 变质处理　8. 铁素体　9. 珠光体　10. 莱氏体　11. 固溶强化　12. 奥氏体　13. 渗碳体

二、填空题

1. 结晶与凝固的区别是________________。
2. 通常把物质从________转化成________过程统称为凝固。
3. 结晶实质上是原子由________状态转变为________状态的过程。
4. 热力学定律指出，在等压条件下，一切自发过程都是朝着________的方向进行。
5. 结晶的必要而且充分的条件是________。
6. 同一物质在固态时发生晶格类型的转变，称为________。常见的元素有________。
7. 奥氏体和渗碳体的混合物称为________。
8. 碳溶解在 γ-Fe 中形成的间隙固溶体，称为________。
9. 珠光体是________和________组成的混合物。
10. 共析钢的含碳量为________，其室温平衡组织________。
11. 铁碳合金在室温下的基本相有________和________。

三、选择题

1. 化学成分相同，而组成的原子排列成不同的分子结构的现象称为（　　）。
   A. 同素异构　B. 同素异构转变　C. 同分异构体　D. 同分异构
2. 结晶实质上是原子由（　　）。
   A. 近程有序转变为长程有序状态的过程　B. 长程有序转变为近程有序的过程
   C. 长程有序状态的过程　D. 近程有序状态的过程
3. 同一物质在固态时发生晶格类型的转变，称为（　　）。
   A. 同素异构转变　B. 同素异构　C. 同分异构　D. 同分异构转变
4. 铁素体组织常用（　　）符号表示。
   A. A　B. F　C. P　D. L_d
5. 含碳量为 1.3%的铁碳合金，在 950℃的组织为（　　）。
   A. 珠光体　B. 奥氏体　C. 铁素体和珠光体
6. $Fe-Fe_3C$ 合金相图上的共析线是（　　）。
   A. *ECF* 线　B. *ACD* 线　C. *PSK* 线
7. 从奥氏体中析出的渗碳体为（　　）。
   A. 一次渗碳体　B. 二次渗碳体　C. 共晶渗碳体
8. 在共析钢的室温组织中，随着含碳量增加，则组织中的珠光体数（　　）。
   A. 增加　B. 减少　C. 不变
9. 莱氏体的平均含碳量为（　　）。
   A. 0.77%　B. 2.11%　C. 4.3%
10. 碳溶解在（　　）中形成间隙固溶体称为奥氏体。
    A. α-Fe　B. γ-Fe　C. δ-Fe

11. 铁碳合金组织中，属于固溶体的是（　　）。

A. 奥氏体、渗碳体　B. 铁素体、珠光体　　C. 铁素体、奥氏体

四、判断题

1. 一般来说，液态物质的冷却速度愈大，过冷度也愈大，实际结晶温度就愈低。（　　）
2. 相对晶态而言，非晶态是一种短程无序、长程有序的混合结构。（　　）
3. 通常金属是由许多外形不规则、位向不同、大小不同的晶粒组成的多晶体。（　　）
4. 在实际金属合金中，自发形核比非自发形核更重要，往往起优先和主导的作用。（　　）
5. 金属的结晶过程是晶核不断形成、长大的过程。（　　）
6. Fe-Fe_3C 合金相图的纵坐标表示温度，横坐标代表时间。（　　）
7. 间隙固溶体都是无限固溶体。（　　）
8. 钢材扎制或锻造的温度范围必须选择在 Fe-Fe_3C 相图的单相的奥氏体区域为。（　　）
9. 含碳量小于 6.69%的铁碳合金，从高温缓冷到 727℃时都会发生共析转变。（　　）
10. 铁素体和渗碳体组成的混合物称莱氏体。（　　）
11. 珠光体的平均含碳量为 0.77%。（　　）
12. 合金固溶强化使得强度、硬度、塑性都有提高。（　　）
13. 金属化合物的性能是硬而脆，莱氏体的性能也是硬而脆，故莱氏体属于金属化合物。（　　）

五、简答题

1. 什么是过冷现象和过冷度？过冷度的大小和哪些因素有关？过冷度对结晶过程和晶粒大小有何影响？
2. 晶体缺陷有哪些？对材料有哪些影响？对所有的材料都有影响吗？
3. 非晶体的结构有特点？性能如何？
4. 绘图表示面心立方晶格中密度最大的晶面和晶向。
5. 二元合金相图是如何建立的？
6. 何谓铁碳合金相图？
7. 给定简化 Fe-Fe_3C 合金中钢的部分，说明各主要特征点和线的含义区域组织。
8. 试分析共析钢冷却到室温的组织转变过程？
9. 随着含碳量的增加，钢的组织和性能有什么变化？

六、课外调研

1. 分析树枝晶的结晶过程，晶粒大小与性能的关系，生产中常采用何方法来细化晶粒？
2. 深入了解生活和机械制造中晶体（或非晶体）的结晶（或凝固）的应用情况。
3. 结合生产实际，简述 Fe-Fe_3C 相图的应用。

第四章 金属的塑性变形和再结晶

知识目标

1. 掌握弹性变形和塑性变形概念。
2. 了解单晶体和多晶体的塑性变形形式和性能变化。
3. 掌握金属加工硬化概念及其应用。
4. 了解塑性变形金属在加热时回复、再结晶及晶粒长大过程和组织变化。

能力目标

1. 能正确区分弹性变形和塑性变形。
2. 能对金属加工硬化现象进行科学解释。
3. 能对塑性变形金属在加热时回复、再结晶和晶粒长大进行描述。

金属的一个重要特性是塑性，利用塑性对经冶炼而得到的金属锭进行轧制、挤压、冷拔、锻造、冲压等压力加工，使金属产生塑性变形而获得成品或半成品。通过塑性变形不仅可以把金属材料加工成各种形状和尺寸的制品，而且还可以改变金属的组织和性能。因此，研究金属的塑性变形，对于选择金属材料的加工工艺、提高生产率，改善产品质量，合理使用材料等方面都有重要的意义。

第一节 金属的塑性变形

受外力作用时，金属原子的相对位置发生改变，宏观上表现为形状、尺寸的变化称为变形。金属变形按其性质分为弹性变形和塑性变形。

1. 弹性变形

当外力消除后，金属能恢复原来形状的变形，称为弹性变形。弹性变形是外力克服了原子间的作用力，使原子间距离发生微小的变化，原子偏离原来所在的位置，外力消失后，原子间的作用力使金属恢复到原来的形状。如弹簧、连杆、刀具等都是在这种情况下工作的。

2. 塑性变形

当金属因受外力作用而发生变形，外力撤销后不能消失的那部分变形称为塑性变形，或称永久变形。材料塑性变形是一种不可逆的变形。实际金属都是多晶体，下面先从单晶体塑性变形谈起。

一、单晶体的塑性变形

晶体的一部分沿着一定的晶面和晶向相对于另一部分发生滑动，原子处于新的平衡位置。因此，单晶体的塑性变形主要以滑移的方式进行。

在切应力的作用下晶体产生滑移的变形过程如图 4-1 所示。作用在某一晶面上一个相互平行、方向相反的切应力，当该力达到一定值，此晶面能开始滑动，滑移才能进行。原子滑移到新的平衡位置，晶体就产生了微量的塑性变形。许多晶面滑移的总和，使大量位错移出晶体表面，就产生了宏观的塑性变形。

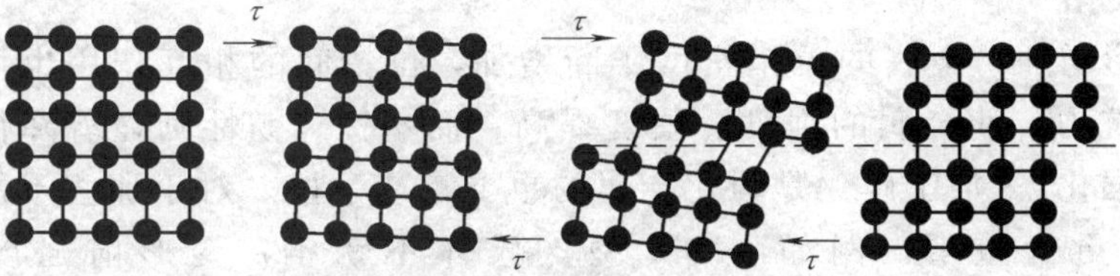

(a) 未变形　(b) 弹性变形　(c) 弹、塑性变形　(d) 塑性变形

图 4-1　在切应力的作用下晶体产生滑移的变形过程

单晶体金属在拉伸塑性变形时，滑移优先沿晶体内部原子排列最密的晶面和晶向发生，晶体中能够发生滑移的晶面和晶向称为滑移面和滑移方向。不同晶格类型的金属，其滑移面和滑移方向的数目是不同的，一般来说，滑移面和滑移方向越多，金属的塑性变形能力就越大。

二、多晶体的塑性变形

大多数金属材料都是由多晶体组成。多晶体中的晶界原子排列不规则，缺陷和杂质集中，阻碍滑移，使变形抗力增加。因此，多晶体的塑性变形除了要考虑到单晶体塑性变形的因素外，还要考虑晶粒彼此之间在变形过程中的约束作用，以及晶界对塑性变形的影响。

1. 晶粒位向的影响

多晶体中各个晶粒的位向不同，在外力作用下，滑移的晶粒进行滑移时，必然受到周围位向不同的其他晶粒的约束，使滑移的阻力增加，提高了塑性变形的抗力。同时，多晶体各晶粒在塑性变形时，由于受到周围位向不同的晶粒与晶界的制约，多晶体的塑性变形是逐步扩展和不均匀的，因此产生内应力。

2. 晶界的影响

晶界对塑性变形有较大的阻碍作用。由两个晶粒组成的金属试样在拉伸时的变形如图 4-2 所示。因晶界的滑移抗力大，变形少，出现了“竹节”现象。由此可见，晶界起着强化金属的作用。

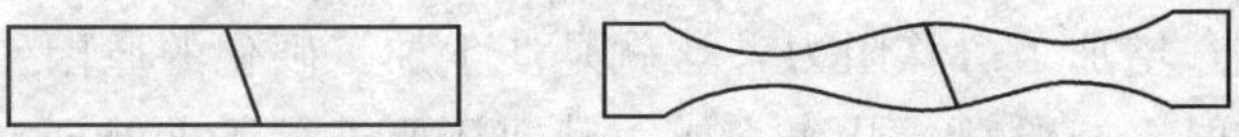

(a) 变形前　(b) 变形后

图 4-2　两个晶粒试样在拉伸时的变形

3. 晶粒大小的影响

晶体内晶粒数目越多，晶粒越细，晶界越多，晶体的塑性变形抗力也就越大。细晶粒的多晶体不仅强度较高，而且塑性和韧性也较好。因为在同样变形条件下，晶粒越细，变形量可分散在更多的晶粒内进行，使各晶粒的变形比较均匀，而不致过分集中于少数晶粒，使其变形严重。又因晶粒越细，晶界越多，不利于裂纹的传播，在其断裂前能承受较大的塑性变形，吸收较多的功，表现出较好的塑性和韧性。

因此，金属的晶粒越细小，强度、塑性与韧性越高。

第二节　冷塑性变形对金属组织和性能的影响

冷塑性变形使金属的外形发生变化，同时，使其内部组织与性能发生一系列的改变。

一、加工硬化

随塑性变形增加，金属的位错密度不断增加，位错间的相互作用也增强，提高了金属的塑性变形抗力，使金属的强度、硬度提高，而塑性、韧性则显著降低，称为加工硬化（也称变形强化）。加工硬化是强化金属的重要工艺手段。对于那些不能热处理强化的金属材料显得更为重要。例如，18-8 型奥氏体不锈钢，变形前强度不高（$\sigma_{r0.2}=196\text{MPa}$），但经轧制 40%塑性变形后，屈服强度提高了 3～4 倍（$\sigma_{r0.2}=784\sim980\text{MPa}$），抗拉强度也提高了一倍。

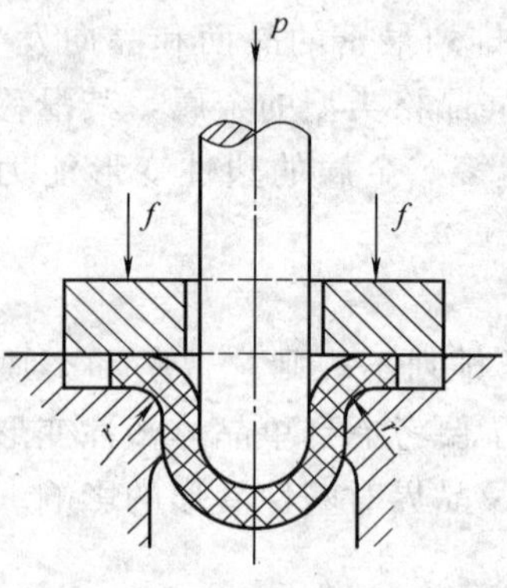

图 4-3　金属冷冲压示意

利用加工硬化还可以使金属在冷加工中均匀变形，实现冷加工成型工艺，这是因为金属的变形部分已得到强化，不再继续变形，后续的冷加工变形主要集中在未变形（未加工）部位。金属冷冲压示意如图 4-3 所示。由于 r 处变形最大，其变形达到一定程度后，首先产生加工硬化，随后的变形向其他部分转移，这样便可得到壁厚均匀的冲压件。

加工硬化也有不利的一面。由于金属材料塑性的降低，给其进一步冷塑性变形带来困难。为了能继续变形加工，必须进行退火处理，以消除变形强化，增加生产成本，降低了生产率。

塑性变形也会使金属某些物理、化学性能发生变化，如电阻增加，化学活性增大，耐蚀性降低等。这些引起金属性能变化的原因，都与塑性变形过程中金属的组织结构变化及相应的内应力形成有关。

二、冷塑性变形对金属组织结构的影响

经塑性变形后的金属，晶粒沿变形方向被压扁（或拉长）。当变形程度很大时，晶粒形状变化也很大，晶粒被拉成细条状，金属中的夹杂物也被拉长，形成纤维组织，使金属性能产生各向异性，通常沿着纤维方向的强度与塑性大于垂直方向的强度与塑性。

冷塑性变形除了使晶粒外形变化外，还会使晶体内部嵌镶块尺寸细碎化，位错密度增加，晶格畸变较严重，增加了滑移阻力，这就是产生加工硬化的原因。因此，工程上在加工较大变形量的零部件时，一般都分几次完成，其间还要进行退火处理。

三、残余内应力

塑性变形后由于金属各部分受力和变形的不均匀，产生残余内应力。因各部分之间的变形不均匀而造成的内应力称为宏观内应力（或第一类内应力）；由各晶粒（或亚晶粒）变形不均匀而造成的内应力称为微观内应力（或第二类内应力）；由位错、空位等晶格缺陷造成的内应力称为第三类内应力。内应力使金属的耐腐蚀性能及承载能力下降，所以工程上要求进行消除内应力的处理，通常采用喷丸或滚压等表面处理来增加金属表面的压应力，用于抵消服役时的外来拉应力，延长金属零部件的使用寿命。

第三节　塑性变形金属在加热时组织和性能的变化

经过冷塑性变形后的金属，其组织结构发生了变化，即晶格畸变严重，位错密度增加，晶粒碎化，并因金属各部分变形不均匀，引起金属内部残留内应力，这都使金属处于不稳定状态，使它具有恢复到原来稳定状态的趋势。但在常温下，由于金属原子的活

动能力很弱，这种恢复过程很难进行。对冷塑性变形的金属进行加热，因原子活动能力增强，会相继发生回复、再结晶和晶粒长大三个阶段的变化。冷塑性变形金属加热过程中组织和性能的变化如图 4-4 所示。

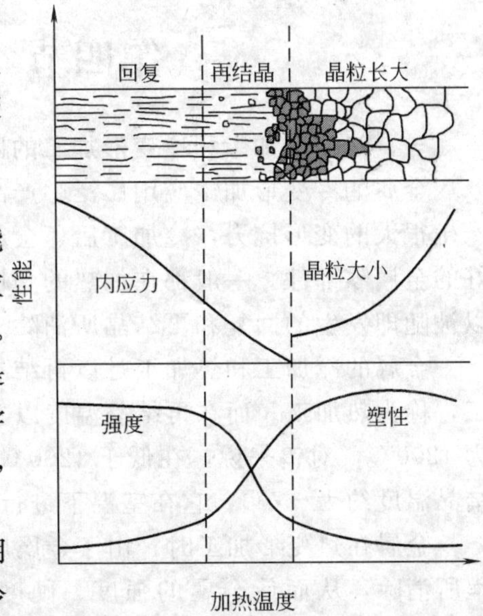

图 4-4 冷塑性变形金属加热过程中组织和性能的变化

一、回复

加热温度较低时，原子扩散能力不大，原子只能进行短距离的扩散，晶格畸变程度减轻，从而使内应力有所降低，塑性略有恢复，强度和硬度稍有下降。这个阶段称为回复。然而这时的原子活动能力还不是很强，所以金属的显微组织无明显的变化，因此力学性能也无明显的改变。主要作用是消除残余内应力，防止变形和开裂。

为保持金属经冷塑性变形后的高强度，往往采用回复处理，以降低内应力，适当提高塑性。例如，冷拔钢丝弹簧加热到 250～300℃，就是进行回复处理，使弹簧的弹性增强，同时消除加工时带来的内应力。

二、再结晶

随着加热温度提高，原子活动能力增加，离开原来位置重新排列，金属的显微组织发生显著变化。畸变晶粒通过形核及晶核长大而形成新的无畸变的等轴晶粒，宏观表现为金属的强度和硬度显著降低，塑性和韧性明显提高（见图 4-4）。这个过程称为再结晶。再结晶首先在晶粒碎化最严重的地方产生新晶粒的核心，新晶核吞并旧晶粒逐渐长大，使变形金属的组织和性能基本上恢复到冷塑性变形前的状态。

金属的再结晶是一种不发生晶格变化的固体变化，因此没有特定的再结晶温度，而是在一定的温度范围内进行的。能进行再结晶的最低温度称为再结晶温度（T_t）。再结晶温度与金属的变形程度有关。金属的变形程度越大，金属的缺陷越多，组织越不稳定，开始再结晶温度就越低。

对于工业纯（＞99.9%）的金属，其再结晶温度与熔点间的关系可按下列经验公式计算。

$$T_{再}=0.4T_{熔}$$

式中 $T_{再}$——金属的再结晶温度，K；

$T_{熔}$——金属的熔点，K。

实际生产中，必须进行中间退火以消除加工硬化。经冷变形后的金属加热到再结晶温度以上，保温适当时间使变形晶粒重新结晶为均匀的等轴晶粒，以消除变形强化和残余应力的退火，称为再结晶退火。再结晶退火的温度，一般比该金属的再结晶温度高 100～200℃。

三、晶粒长大

晶粒尺寸影响到金属的力学性能，必须进行控制。再结晶退火温度越高，原子扩散能力越大，晶粒长大越快。再结晶后的金属，一般都得到细小而均匀的等轴晶粒。如果继续升高温度或延长保温时间，再结晶后的晶粒又以互相吞并的方式长大，这种使晶粒长大而导致晶粒粗化，力学性能变坏的情况应当注意避免。

第四节　金属的热变形加工

一、热变形加工和冷变形加工的区别

金属的冷变形加工应用广泛，产品精度高、表面光洁、强度性能好；但是在冷加工时会产生很大的变形抗力，冷加工后还会产生加工硬化。工程中对截面积大、变形量大和塑性不好的金属零部件，一般都在加热的塑性状态下塑性成型，热加工塑性变形引起的加工硬化可以被随即发生的回复和再结晶所消除。

金属的冷加工和热加工是以再结晶温度来划分的。凡在金属的再结晶温度以上进行的加工，称为热加工。而在再结晶温度以下进行的加工称为冷加工。例如，钨的最低再结晶温度为1200℃，对钨来说，在低于1200℃的高温下进行变形加工仍属于冷加工；而锡的最低再结晶温度约为−7℃，它在室温下进行变形加工便属于热加工。

金属在热变形加工时，由于金属原子的结合力减小，而且变形强化现象随时被再结晶过程所消除，从而使金属的强度、硬度降低，塑性增强，因此其塑性变形要比低温时容易得多。

二、热变形加工对金属组织和性能的影响

1. 消除铸态金属的组织缺陷

热变形加工可以使钢锭中的气孔、缩孔大部分焊合，铸态的疏松被消除，提高了金属的致密程度。因此，金属的力学性能得到提高。

2. 细化晶粒

热变形加工的金属经过塑性变形和再结晶作用后，一般可使晶粒细化，因而可以提高金属的力学性能。但热变形加工金属的晶粒大小与变形程度和终止热变形加工的温度有关。变形程度小，终止热变形加工的温度过高，再结晶晶粒少，而晶粒长大又快，加工后得到粗大晶粒，相反则得到细小晶粒。但终止热变形加工温度不能过低，否则会造成变形强化及残余应力。因此，制订正确的热加工工艺规范，对改善金属的性能有重要的意义。

3. 形成锻造流线

在热变形加工过程中，由于金属组织中的各种夹杂物在高温下具有一定的塑性，它们会沿着变形方向伸长而形成锻造流线（又称纤维组织）。由于锻造流线的出现，使金属材料的性能在不同的方向上有明显的差异。通常，沿流线方向上的抗拉强度及韧性高，而抗剪强度低。在垂直于流线方向上，抗剪强度较高，而抗拉强度较低。

为此，采用正确的热变形加工工艺，可以使流线合理分布，以保证金属材料的力学性能。图4-5为曲轴流线示意。很明显，锻造成型曲轴流线分布合理，因而其力学性能较高。

4. 形成带状组织

如果钢在铸态组织中存在比较严重的偏析，或热加工时终锻（终轧）温度过低时，钢的内部会出现与热变形加工方向大致平行的诸多条带所组成的偏析组织，这种组织形态称为带状组织。带状组织也会引起钢材力学性能的各向异性。一般可用热处理方法加以消除。

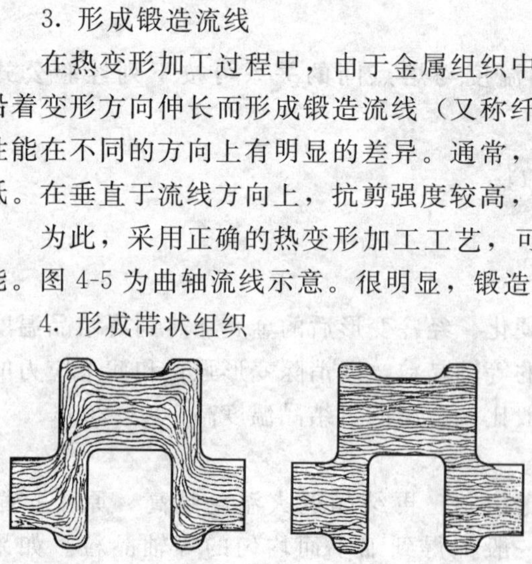

(a) 锻造成型　　(b) 切削加工成型

图4-5　曲轴流线示意

思考与应用

一、名词解释

1. 弹性变形　2. 塑性变形　3. 滑移面　4. 加工硬化　5. 残余内应力　6. 回复　7. 再结晶　8. 冷加工　9. 热加工

二、填空题

1. 单晶体的塑性变形，主要以________的方式进行，它是在________的作用下，使晶体的一部分沿一定的________相对于另一部分发生滑动，滑动后的原子处于________。

2. 多晶体内晶界对塑性变形有较大的________作用，这是因为晶体连接处原子排列比较________，阻碍了______的移动。所以晶界越多，多晶体的_________越大。

3. 冷变形后的金属进行加热，当温度不太高时，金属内部的晶格畸变程度________，内应力________，这个阶段称为________。当加热到较高温度，不但晶粒内部晶格畸变________，金属的位错密度________，使变形的晶粒逐步变成等轴晶粒，这一过程称为________。

4. 从金属学观点来说，凡在________温度以下进行的加工，称为________；而在________温度以上进行的加工，称为________。

三、选择题

1. 再结晶和重结晶都有形核和长大两个过程，主要区别在于有没有（　　）改变。

A. 温度　　B. 晶体结构　　C. 应力状态

2. 实际生产中，碳钢的再结晶温度应选择（　　）。

A. 50～800℃　　B. 600～700℃　　C. 360～450℃

3. 冷热加工的区别在于加工后是否留下（　　）。

A. 加工硬化　　B. 晶格改变　　C. 纤维组织

4. 钢在热加工后形成的纤维组织，使钢性能相应变化，即沿着纤维的方向上，具有较高的（　　），在垂直纤维的方向上，具有较高的（　　）。

A. 抗拉强度　　B. 抗弯强度　　C. 抗剪强度

四、判断题

1. 一般来说，晶体内滑移面和滑移方向越多，则金属的塑性越好。（　　）
2. 实际上滑移是借助于位错的移动来实现的，故晶界处滑移阻力最小。（　　）
3. 回复时，金属的显微组织没有变化。（　　）
4. 再结晶与液体金属结晶一样，有一个固定的结晶温度。（　　）
5. 金属铸件可以用再结晶退火来细化晶粒。（　　）
6. 为保持冷变形金属的强度和硬度，应采取再结晶退火。（　　）
7. 在高温状态下进行变形加工，称为热加工。（　　）

五、简答题

1. 为什么细晶粒金属材料的强度、塑性均比粗晶粒金属好？
2. 用冷拔紫铜管进行冷弯，加工成输油管，为避免冷弯时开裂，应采取什么措施？为什么？
3. 热加工对金属组织和性能有何影响？
4. 已知W、Fe、Cu的熔点（见教材），说明钨在1000℃、铁在800℃、铜在600℃时处于什么加工状态？

六、课外调研

1. 什么是加工硬化现象？试举生产或生活中的实例来说明加工硬化现象的利弊？
2. 冷拔制成的管材在冷弯成型时（如冷拔纯铜管制造空调器管件或机器上的输油管件时），为了避免成型时开裂应提前进行什么处理？为什么？

第五章　钢的热处理

知识目标

1. 掌握钢的热处理定义、分类。
2. 了解钢在加热时的奥氏体的形成过程及其控制。
3. 初步掌握过冷奥氏体的等温转变和连续转变产物的组织和性能。
4. 掌握退火、正火、淬火、回火目的、方法及应用。
5. 熟练掌握淬火加热温度与冷却介质的选择。
6. 了解表面淬火、化学热处理的目的、工艺、组织及适用范围。
7. 了解热处理零件质量分析方法。

能力目标

1. 能区别和选用正火与退火方法。
2. 能选用冷却介质实现对冷却速度的控制。
3. 能判定钢的退火、正火、淬火、回火等工艺及组织变化。
4. 能根据碳钢的性能要求初步确定热处理方法和工艺步骤。

钢的热处理是将钢在固态下进行加热、保温和冷却，以改变其内部组织，从而获得所需要性能的一种工艺方法。

热处理不仅可改进钢的加工工艺性能，更重要的是能充分发挥钢材的潜力，提高其使用性能，节约成本，延长工件的使用寿命。

根据加热和冷却方法不同，将钢的常用热处理方法分类如下。

热处理：
- 整体热处理：退火、正火、淬火、回火等
- 表面热处理：表面淬火
- 化学热处理：渗碳、碳氮共渗、渗氮等

尽管钢的热处理方法很多，但最基本的工艺曲线如图 5-1 所示。要了解各种热处理方法对钢的组织和性能的影响，必须研究钢在加热（含保温）、冷却过程中组织转变的规律。

研究钢在加热和冷却时的相变规律是以 $Fe\text{-}Fe_3C$ 相图为基础。$Fe\text{-}Fe_3C$ 相图临界点 A_1、A_3、A_{cm} 是碳钢在极缓慢地加热或冷却情况下测定的。但在实际生产中，加热和冷却并非如此，所以，钢的相变过程不可能在平衡临界点进行。加热转变在平衡临界点以上进行，即有过热现象；冷却转变在平衡临界点以下进行，即有过冷现象。升高和降低的幅度，随加热和冷却速度的增加而增大。

通常实际加热时各相变点用 A_{c1}、A_{c3}、A_{ccm} 表示，实际冷却时各相变点用 A_{r1}、A_{r3}、A_{rcm} 表示，如图 5-2 所示。

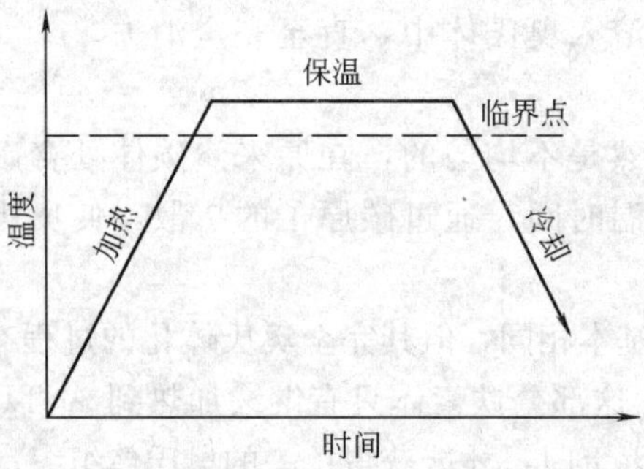

图 5-1 最基本的热处理工艺曲线

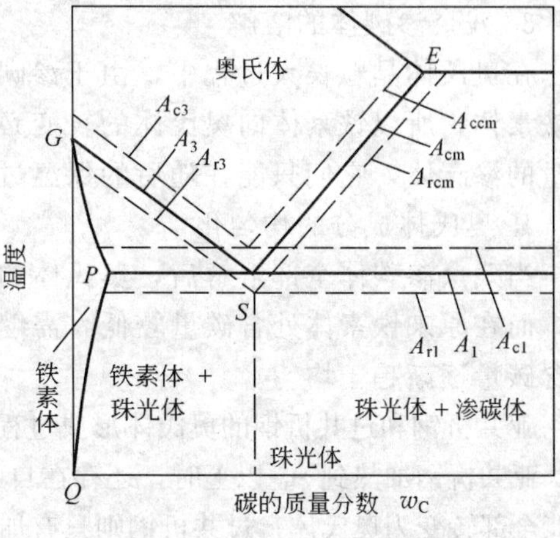

图 5-2 钢加热和冷却时各相变点的实际位置

第一节 钢在加热时的转变

钢加热到 A_{c1} 点以上时会发生珠光体向奥氏体的转变，加热到 A_{c3} 和 A_{ccm} 点以上时，便全部转变为奥氏体。热处理加热最主要的目的就是为了得到奥氏体，因此这种加热转变过程称为钢的奥氏体化。

一、奥氏体的形成过程

钢加热时奥氏体的形成遵循结晶过程的普遍规律，即通过奥氏体的形核和长大两个基本过程。以共析钢为例，奥氏体的形成过程如图 5-3 所示。

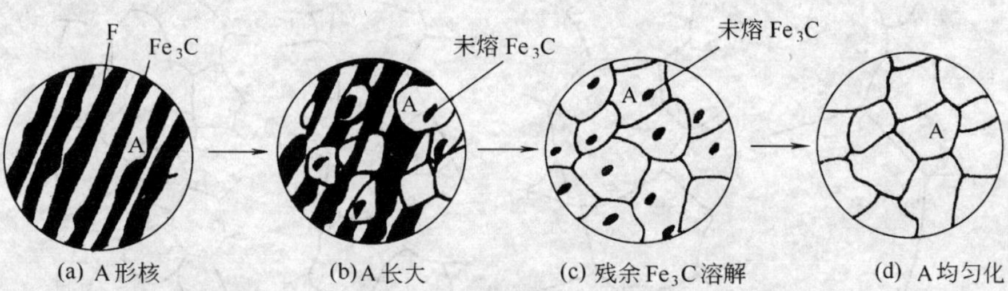

图 5-3 奥氏体的形成过程

1. 奥氏体晶核的形成

钢加热到 A_{c1} 以上时，珠光体变得不稳定，经过一段孕育期，首先在铁素体与渗碳体的界面上形成奥氏体晶核。因为该界面原子排列混乱，处于不稳定状态，在结构和成分上为奥氏体形核提供了有利的条件。

2. 奥氏体的长大

奥氏体形成之后，它一侧与渗碳体相接，另一侧与铁素体相接。与渗碳体相接处含碳量较高，而与铁素体相接处含碳量较低，在奥氏体中发生碳原子不断地由渗碳体边界向铁素体边界的扩散，随着碳原子扩散的进行，破坏了奥氏体形成时碳浓度的界面平衡，造成奥氏体与铁素体相接处的碳浓度增高以及奥氏体与渗碳体相接处的碳浓度降低。为了恢复界面上碳浓度平衡，势必促使铁素体向奥氏体转变以及渗碳体的不断溶解。这样，碳浓度破坏平衡和恢复平衡的反复循环过程，使得奥氏体逐渐向渗碳体和铁素体两方向长大。

3. 残余渗碳体的溶解

在奥氏体晶粒长大过程中，由于渗碳体的晶体结构和含碳量与奥氏体之差远大于同体积的铁素体，所以铁素体向奥氏体的转变必然先于渗碳体。在铁素体全部消失后，仍残存有一定量的渗碳体，它们只能在随后的保温过程中逐渐溶入奥氏体中，直至完全消失。

4. 奥氏体成分的均匀化

当残余渗碳体全部溶解后，奥氏体的碳浓度仍然是不均匀的，在原来渗碳体处含碳量较高，而在原来铁素体处含碳量较低。需继续延长保温时间，通过碳原子的扩散，使奥氏体中的含碳量逐渐趋于均匀。

亚共析钢和过共析钢的奥氏体形成过程与共析钢基本相同，但其完全奥氏体化的过程有所不同。亚共析钢加热到 A_{c1} 以上时，还存在自由铁素体，这部分铁素体只有继续加热到 A_{c3} 以上时，才能全部转变为奥氏体；过共析钢则只有加热到 A_{ccm} 以上时，才能获得单一的奥氏体组织。

二、奥氏体晶粒的长大及其控制

奥氏体晶粒的大小对随后冷却时的转变及转变产物的性能有重要的影响。

1. 奥氏体晶粒度

奥氏体晶粒度是指将钢加热到相变点（A_{c3}、A_{c1} 或 A_{ccm}）以上某一温度，并保温给定时间所得到的奥氏体晶粒大小。

钢的奥氏体晶粒大小直接影响冷却后的组织和性能。奥氏体晶粒均匀而细小，冷却后奥氏体转变产物的组织也均匀细小，其强度、塑性、韧性都较高，尤其对钢淬火回火的韧性具有很大影响。因此加热时总是力求获得均匀细小的奥氏体晶粒。

生产上一般采用与标准晶粒度等级（见图 5-4）比较法来测定奥氏体晶粒度大小。晶粒度通常分为 8 级，1～4 级为粗晶粒度；5～8 级为细晶粒度；超过 8 级为超细晶粒度。

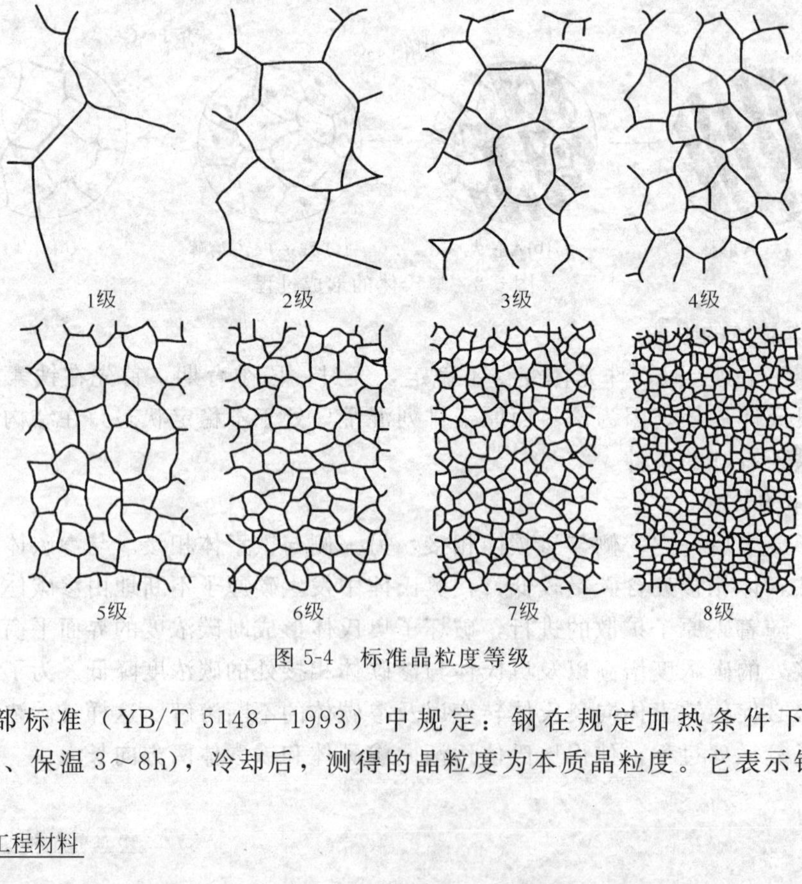

图 5-4 标准晶粒度等级

原冶金部标准（YB/T 5148—1993）中规定：钢在规定加热条件下（加热温度 930℃±10℃、保温 3～8h），冷却后，测得的晶粒度为本质晶粒度。它表示钢在上述规定加热条件下奥氏体晶粒长大的倾向，并不表示晶粒的大小。生产中发现，不同牌号的钢，其奥氏体晶粒的长大倾向是不同的，如图 5-5 所示。钢的奥氏体晶粒随加热温度升高会迅速长大的钢称为本质粗晶粒钢；而钢的奥氏体晶粒不容易长大，只是加热到更高温度时才开始迅速长大的钢称为本质细晶粒钢。

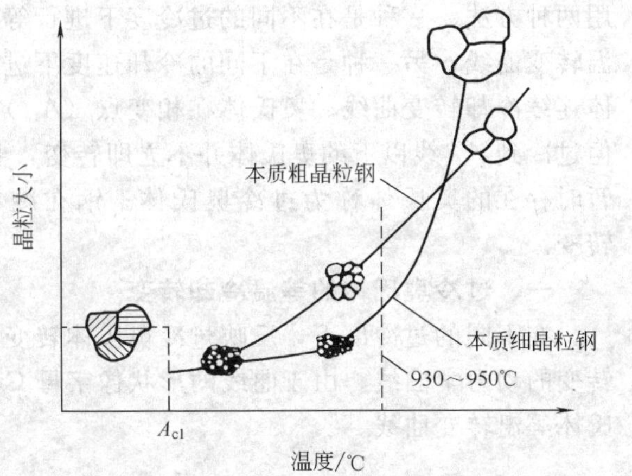

图 5-5　钢的奥氏体晶粒长大倾向示意

钢的本质晶粒度在热处理生产中具有重要意义。在设计时，凡需经热处理或经焊接的零件一般尽量选用本质细晶粒钢，以减小过热倾向。

2. 影响奥氏体晶粒度的因素

（1）加热温度和保温时间　奥氏体刚形成时晶粒很细小，随着加热温度升高晶粒将逐渐长大。奥氏体晶粒长大伴随着晶界面积的减少，使体系能量降低。所以在高温下，奥氏体晶粒长大是一个自发过程。温度越高，晶粒长大越明显。在一定温度下保温时间越长，奥氏体晶粒也越粗大。

（2）加热速度　当加热温度确定后，加热速度越快，奥氏体晶粒越细小。因此，快速高温加热和短时间保温，是生产中常用的一种细化晶粒方法。

（3）钢中的成分　奥氏体中的碳含量增高时，晶粒长大的倾向增大。碳以未溶碳化物的形式存在，则它有阻碍晶粒长大的作用。钢中的大多数合金元素（除 Mn 以外）都有阻碍奥氏体晶粒长大的作用。其中能形成稳定碳化物（如 Cr、W、Mo、Ti、Nb 等）和能生成氧化物、氮化物的元素（如适量的 Al），因其碳化物、氧化物、氮化物在晶界上弥散分布，强烈阻碍奥氏体晶粒长大，而使晶粒保持细小。

因此，为了控制奥氏体的晶粒度，一般采取合理选择加热温度和保温时间，以及加入一定的合金元素等措施。

第二节　钢在冷却时的转变

冷却过程是热处理的关键工序，其冷却转变温度决定了冷却后的组织和性能。实际生产中采用的冷却方式主要有连续冷却（如炉冷、空冷、水冷等）和等温冷却（如等温淬火）。

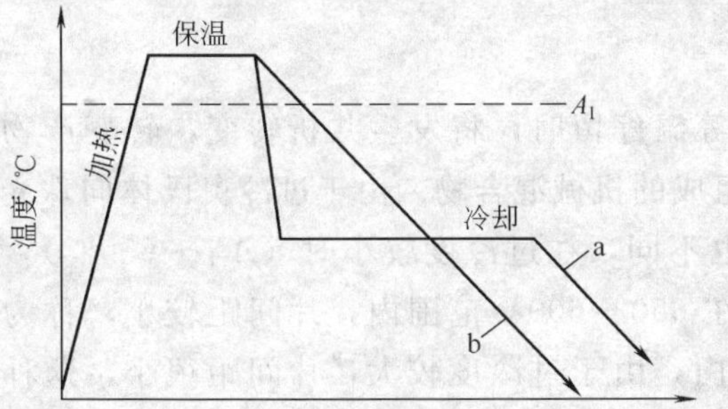

图 5-6　两种冷却方式示意
a—等温冷却；b—连续冷却

等温冷却是指将奥氏体化的钢件迅速冷至 A_{r1} 以下某一温度并保温，使其在该温度下发生组织转变，然后再冷却到室温，如图 5-6 中的 a 所示。连续冷却则是指将奥氏体化的钢件连续冷却至室温，并在连续降温过程中发生组织转变，如图 5-6 中的 b 所示。

为了研究奥氏体的冷却转变规律，通常采

用两种方法：一种是在不同的过冷度下进行等温冷却测定奥氏体的转变过程，绘出奥氏体等温转变曲线；另一种是在不同的冷却速度下进行连续冷却测定奥氏体的转变过程，绘出奥氏体连续冷却转变曲线。奥氏体在相变点（A_{r1}）以上为稳定相，能够长期存在而不发生转变，但过冷到 A_{r1} 线以下的奥氏体并不立即转变，要经过一段孕育期才开始转变，这种在孕育期暂时存在的奥氏体称为过冷奥氏体。钢在冷却时的组织转变实质上是过冷奥氏体的组织转变。

一、过冷奥氏体的等温冷却转变

在不同的过冷度下，反映过冷奥氏体转变产物与时间的关系曲线，称为过冷奥氏体等温转变的动力学曲线。由于曲线的形状像字母 C，故又称为 C 曲线，图 5-7 为共析碳钢过冷奥氏体等温转变曲线。

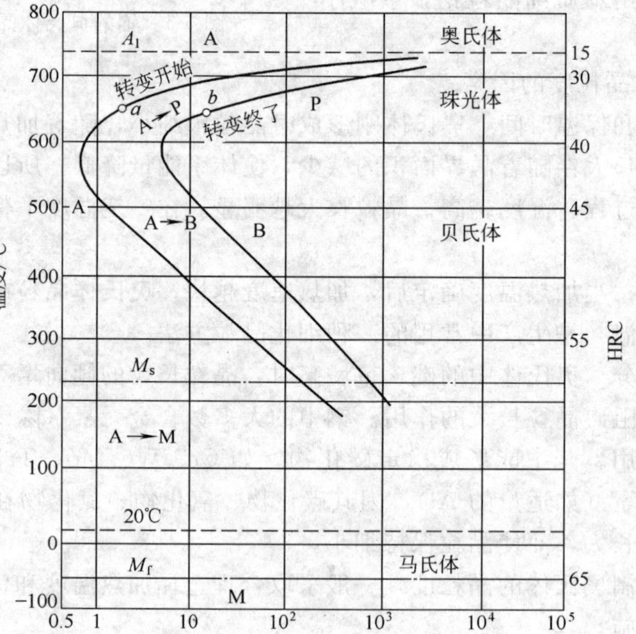

图 5-7　共析碳钢过冷奥氏体等温转变曲线

（一）过冷奥氏体等温转变产物的组织和性能

根据过冷奥氏体不同温度下（A_{r1} 线以下）转变产物的不同，可分为三种不同类型的转变：珠光体转变、贝氏体转变和马氏体转变。

1. 珠光体转变——高温转变（A_1～550℃）

共析成分的奥氏体过冷到 A_{r1}～550℃之间等温停留时，将发生共析转变，转变产物为珠光体型组织，它是由铁素体和渗碳体的层片组成的机械混合物。由于过冷奥氏体向珠光体转变温度不同，珠光体中 F 和 Fe_3C 片的厚度也不同。在过冷度较小时（A_{r1}～650℃），片间距较大，称为珠光体（P），如图 5-8 所示；在 650～600℃范围内，片间距较小，称为索氏体（S），如图 5-9 所示；在 600～550℃范围内，由于过冷度较大，片间距很小，这种组织称为屈氏体（T），如图 5-10 所示。

珠光体组织中的片间距越小，相界面越多，塑性变形抗力越大，强度和硬度越高；同时由于渗碳体变薄，使得塑性和韧性也有所改善。

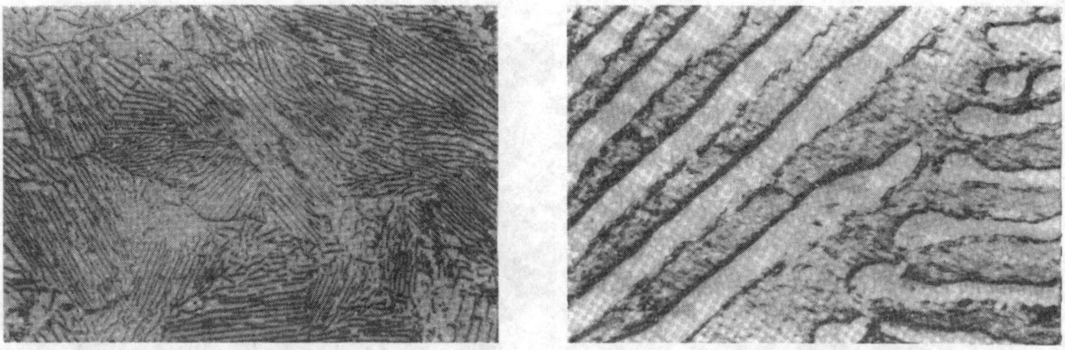

(a) 光学显微组织(500×)　　(b) 电子显微组织(8000×)

图 5-8　珠光体

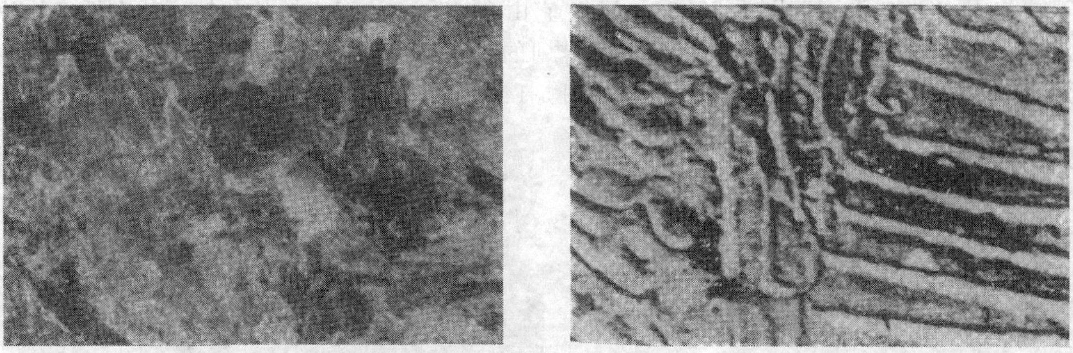

(a) 光学显微组织(1000×)　　(b) 电子显微组织(19000×)

图 5-9　索氏体

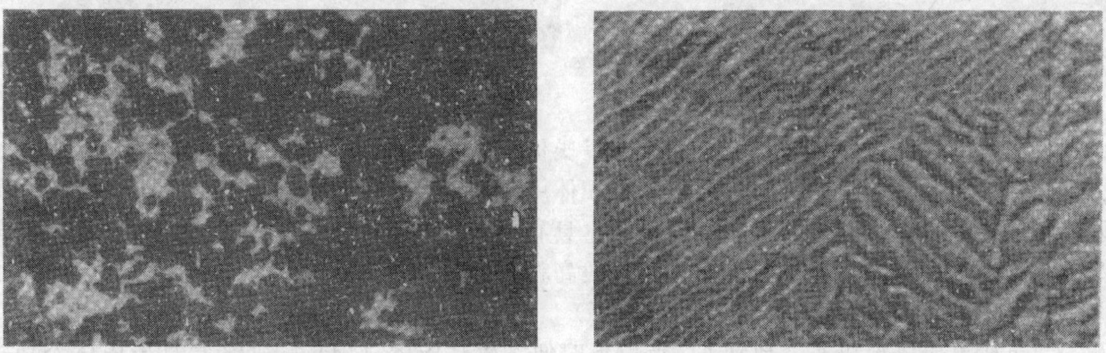

(a) 光学显微组织(1000×)　　(b) 电子显微组织(19000×)

图 5-10　屈氏体

2. 贝氏体转变——中温转变（550℃～M_s）

共析成分的奥氏体过冷到约 550～240℃的中温区内停留，便发生过冷奥氏体向贝氏体的转变，形成贝氏体（B）。由于过冷度较大，转变温度较低，贝氏体转变时只发生碳原子的扩散而不发生铁原子的扩散。因而，贝氏体是由含过饱和碳的铁素体和碳化物组成的两相混合物。

按组织形态和转变温度将贝氏体组织分为上贝氏体（$B_{上}$）和下贝氏体（$B_{下}$）两种。

上贝氏体形成温度范围为 550～350℃。它是由大致平行、碳轻微过饱和铁素体板条为主体、铁素体板条间分布的短棒状或短片状碳化物组成，如图 5-11 所示。在光学显微镜下，典型的上贝氏体呈羽毛状形态，组织中碳化物不易辨认，如图 5-12 所示。

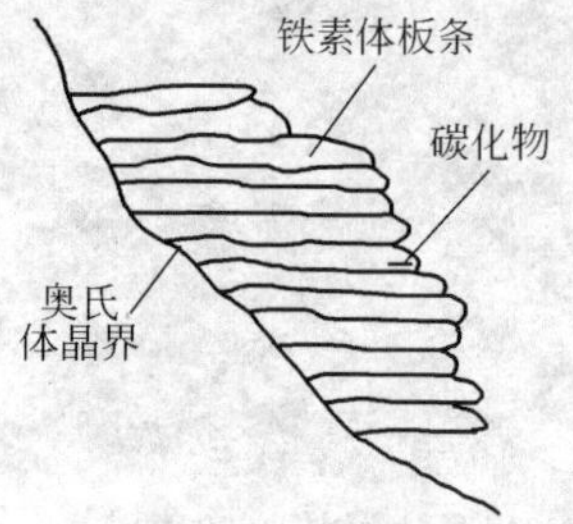

图 5-11　上贝氏体组织示意

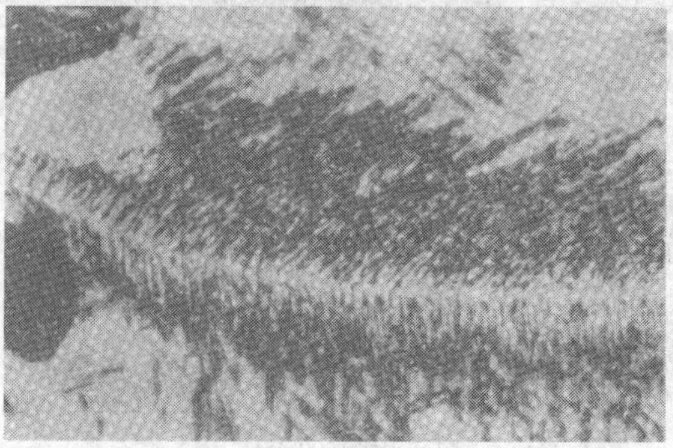
图 5-12　上贝氏体显微组织（600×）

下贝氏体形成温度范围为 350℃～M_s。它由含过饱和的细小针片状铁素体和铁素体片内弥散分布且与片的纵向轴呈 55°～65°平行排列的碳化物组成，如图 5-13 所示。在光学显微镜下，典型的下贝氏体呈黑色针片状，如图 5-14 所示。

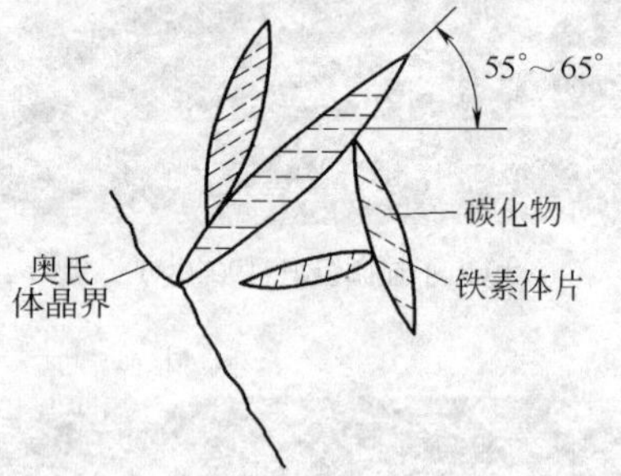

图 5-13　下贝氏体组织示意

图 5-14　下贝氏体显微组织（500×）

贝氏体的性能与其形态有关。由于上贝氏体中碳化物分布在铁素体片层间，脆性大，易引起脆断，因此，基本无实用价值。下贝氏体中，铁素体片细小且无方向性，碳的过饱和度大，碳化物分布均匀，弥散度大，因而，它具有较高的强度和硬度、塑性和韧性。在实际生产中常采用等温淬火来获得下贝氏体，以提高材料的强韧性。

3. 马氏体转变——低温转变（M_s 以下）

当过冷奥氏体被快速冷却到 M_s 点以下时便发生马氏体（M）转变，它是奥氏体冷却转变最重要的产物。奥氏体为面心立方晶体结构。当过冷至 M_s 以下时，其晶体结构将转变为体心立方晶体结构。由于转变温度较低，原奥氏体中溶解的过多碳原子没有能力进行扩散，致使所有溶解在原奥氏体中的碳原子难以析出，从而使晶格发生畸变，碳量越高，畸变越大，内应力也越大。马氏体实质上就是碳溶于 α-Fe 中的过饱和间隙固溶体（α 固溶体）。

马氏体的强度和硬度主要取决于马氏体的碳含量，如图 5-15 所示。当碳含量低于 0.2%时，可获得呈一束束尺寸大体相同的平行条状马氏体，称为板条状马氏体，如图 5-16（a）所示。当钢的组织为板条状马氏体时，具有较高的硬度和强度，较好的塑性和韧性。当马氏体中碳含量大于 0.6%时，得到针片状马氏体，如图 5-16（b）所示。针片状马氏体具有很高的硬度，但塑性和韧性很差，脆性大。当碳含量在 0.2%～0.6%之间时，低温转变得到板条状马氏体与针片状马氏体混合组织。随着碳含量的增加，板条状马氏体量减少而针片状马氏体量增加。

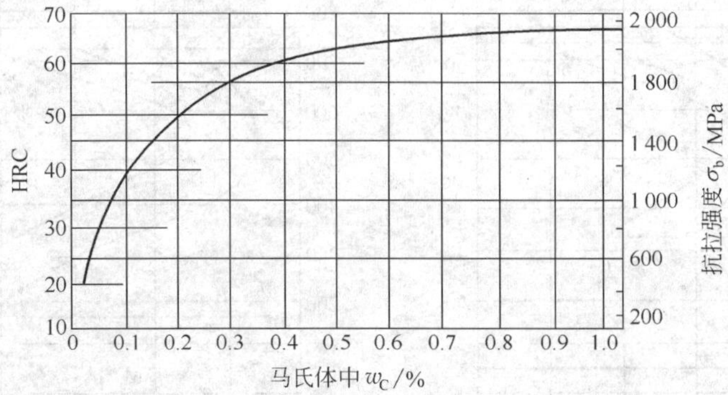

图 5-15　含碳量对马氏体强度与硬度的影响

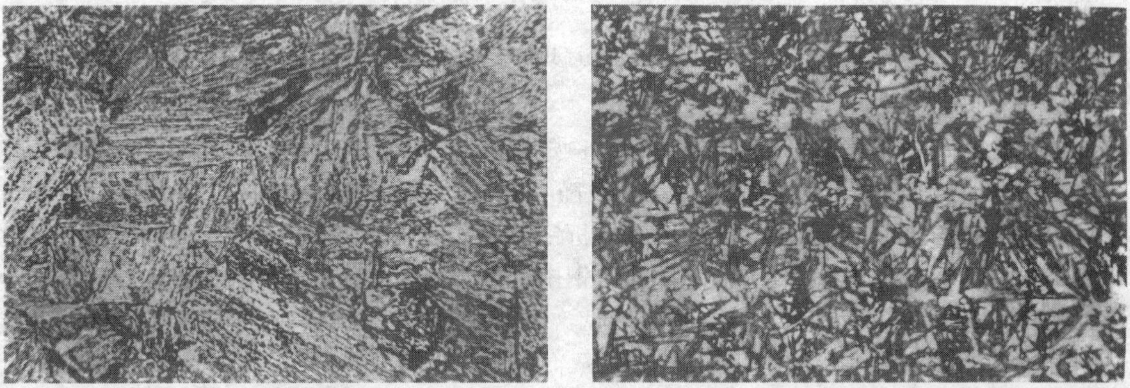

(a) 板条状马氏体(600×)　　(b) 针片状马氏体(400×)

图 5-16　马氏体的显微组织

马氏体相变是在 M_s～M_f 之间进行的（共析碳钢为 240～－50℃）。实际进行马氏体转变的淬火处理时，冷却只进行到室温，这时，奥氏体不能全部转变成为马氏体，还有少量的过冷奥氏体未发生马氏体转变而残留下来，称为残留奥氏体。过多的残留奥氏体会降低钢的强度、硬度和耐磨性，而且因残余奥氏体为不稳定组织，在钢件使用过程中易发生转变而导致工件产生内应力，引起变形、尺寸变化将降低工件精度。因此，生产中常对硬度要求高或精度要求高的工件，淬火后迅速将其置于接近 M_f 的温度下，促使残余奥氏体进一步转变成马氏体，这一工艺过程称为冷处理。

亚共析碳钢和过共析碳钢过冷奥氏体的等温转变曲线与共析碳钢的过冷奥氏体等温转变曲线相比，亚共析碳钢的 C 曲线上多出一条先共析铁素体析出线，如图 5-17(a) 所示；而过共析碳钢的 C 曲线上多出一条先共析二次渗碳体的析出线，如图 5-17(b) 所示。

（二）影响 C 曲线的因素

C 曲线揭示了过冷奥氏体在等温冷却时组织转变的规律。各种因素对奥氏体等温转变的影响均会反映在 C 曲线上。C 曲线越向右移，表明过冷奥氏体越稳定，过冷奥氏体的转变速度越慢。由于多数钢的 M_f 在室温以下，随 M_s 和 M_f 点的降低，钢淬火冷到室温时残余奥氏体量增加。影响 C 曲线的因素很多，主要有如下几种。

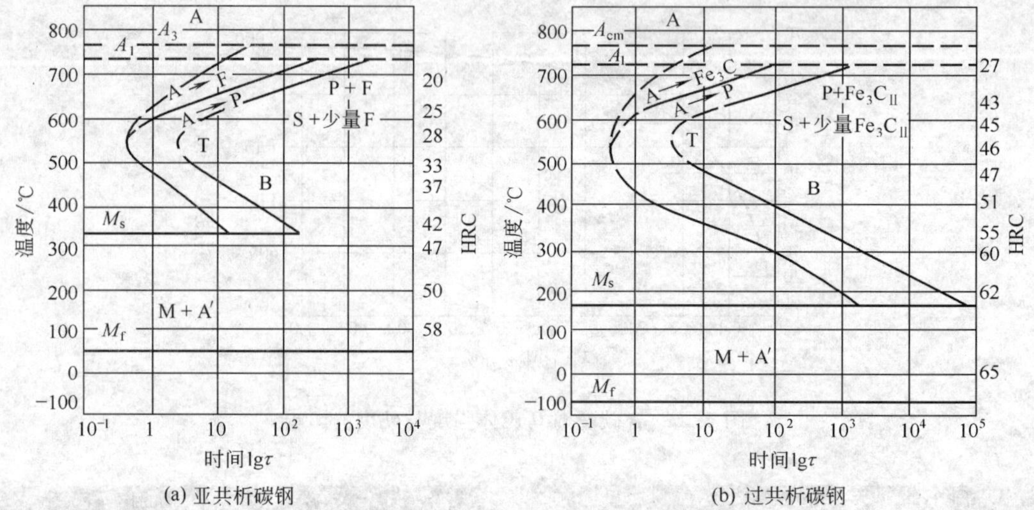

图 5-17 亚共析碳钢和过共析碳钢的等温转变曲线

1. 含碳量

随着奥氏体中含碳量的增加，奥氏体的稳定性增大，C 曲线的位置向右移，这是一般规律。在正常加热条件下，亚共析钢的 C 曲线随含碳量的增加而向右移，过共析钢的 C 曲线则随含碳量的增加而向左移。这是因为过共析钢的含碳量增加，未溶解渗碳体的量增多，它们能作为结晶核心促进奥氏体分解，故在碳钢中，共析钢的过冷奥氏体最稳定。

此外，奥氏体中含碳量越高，M_s 点越低。例如，亚共析钢的 M_s 点的温度一般在 300℃以上，而共析钢的 M_s 点已降低到 200℃以下。

2. 合金元素

除 Co 以外的几乎所有合金元素溶入奥氏体后，都增加奥氏体的稳定，使 C 曲线不同程度的右移。当某些合金元素达到一定含量时，还改变 C 曲线的形状。绝大多数合金元素均使 M_s 温度降低。

3. 加热温度和保温时间

随加热温度提高和保温时间延长，奥氏体晶粒长大，晶界面积减少，奥氏体成分更加均匀。这些都不利于过冷奥氏体的转变，从而提高了奥氏体的稳定性，使 C 曲线右移。

对过共析钢与合金钢，影响其 C 曲线的主要因素是奥氏体的成分。

二、过冷奥氏体连续冷却转变

1. 过冷奥氏体的连续冷却转变曲线（CCT 曲线）

大多数热处理工艺都是在连续冷却过程中完成的，所以，钢的连续冷却转变曲线更具有实际意义。连续冷却转变曲线是用实验方法测定的。将一组试样加热到奥氏体化后，以不同冷却速度连续冷却，测出其奥氏体转变开始和终了点的温度和时间，并在温度-时间（对数）坐标系中，分别连接不同冷却速度的开始和终了点，即可得到连续冷却转变曲线，也称 CCT 曲线。图 5-18 为共析钢 CCT 曲线，图中 P_s 和 P_f 分别为过冷奥氏体转变为珠光体的开始线和终了线，两线只为转变的过渡区，KK'线为转变的终止线，当冷却到达此线时，过冷奥氏体便终止向珠光体的转变，一直冷到 M_s 点又开始发生马氏体转变。所以共析钢在连续冷却过程中，不发生贝氏体转变，因而也没有贝氏体组织出现。

由 CCT 曲线图可知，共析钢以大于 v_K 的速度冷却时，由于遇不到珠光体转变线，可得到的组织为马氏体和残余奥氏体。冷却速度 v_K 称为上临界冷却速度。v_K 越小，越易得到马氏体。冷却速度小于 v_K' 时，将全部转变为珠光体，v_K' 称为下临界冷却速度。v_K' 越小，退火所需的时间越长。冷却速度在 $v_K \sim v_K'$ 之间（如油冷）时，在到达 KK' 线之前，奥氏体部分转变为珠光体，从 KK' 线到 M_s 点，剩余奥氏体停止转变，直到 M_s 点以下，才开始马氏体转变。到 M_f 点，马氏体转变完成，得到的组织为马氏体和屈氏体，若冷却到 M_s 和 M_f 之间，则得到的组织为马氏体、屈氏体和残余奥氏体。

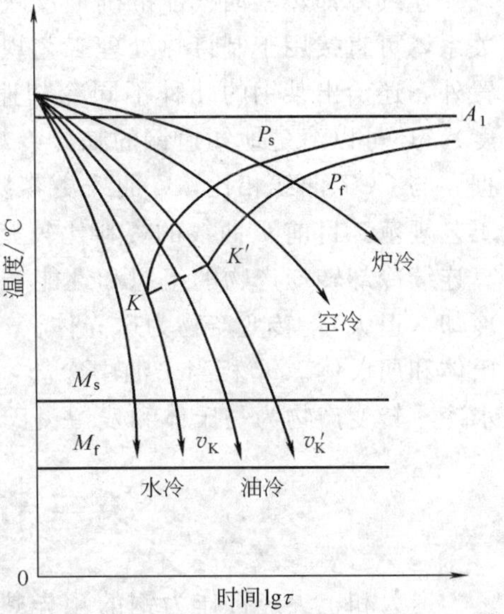

图 5-18　共析钢 CCT 曲线

2. CCT 曲线与 C 曲线的比较和应用

将相同条件奥氏体冷却测得的共析钢 CCT 曲线和 C 曲线叠加在一起，就得到图 5-19，其中虚线为连续冷却转变曲线。从图可以看出，连续冷却时，过冷奥氏体的稳定性增加，奥氏体完成珠光体转变的温度更低，时间更长。根据实验，等温转变速度大约是连续冷却的 1.5 倍。

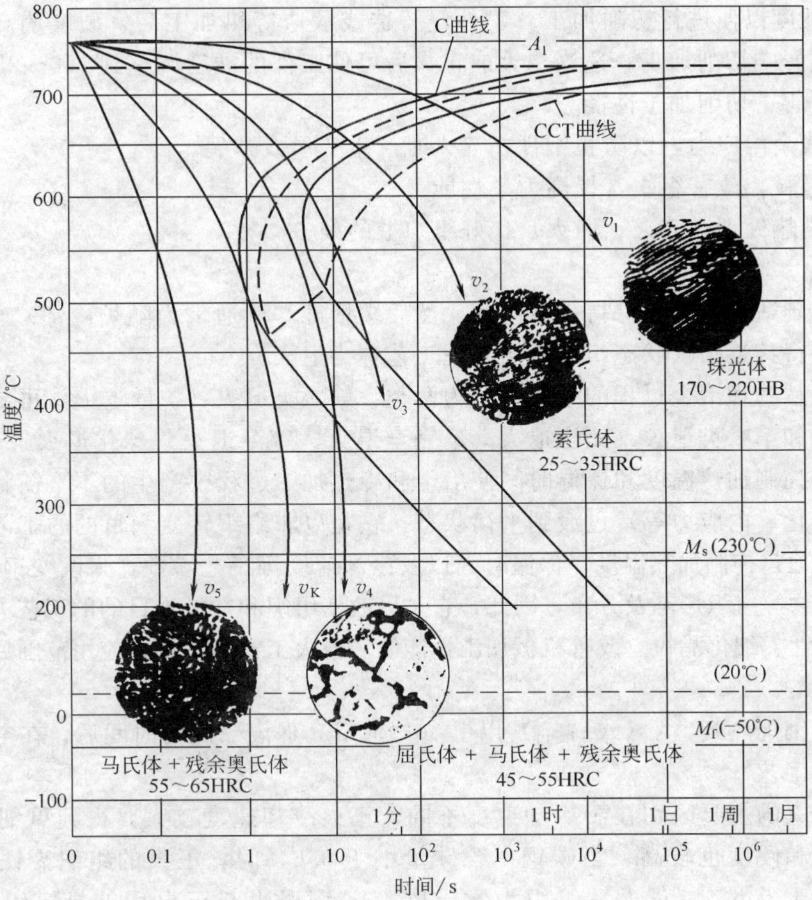

图 5-19　共析钢 CCT 曲线和 C 曲线比较

连续冷却转变曲线能准确地反映在不同冷却速度下，转变温度、时间及转变产物之间的关系，可直接用于制订热处理工艺规范，一般手册中给的 CCT 曲线中除有曲线的形状和位置外，还给出某钢的几种不同冷却速度时，所经历的各种转变以及得到的组织和性能（硬度），还可以清楚地知道钢的临界冷却速度等。这是制订淬火方法和选择淬火介质的重要依据。与 CCT 曲线相比，C 曲线更容易测定，并可以用其制订等温退火、等温淬火等热处理工艺规范。目前 C 曲线的资料比较充分，而有关 CCT 曲线则仍然缺乏，因此利用 C 曲线估算连续冷却转变产物的组织和性能，仍具有重要的现实意义。在图 5-19 中，v_1 相当于炉中冷却（退火），转变产物为珠光体。v_2 和 v_3 相当于不同速度的空冷（正火），转变产物为索氏体和屈氏体。v_4 相当于油中冷却，转变产物为屈氏体、马氏体和残余奥氏体。v_5 相当于水冷，转变产物为马氏体和残留奥氏体。

第三节　钢的退火与正火

退火和正火经常作为钢的预先热处理工序，安排在铸造、锻造和焊接之后或粗加工之前，以消除前一工序所造成的某些组织缺陷及内应力，为随后的切削加工及热处理做好组织上的准备。

一、退火和正火的目的

① 调整硬度以便进行切削加工。工件经铸造或锻造等热加工后，硬度偏高或偏低，且不均匀，严重影响切削加工。适当退火或正火后可使工件的硬度调整到 170～250HB 且比较均匀，从而改善了切削加工性能。

② 消除残余内应力，以防止钢件在淬火时产生变形或开裂。

③ 细化晶粒，改善组织，提高力学性能。

④ 为最终热处理（淬火＋回火）作好组织上的准备。

二、退火

将钢加热到适当温度，保持一定时间，然后缓慢冷却（通常为随炉冷却）至 500℃以下空冷，从而获得接近平衡状态组织的热处理工艺称为退火。

退火工艺从物理冶金过程的角度可分为两类：第一类退火（扩散退火、再结晶退火、去应力退火等）和第二类退火（完全退火、不完全退火、等温退火、球化退火等）。前者的工艺特点是通过控制加热温度和保温时间使冶金和冷热加工过程中产生的不平衡状态（如成分偏析、变形强化、内应力等）过渡到平衡状态，它是以非组织转变为目的的工艺方法；后者的工艺特点是通过控制加热温度、保温时间以及冷却速度等工艺参数，来改变钢中的珠光体、铁素体和碳化物等组织形态及分布，因此，它是以改变组织和性能为目的的工艺方法，即降低硬度、提高塑性、细化晶粒、改善机械加工性能等。退火工艺的特点、应用范围见表 5-1。

三、正火

正火是将钢加热到 A_{c3}（或 A_{ccm}）以上 30～50℃，保温一定的时间后，在空气中冷却至室温的热处理工艺。

正火与退火的主要区别在于冷却速度不同，正火冷却速度较大，得到更细的珠光体组织，因而强度和硬度也较高。当碳钢中含碳量小于 0.6％时，正火的组织为铁素体和索氏体，含碳量大于 0.6％，正火后组织为索氏体。45 钢退火与正火后的显微组织如图 5-20 所示。

表 5-1　退火工艺的特点、应用范围

类别	工艺名称	工　艺　特　点	主　要　目　的	用　途
第一类退火	扩散退火	加热至 $A_{c3}+(150\sim200)$℃，长时间保温后缓冷	消除成分偏析和组织均匀化	铸件及具有成分偏析的锻轧件等
	再结晶退火	加热至再结晶温度 $T_Z+(100\sim250)$℃，保温后缓冷	消除加工硬化，提高塑性	冷变形钢材和钢件
	去应力退火	加热至 $A_{c1}-(100\sim200)$℃，保温后缓冷	消除残余内应力	铸件、焊接件及锻轧件等
第二类退火	完全退火	加热至 $A_{c3}+(30\sim50)$℃，保温后缓冷	细化组织、降低硬度、提高塑性、消除铸造偏析	中碳钢及中碳合金钢，铸、焊、锻、轧制件等
	不完全退火	加热至 $A_{c1}+(30\sim50)$℃，保温后缓冷	细化组织，降低硬度	晶粒未粗化的锻轧件等
	等温退火	加热至 $A_{c3}+(30\sim50)$℃（亚共析钢）或 $A_{c1}+(30\sim50)$℃（共析钢和过共析钢），保温后等温冷却（稍低于 A_{r1} 等温）	细化组织，降低硬度	大型铸锻件及冲压件等（组织与硬度较为均匀）
	球化退火	加热至 $A_{c3}+(10\sim20)$℃ 或 $A_{c1}-(20\sim30)$℃，保温后等温冷却或缓冷	碳化物球化，降低硬度，提高塑性	共析钢、过共析钢锻轧件，结构钢冷挤压件

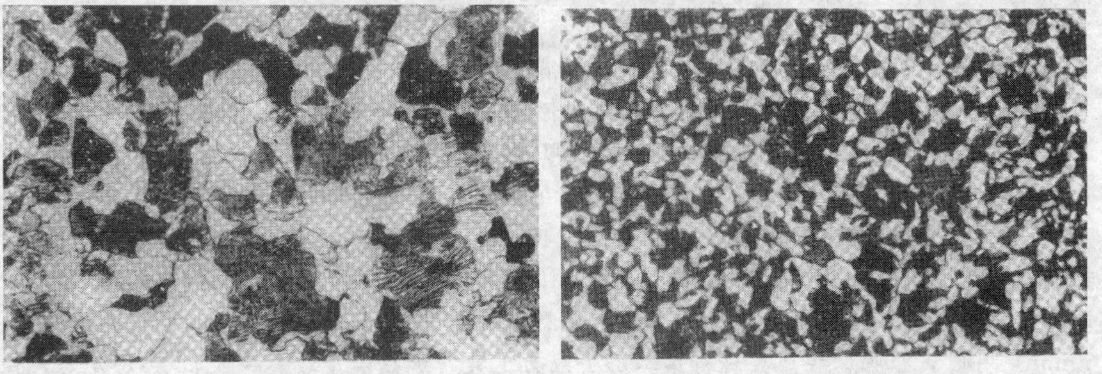

(a) 退火组织　　(b) 正火组织

图 5-20　45 钢退火与正火后的显微组织（400×）

正火的主要应用范围如下。

① 消除或减少过共析钢的网状先共析渗碳体组织，为球化退火作组织准备。正火的冷却速率较大，可阻止奥氏体冷却过程中析出二次渗碳体，使渗碳体呈断续的链状分布。

② 改善亚共析钢的切削性能。亚共析钢退火后，先共析铁素体数量多，珠光体分散度小，硬度偏低，切削时易产生“黏刀”现象。正火可以增加珠光体的数量和分散度，提高硬度，从而改善切削加工性能。

③ 正火可作为一般结构件的最终热处理。由于正火组织较细，所以比退火状态有较好的综合力学性能，而且工艺过程较为简单，所以，对于某些要求不很高的结构件和大型件可用正火。

④ 对某些大型或形状复杂的零件，当淬火有开裂危险时，可用正火代替淬火、回火处理。

从改善切削加工性能的角度出发，低碳钢宜采用正火；中碳钢即可采用退火，也可采用正火；过共析钢用正火消除网状渗碳体后再进行球化退火。

各类退火和正火的加热温度范围与工艺曲线如图 5-21 所示。

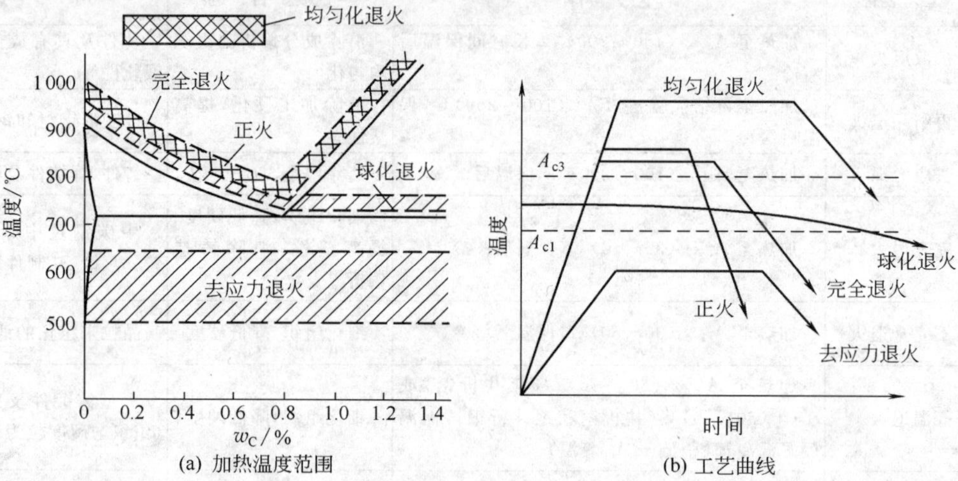

图 5-21　各类退火和正火的加热温度范围与工艺曲线

典型实例 3

采用冷卷工艺的螺旋弹簧，在加工后必须进行去应力退火，目的是消除金属丝冷拔加工和弹簧冷卷成形的内应力，提高金属丝的抗拉强度和弹性极限，稳定弹簧尺寸。将弹簧装在卡具上进行去应力退火还能起到调整弹簧的高度，消除弹簧在后续加工和使用过程中产生的尺寸不稳定现象的作用。

去应力退火温度通常在 150～350℃的范围内进行，总的原则是材料直径细的应采用较低的温度，粗的要采用较高的温度。在材料直径相同的条件下，有些材料的强度高，韧性稍差，则温度可取得高一些。保温时间视材料、加热温度的不同而变化，一般在 10～60min。有时，根据需要还要进行第二次去应力退火，加热温度较第一次低 20℃左右，保温时间也可以缩短些。

第四节　钢的淬火

将钢件加热到 A_{c1}（或 A_{c3}）以上 30～50℃，保温一定的时间，然后以大于临界冷却速度冷却，以获得马氏体或贝氏体组织的热处理工艺称为淬火。其主要目的是为了提高钢的硬度和耐磨性。

淬火是钢最重要的热处理工艺，也是热处理中应用最广泛的工艺之一。

一、淬火温度

淬火温度（钢的奥氏体化温度）是淬火的主要工艺参数之一。选择淬火温度的原则是获得均匀细小的奥氏体组织。

淬火加热温度主要取决于钢的成分，其经验公式如下。

亚共析碳钢　　　　$T=A_{c3}+(30\sim50)$℃

共析、过共析碳钢　　　　$T=A_{c1}+(30\sim50)$℃

亚共析钢必须加热到 A_{c3} 以上进行完全淬火。这是因为亚共析钢如果在 A_{c1}～A_{c3} 之间加热，淬火时必然有一部分铁素体保留在淬火组织中，粗大且较软的铁素体块分布在强硬的马氏体基体上，严重降低了钢的强度和韧性；而过共析钢都必须在 A_{c1}～A_{ccm}之间加热，进行不完全淬火，使淬火组织中保留一定数量的细小弥散的碳化物颗粒，以提高耐磨性。加热温度高于 A_{ccm}时，淬火会得到粗大马氏体和过量残余奥氏体，这反而降低硬度和耐磨性，增大脆性和淬火应力，使工件变形甚至开裂。

对于合金钢，由于大多数合金元素（Mn、P 除外）有阻碍奥氏体晶粒长大的作用，因而淬火温度比碳钢高，一般为临界点以上 50～100℃。提高淬火温度有利于合金元素在奥氏体中的充分溶解和均匀化，以获得较好的淬火效果。

二、淬火介质

为保证得到马氏体组织，淬火速度必须大于临界冷却速度 v_K。但是，快冷不可避免地会造成很大内应力，往往会引起工件变形和开裂。

既得到马氏体又避免变形和开裂，理想的淬火冷却曲线如图 5-22 所示。因为要淬火得到马氏体，只要在 C 曲线“鼻尖”附近快冷，使冷却曲线不碰上 C 曲线便可达到，而在 M_s 点附近则应尽量慢冷，以减少马氏体转变时产生的内应力。到目前为止，还找不到完全理想的冷却介质。

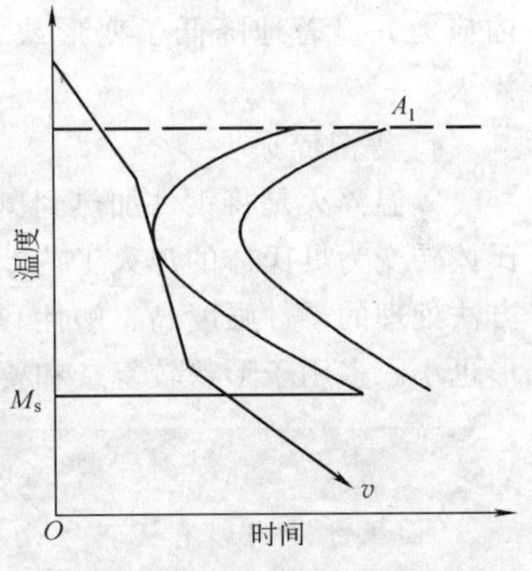

图 5-22　理想的淬火冷却曲线

最常用的淬火冷却介质是水和油。水是经济且冷却能力较高的淬火介质。水的缺点是在 650～500℃范围内冷却能力不够强，而在 300～200℃范围内冷却能力却又不够缓慢。在水中加入 10%～15%的 NaCl、NaOH、Na_2CO_3 等物质，可明显提高水在高温区的冷却能力，但是 300～200℃范围内的冷却能力仍较强，同样对减少变形不利。因此这类淬火介质主要用于形状简单、截面尺寸较大的碳钢工件。

油虽然在低温区有比较理想的冷却能力，但在高温区的冷却能力却太低，因此主要用于合金钢或小尺寸碳钢工件的淬火。

熔融状态的盐也常用做淬火介质，称为盐池。它们的冷却能力介于油和水之间，使用温度范围多为 150～500℃。这种介质在高温区有较强的冷却能力，而接近介质温度时冷却能力速度下降，有利于减少工件变形。这类介质只适用于对形状复杂和变形要求严格的小件进行分级淬火或等温淬火。

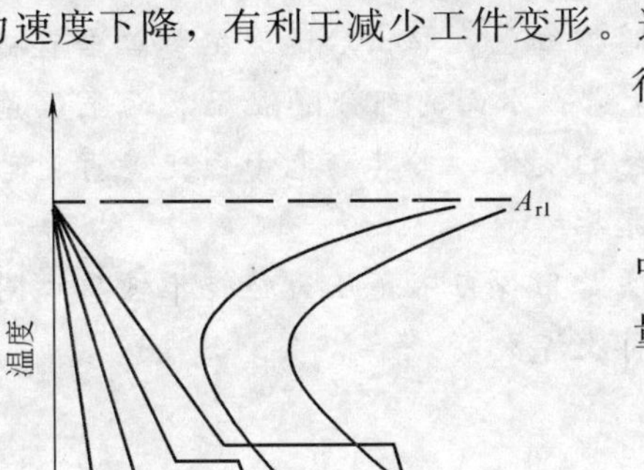

图 5-23　常用的淬火冷却方法

三、淬火方法

由于目前还没有理想的淬火介质，因而在实际生产中应根据淬火件的具体情况采用不同的淬火方法，以尽量取得好的淬火效果。常用淬火方法如图 5-23 所示。

1. 单液淬火

单液淬火是将钢件奥氏体化后，保温适当时间，随之在一种淬火介质中连续冷却至室温的淬火工艺，如图 5-23 中的 a 线所示。如水淬和油淬都属于这种方法。它操作简单，易实现机械化。通常形状简单尺寸较大的碳钢件在水中淬火，合金钢件及尺寸很小的碳钢件在油中淬火。

2. 双液淬火

双液淬火是将钢件加热到奥氏体化后，先浸入冷却能力较强的介质中，在组织即将发生马氏体转变时立即转入冷却能力弱的介质中冷却的淬火工艺，如图 5-23 中的 b 线所示，如水淬油冷或油淬空冷等。这种操作如能有效的控制好工件在水中的停留时间，就可有效的防止淬火变形和开裂。它主要用于形状复杂的高碳钢件和尺寸较大的合金钢件。

3. 分级淬火

分级淬火是将钢件奥氏体化后，随之浸入温度稍高于 M_s 点的盐浴（或碱浴）中，保持适当时间，待工件整体达到介质温度后取出空冷，以获得马氏体组织的淬火工艺，如图5-23中的 c 线所示。由于分级淬火时工件内部温度均匀，组织转变几乎同时进行，因而减少了内应力，显著地降低了变形或开裂的倾向。主要用于截面尺寸较小、形状较复杂工件的淬火。

4. 等温淬火

等温淬火是将钢件加热到奥氏体化后，随之快冷到贝氏体转变温度区间等温保持，使奥氏体转变为贝氏体的淬火工艺，如图 5-23 中的 d 线所示。等温时间由 C 曲线确定。经这种方法处理的零件强度高，塑性和韧性好，既有良好的综合力学性能，同时淬火应力又小，变形也小。多用于形状较复杂和要求较高的小零件。

典型实例 4

圆板牙是内部有刃，纵向有沟槽，用于切削外螺纹的环形刀具。工作时刃部受到弯曲、挤压和摩擦应力的作用，所以要求刃部具有高强度、硬度和耐磨性，并且有足够的韧性。一般选用 9SiCr 钢制造。淬火加热温度一般在 860～880℃，加热设备最好使用盐浴炉圆板牙并且先预热到 600～650℃，冷却时采用分级或等温淬火工艺，淬火后应立即回火，以减小变形、开裂。生产中采用 180～200℃等温，保温 30～45min，而后空冷。

不同材料不同形状的工件其淬火方法稍有不同，以錾子为例说明淬火的一般操作过程。

錾子是由较硬而又不很脆的钢材（如工具钢、弹簧钢等）制成。

将錾子置于炉火（木炭火为宜）中加热至表面呈暗橘红色，取出后迅速把錾口垂直插入冷水中约 4～6mm，并使其沿水面缓慢移动，当錾子露出水面的部分降温至表面呈黑色时，将錾子由水中取出。此时应注意观察錾口表面颜色的变化，当其颜色由白变黄再变蓝时，立即将錾子整个投入水中至冷却后取出，即淬火完毕。

錾子淬火后应进行淬火效果的检查。最简单的方法是用锉刀不施压力轻轻推锉錾口附近部位，若不能锉下铁屑则淬火效果较好。反之则应再次淬火。

四、钢的淬硬性与淬透性

钢的淬硬性表示钢能够淬硬的程度。由钢在正常淬火条件下能达到的最高硬度表示。淬硬性主要取决于钢的含碳量，含碳量越高，淬火后得到的马氏体中碳的过饱和程度越大，马氏体的晶格畸变越严重，钢的淬硬性越大。

钢的淬透性是指钢在淬火时获得马氏体层深度的能力。工程上规定淬透层的深度是从表面至半马氏体层（50%马氏体+50%屈氏体）的深度。由表面至半马氏体层的深度越大，则钢的淬透性越高。

淬透性是合理选用钢材及制订热处理工艺的重要依据之一。如果某种钢的淬透性高，则工件能被淬透，经回火后的力学性能沿整个截面均匀一致；如果某钢的淬透性小，则工件未被淬透，经回火后工件表层和心部的组织和性能均存在差异，心部的强度和硬度较低。对受力大且复杂的工件，应确保工件截面各处的组织和性能均匀一致，这时需选用淬透性大的钢；若要求工件表面硬度高、耐磨性好，而心部要求韧性好时，可选用低淬透性钢。

淬透性大的钢在淬火冷却时可选用冷却能力较缓和的淬火介质，这对减小淬火应力、变形和开裂十分有利，尤其对形状复杂和截面尺寸变化大的工件更为重要。

第五节 钢的回火

将钢件淬硬后，再加热到 A_{c1} 以下某一温度，保温后冷却到室温的热处理工艺，称为回火。回火一般在淬火后随即进行，且一般淬火件（除等温淬火）必须经过回火才能使用。

一、回火的目的

① 降低脆性，减少或消除内应力，防止工件变形和开裂。

② 获得工艺所要求的力学性能。淬火工件的硬度高且脆性大，通过适当回火可调整硬度，获得所需要的塑性和韧性。

③ 稳定工件尺寸。淬火马氏体和残余奥氏体都是非平衡组织，它们会自发地向稳定的平衡组织——铁素体和渗碳体转变，从而引起工件尺寸和形状的改变。通过回火可使淬火马氏体和残余奥氏体转变为较稳定的组织，以保证工件在使用过程中不发生尺寸和形状的变化。

④ 对于某些高淬透性钢和合金钢，空冷便可淬成马氏体，如采用退火软化，则周期很长。此时可采用高温回火，使碳化物聚集长大，降低硬度，以利于切削加工，同时可缩短软化周期。

二、淬火钢的回火转变

淬火后的组织（马氏体和少量残留奥氏体）是不稳定的，在回火过程中将逐渐向稳定组织转变。随着温度不同，将发生以下转变。

1. 马氏体分解（100～350℃）

100℃以上时，马氏体中的碳开始以 ε 碳化物（Fe_xC）的形式析出，马氏体中碳的过饱和程度逐渐降低，到 350℃左右，过饱和的 α 固溶体含碳量降到接近平衡成分，马氏体分解基本结束，但此时过饱和的 α 固溶体仍保持针状特征。这种由极细小片状 ε 碳化物分布在马氏体的基体上的组织，称为回火马氏体。其显微组织如图 5-24 所示。晶格畸变降低，淬火应力有所减少，但硬度并不降低。

2. 残留奥氏体分解（200～300℃）

残余奥氏体的分解主要发生在 200～300℃。由于马氏体的分解，减小了对残余奥氏体的压力，残余奥氏体分解为 ε 碳化物和过饱和的 α 固溶体，其组织与同温度下马氏体的回火产物一样，即回火马氏体。

3. 碳化物转变（250～400℃）

250℃以上，ε 碳化物逐渐向稳定的渗碳体转变，到 400℃全部转变为高度弥散分布的、极细小的粒状渗碳体。因 ε 碳化物不断析出，此时过饱和 α 固溶体的含碳量降到平衡成分，即实际上已转变成铁素体，但形态仍为针状。于是得到由针状铁素体和极细小粒状渗碳体组成的复合组织，称为回火屈氏体，其显微组织如图 5-25 所示。此时，淬火应力基本消除，硬度降低。

图 5-24　回火马氏体显微组织（600×）

4. 渗碳体聚集长大和 α 固溶体的回复与再结晶（>400℃）

当温度高于 400℃时，极细小的 Fe_3C 逐渐聚集长大，变为细小粒状的 Fe_3C。铁素体也逐渐回复。当温度升到 600℃以上时，铁素体发生再结晶，由针片状逐渐消失变为等轴晶粒，钢的淬火内应力完全消除，强度下降，韧性上升。这时钢的组织为等轴铁素体和均匀分布的粒状渗碳体的混合物，称为回火索氏体。其显微组织如图 5-26 所示。淬火应力完全消除，硬度明显下降。

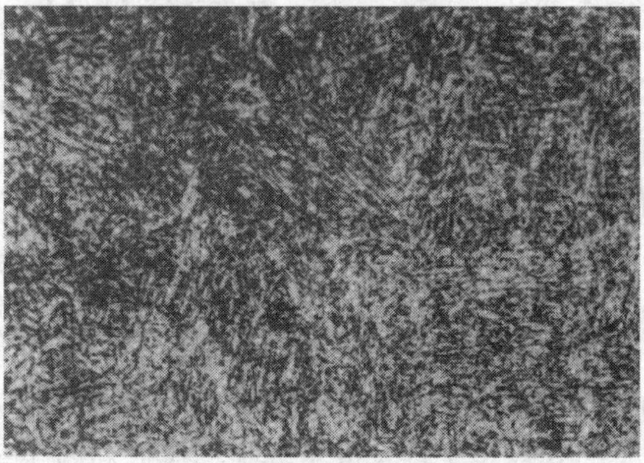

图 5-25　回火屈氏体显微组织（600×）

由上可知，淬火钢回火时的组织转变，是在不同温度范围内进行的，但多半是交叉重叠进行的，即在同一回火温度，可能进行几种不同的转变。淬火钢回火的性能取决于组织变化，随着回火温度的升高，强度、硬度降低，而塑性、韧性提高。

三、回火脆性

淬火钢的韧性并不总是随回火温度上升而提高的。在某些温度范围内回火时，淬火钢出现冲击韧性显著下降的现象称为回火脆性，图 5-27 为回火温度与合金钢韧性的关系。

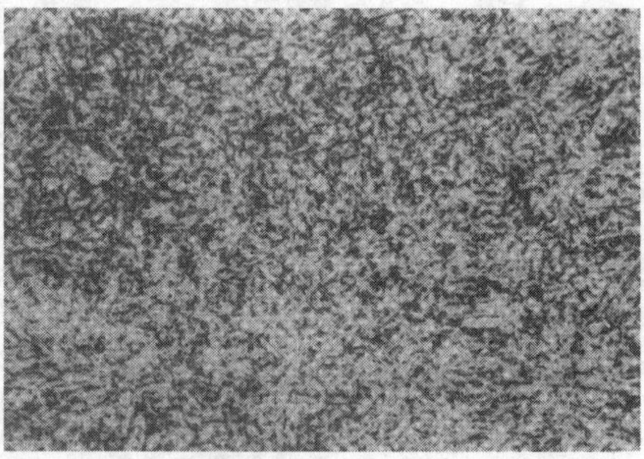

图 5-26　回火索氏体显微组织（600×）

1. 低温回火脆性

淬火钢在 250～350℃回火时出现的脆性称为低温回火脆性，也称第一类回火脆性。几乎所有淬火后形成马氏体的钢在该温度范围内回火时，都程度不同地产生这种脆性。目前尚无有效办法消除这类回火脆性，所以一般都不在此温度范围内进行回火。

2. 高温回火脆性

淬火钢在 500～650℃范围内回火后出现的脆性称为高温回火脆性，也称为第二类回火脆性。这类回火脆性主要发生在含镍、铬、硅、锰等合金元素的结构钢中。当淬火钢在上述温度范围内长时间保温或以缓慢的速度冷却时，便发生明显脆化现象。但快速冷却时，脆化现象消失或受到抑制。为防止第二类回火脆性，可采用回火时快冷，或尽量减少钢中杂质元素的含量以及采用含钨、钼等的合金钢（钨、钼等可抑制晶界偏聚）。

当出现第二类回火脆性时，可将其重新加热至高于脆化温度（400～500℃）再次回火并快速冷却予以消除，故第二类回火脆性又称可逆回火脆性。

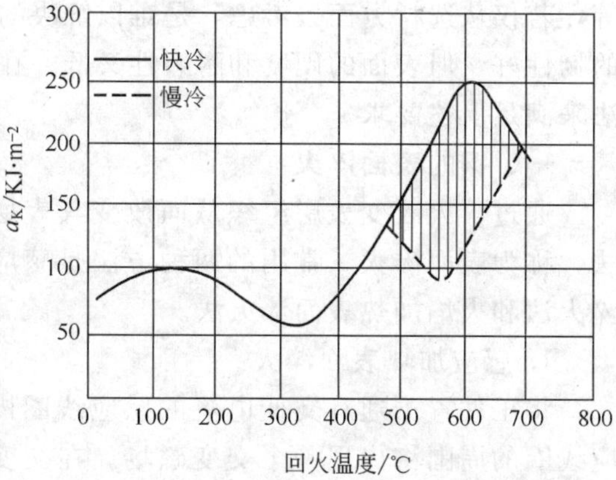

图 5-27　回火温度与合金钢韧性的关系

四、回火种类与应用

按回火温度不同，回火分为以下三种。

1. 低温回火（150～250℃）

回火后的组织为回火马氏体。硬度一般为 58～64HRC。其目的是减小淬火内应力和脆性，保持淬火后的高硬度和耐磨性。主要用于处理刃具、量具、模具、滚动轴承以及渗碳、表面淬火的零件。

2. 中温回火（250～500℃）

回火后的组织为回火屈氏体。硬度一般为 35～50HRC。其目的是获得高的弹性极限、屈服点和较好的韧性。主要用于处理各种弹簧、锻模等。

3. 高温回火（>500℃）

钢件淬火并高温回火的复合热处理工艺称为调质。调质后的组织为回火索氏体。硬度一般为 25～35HRC。其目的是为获得强度、塑性、韧性都较好的综合力学性能。广泛用于各种重要结构件（如轴、齿轮、连杆、螺栓等），也可以作为某些精密零件的预先热处理。

钢件经调质后的硬度与正火后的硬度相近，但塑性和韧性却显著高于正火。

典型实例 5

柴油机连杆，所选用的材质为 45 钢，为了保证连杆的使用性能，要求它具有较高的强度，较好的耐磨性，足够的塑性、韧性以及相应的抗疲劳性等。实践表明，通过调质处理，可以满足以上的要求。因为调质处理可以细化晶粒，获得均匀的具有一定弥散度和综合机械性能的细密球状珠光体一回火索氏体。

具体做法如下：淬火温度为 840℃左右，保温时间为 60～90min，用 40℃的 5%～10%的盐水溶液进行水淬；回火温度为 620～640℃，时间为 1～2h，出炉后水冷，以防止回火脆性的产生。回火后硬度在 227～255HB 之间。

第六节　钢的表面热处理和化学热处理

一些零件使用中既要表面硬度高、耐磨性好，同时又要求心部的韧性好，如齿轮、轴等，若仅从选材方面去考虑，是难以解决的。如高碳钢的硬度高，但韧性不足；虽然低碳钢的韧性好，但表面的硬度和耐磨性又低。在实际生产中广泛采用表面淬火或化学热处理的办法来满足上述要求。

一、钢的表面淬火

通过淬火改变表层组织从而改变其表层性能的方法，称为表面淬火。常用的两种方法是感应加热表面淬火法和火焰加热表面淬火法。

1. 感应加热表面淬火

将工件置于通有交变电流的感应线圈内，此时感应线圈的周围将出现一个交变磁场。在交变磁场的作用下，工作内部产生感应电流。由于感应电流的热效应而使工件的温度升高。导体内通过交流电流时，电流密度沿截面的分布不均匀。在靠近表面的部分，电流密度最大，心部几乎为零，如图 5-28 所示。这种作用使得工件表面温度迅速升高，心部温度几乎不变。交变频率越高，则加热层越薄。因此，可选用不同频率来达到不同要求的淬硬层深度。根据所用电流频率不同，感应加热分高频、中频和工频感应加热三类，其电流频率分别为 200～300kHz、2.5～8kHz 和 50Hz。当感应电流足够大时，工件表面由于达到了相变温度，从而发生奥氏体转变。在随后快速冷却中，过冷奥氏体转变成为马氏体。感应加热表面淬火法的主要优点是加热速度快，操作迅速，生产效率高；淬火后晶粒细小，力学性能好，不易产生变形与氧化脱碳。

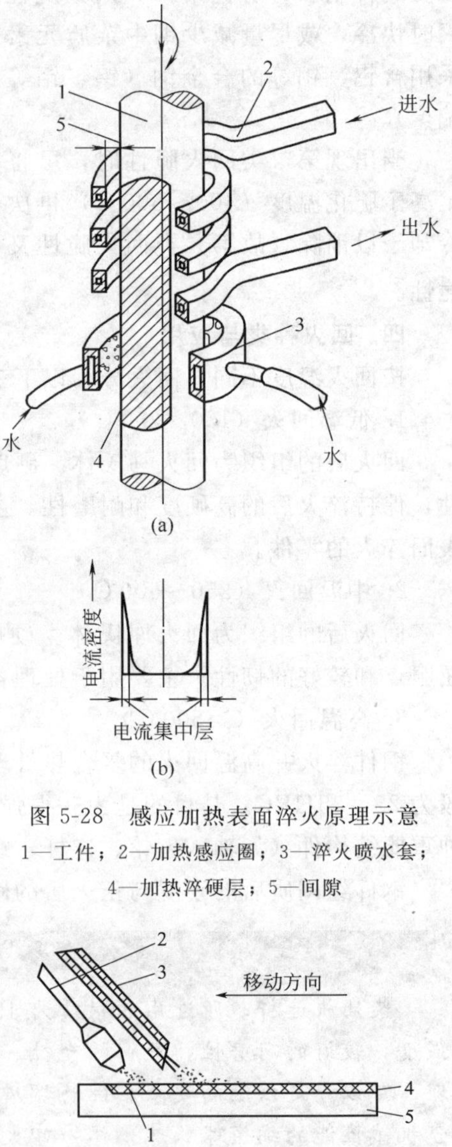

图 5-28　感应加热表面淬火原理示意

1—工件；2—加热感应圈；3—淬火喷水套；4—加热淬硬层；5—间隙

2. 火焰加热表面淬火

火焰加热表面淬火是用乙炔-氧或煤气-氧的混合气体燃烧的高温火焰（约 3000℃以上），将工件表面迅速加热到淬火温度，然后立即喷水冷却，如图 5-29 所示。

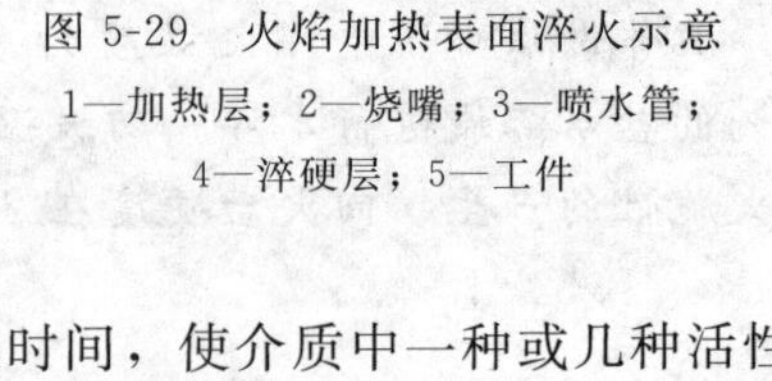

图 5-29　火焰加热表面淬火示意

1—加热层；2—烧嘴；3—喷水管；4—淬硬层；5—工件

火焰加热表面淬火的淬硬层深度一般为 2～6mm。它具有设备简单，淬火速度快，变形小等优点，适用于单件或小批量生产的大型零件和需要局部淬火的工具或零件，如大型轴、齿轮、轨道、车轮等。但它的生产率低，零件表面有不同程度的过热，淬火质量控制较难，因而使用上有一定的局限性。

二、钢的化学热处理

化学热处理是将工件置于一定介质中加热并保温一定时间，使介质中一种或几种活性原子渗入工件表层，以改变其化学成分和组织，从而使工件表面具有某些特殊性能的一种热处理工艺。化学热处理与表面淬火相比，表面淬火只改变工件表面层的组织，化学热处理则能同时改变工件表面的成分和组织，因而能更有效地提高表面层的性能，并能获得许多新的性能。因此，在许多情况下，廉价的碳钢或低合金钢经过化学热处理可以代替昂贵的高合金钢，所以，化学热处理为目前发展最快的一种热处理工艺。

化学热处理的方法很多，一般有渗碳、渗氮和碳氮共渗等。

1. 钢的渗碳

将工件置于富碳介质中，加热至 900～950℃并保温，使介质分解出活性碳原子渗入工件表面，这种化学热处理工艺称为渗碳。

渗碳的目的是提高工件表层含碳量。经过渗碳及随后的淬火和低温回火，提高工件表面的硬度、耐磨性和疲劳强度，而心部仍保持良好的塑性和韧性。工业生产中一般选用碳的质量分数为 0.15%～0.25%等含碳量较低的钢，以保证心部具有足够的韧性和强度，主要牌号有 15、20、20Gr、20CrMnTi 等。

根据渗剂的不同，渗碳方法可分为固体渗碳、气体渗碳和液体渗碳三种。气体渗碳的生产率较高，渗碳过程容易控制，渗碳层质量较好，易实现自动化生产，应用最为广泛。图 5-30 为气体渗碳法示意。

气体渗碳炉内的主要气氛由滴入炉内的煤油或丙酮、甲苯及甲醇等有机液体在高温下分解而成。渗碳气氛主要由 CO、CO_2、H_2 及 CH_4 等组成。它们在高温下分解出活性碳原子，随后活性碳原子被工件表面吸收而溶入高温奥氏体中，并向内部扩散而形成一定深度的渗碳层。渗碳层深度取决于保温时间，渗碳层的碳含量与渗碳气氛中的碳浓度有关。在一定的渗碳温度下，保温时间越长，渗碳层越厚。为了满足渗碳件的性能要求，渗碳层必须有合适的含碳量、碳浓度梯度、合适的渗碳层深度以及金相组织。

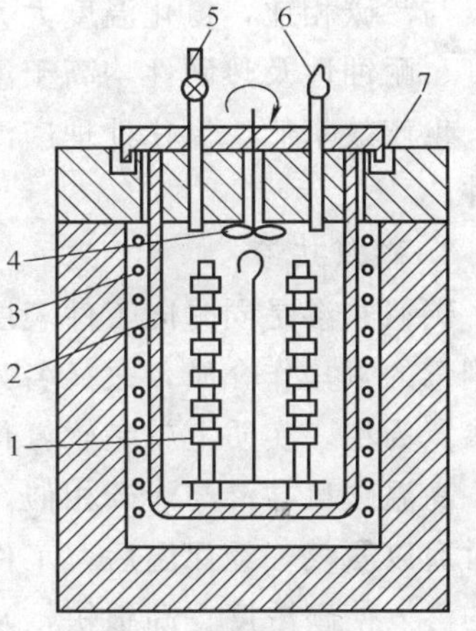

图 5-30 气体渗碳法示意

1—渗碳工件；2—耐热罐；3—加热元件；4—风扇；5—液体渗碳剂；6—废气；7—沙封

实践证明，渗碳层的表面碳浓度在 0.8%～1.1%之间为好，尤其在 0.85%～1.05%之间最好。表面碳浓度低，则不耐磨且疲劳强度也较低；反之，碳浓度过高，则渗碳层变脆，易出现压碎剥落。通常渗碳层的深度都在 0.5～2mm 之间，深度波动范围不应大于 0.5mm。当渗碳层深度小于 0.5mm 时，一般用中碳钢高频淬火来替代渗碳。

渗碳后缓冷至室温的组织接近于铁碳合金相图的平衡组织。渗层由表及里依次为过共析层、共析层、亚共析层，最后是心部的原始组织。由此可见，工件渗碳后必须进行淬火和低温回火，才能有效地发挥渗碳层的作用，表面获得高的硬度和耐磨性，而心部具有良好的韧性。

渗碳件的设计图纸一般要标明渗碳层深度、渗碳层浓度、渗碳层和心部的硬度。对于重要零件，还要标明对渗碳层显微组织的要求。渗碳件中不需要渗碳的部位（如需淬火后再进行机加工的），也应在图纸上标出。低碳钢渗碳缓冷后的显微组织如图 5-31 所示。

2. 钢的渗氮

在一定温度下（一般在 A_{c1} 温度下）使活性氮原子渗入工件表面的化学热处理工艺称为渗氮（或氮化）。其目的在于提高工件的表面硬度、耐磨性、疲劳强度、腐蚀性及热硬性。氮化处理有气体氮化、软氮化及离子氮化等工艺方法，其中气体氮化应用最广。

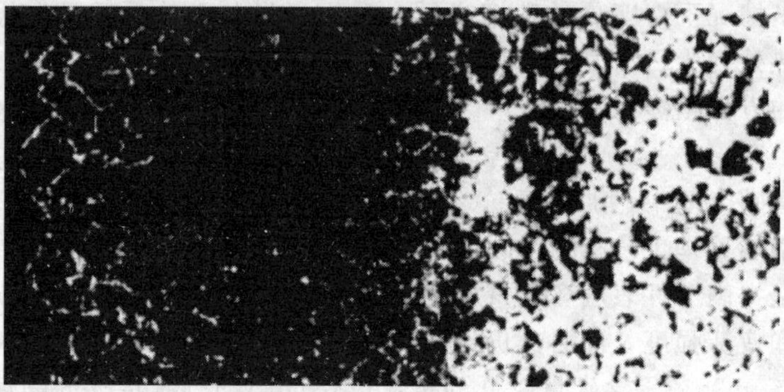

图 5-31　低碳钢渗碳缓冷后的显微组织（150×）

氮化用钢通常是含有 Al、Cr、Mo 等元素的合金钢。氮化层由碳、氮溶于 α-Fe 的固溶体和碳、氮与铁的化合物组成，还含有高硬度、高弥散度的稳定的合金氮化物（如 AlN、CrN、MoN 等）。氮化层硬度可达 69～73HRC，且可在 600～650℃保持较高的硬度。

与渗碳相比，氮化温度大大低于渗碳温度，工件变形小；氮化层的硬度、耐磨性、疲劳强度、耐蚀性及热硬性均高于渗碳层，但氮化层比渗碳层薄而脆；氮化处理时间比渗碳长得多，生产效率低。氮化处理广泛用于磨床主轴等要求高精度、高表面硬度、高耐磨性的精密零件。

3. 碳氮共渗

碳氮共渗是同时向工件表层渗入活性碳原子和活性氮原子的化学热处理工艺。因早期使用剧毒的氰盐作介质，故又名为氰化。在生产中主要采用气体碳氮共渗。低温气体碳氮共渗以渗氮为主，实质上就是软氮化。

高温碳氮共渗与渗碳相似，将工件放入密封炉内，加热到共渗温度，向炉内滴入煤油，同时通以氨气，经保温后，工件表面获得一定深度的共渗层。高温碳氮共渗主要是渗碳，但氮的渗入使碳浓度提高很快，从而使用共渗温度降低，时间缩短。碳氮共渗温度为 830～850℃，保温 1～2h 后共渗层可过 0.2～0.5mm。

碳氮共渗后，进行淬火加低温回火。共渗淬火后，得到含氮马氏体，耐磨性比渗碳更好。共渗层比渗碳层有较高的压应力，因而有更高的疲劳强度，耐蚀性也较好。

碳氮共渗工艺与渗碳工艺相比，具有时间短、生产效率高、表面硬度高、变形小等优点，但共渗层较薄，主要用于形状复杂、要求变形小的小型耐磨零件。

典型实例 6

20Cr 花键轴套渗碳处理中，渗碳剂选用煤油（10～20 滴/min）和甲醇（20～40/min）同时直接滴入炉膛，温度控制在 930℃±10℃，时间约为 8～12h，并注意工件的间隙大于或等于 5 mm，以保证渗碳剂的均匀和充分。渗碳后采用的是中温淬火，淬火介质为油，低温回火的介质是空气。渗碳层的深度为 1.8～2.2mm，硬度为 58～63HRC，组织为针状马氏体。

第七节　热处理零件质量分析

热处理零件质量好坏主要取决于热处理工艺和零件的结构工艺性。

一、热处理工艺对质量的影响

因热处理工艺不当，常产生氧化和脱碳、过热和过烧、硬度不足和软点、变形和开裂等缺陷。

1. 氧化和脱碳

当加热介质是空气或熔盐时，钢表层的铁和碳与加热介质中的氧气、二氧化碳和水蒸气等将在高温下产生化学作用，形成铁和碳的氧化物，这种现象称为氧化。与此同时，工件表面层的碳由于被氧化自钢内逸出，因而降低了工件表层含碳量，这种现象称为脱碳。氧化会降低零件尺寸精度和表面粗糙度，影响淬火质量；脱碳会降低工件表面硬度、耐磨性，同时使疲劳强度大大降低。过分氧化和脱碳，会造成零件报废。

为防止氧化和脱碳，可采用以下处理方法。

① 隔绝被加热的工件，不与炉气接触。

② 为了控制炉气中氧化性气体的含量，使炉内为中性气氛，通入保护性气体。常用的保护性气体是氨、氮、焦炉煤气等。

③ 在工件表面涂敷防氧化涂料，如硼砂、石墨粉、玻璃粉、耐火黏土等。

④ 高级合金钢及精密零件在真空中无氧化加热。

2. 过热和过烧

由于加热温度过高或保温时间过长，导致晶粒显著粗化的现象称为过热。过热的结果使淬火后得到粗针马氏体，脆性增加，疲劳强度降低。对于过热不严重的工件，碳素结构钢及合金工具钢，则应通过退火、正火多次处理，然后按正火多次处理，然后按正确的淬火工艺重新淬火。如钢的加热温度远远超过了正常的加热温度，以致沿晶界出现熔化和氧化的现象，称为过烧。钢的过烧组织，晶粒极为粗大，在晶界上有氧化物网络，力学性能急剧恶化，此种缺陷已无法挽救，应绝对避免。

3. 硬度不足和软点

当淬火温度过低，保温时间过短，淬火冷却速度不够或回火温度过高，以及加热后表面脱碳时都会造成零件硬度不足。淬火局部地区氧化皮未爆开，零件淬火冷却剂的方式不对，局部脱碳以及淬火后在冷却剂内相对运动不够等，都会在零件表面产生许多未被淬硬的小区域，这些小区域称软点。

为了防止硬度不足和软点，必须制订合理的热处理规范和正确地选择淬火剂。如已产生硬度不足，对于一般碳素钢及合金结构钢，可经正火后，再次加热重新淬火。对合金工具钢最好退火后重新淬火。

4. 变形和开裂

热处理中，变形和开裂是常见的缺陷，导致变形或开裂的根本原因是热处理时工件内部产生的内应力。工件在加热和冷却时，其表层与心部或各部温度变化是不一致的。由于工件各部分热胀冷缩的不一致，引起工件内部一部分金属对另一部分金属的作用力，因而产生了内应力，称为热应力。加热和冷却的速度越大，热应力也就越大。此外，在热处理过程中，由于工件内各部分组织转变的不一致性或不同时性，引起体积的膨胀或收缩也不一致，从而也会产生内应力，称为组织应力。特别是奥氏体向马氏体转变时产生的体积膨胀，由于受到尚未转变部分的障碍，组织应力最显著。在热应力与组织应力的作用下，工件在热处理时会产生变形或裂纹。

对于变形工件可在未冷透前趁热进行矫正，或在正火后矫正再进行淬火。但若变形太大或产生裂纹，则无法补救而报废。为了预防变形或裂纹，除淬火时在马氏体转变区采取缓慢冷却外，在设计时还要注意工件的截面积不宜过于悬殊，截面形状尽量对称，避免尖棱和直角，预留较大的磨削余量等。

二、热处理对零件结构设计的要求

设计零件结构时应考虑以下要求。

① 尽量避免尖角、棱角，避免因应力集中引起淬火开裂。一般设计成圆角或倒角。

② 零件外形应尽量简单，避免厚薄悬殊的截面。常采用开工艺孔，变盲孔为通孔等。

③ 尽量采用对称结构，使应力分布均匀，减少热处理变形。

④ 尽量采用组合结构，结构中的每一块单独进行热处理，磨削后组合装配，可避免整体变形。

第八节　热处理技术条件与工序位置排列

一、热处理技术条件

根据零件性能要求，在零件图样上应标出热处理技术条件，其内容包括最终热处理方法（如调质、淬火、回火、渗碳等）以及应达到的力学性能判据等，作为热处理生产与检验时的依据。

力学性能判据一般只标出硬度值（允许范围为30～40HBS，5HRC）。例如，调质220～250HBS，淬火回火40～45HRC。对于力学性能要求较高的重要件，如主轴、齿轮、曲轴、连杆等，还应标出强度、塑性和韧性判据，有时还要对金相组织提出要求。对于渗碳或渗氮件应标出渗碳或渗氮部位、渗层深度、渗碳淬火回火或渗氮后的硬度等。表面淬火零件应标明淬硬层深度、硬度及部位等。

在图样上标注热处理技术条件时，可用文字和数字简要说明，也可用标准的热处理工艺代号。

二、热处理工序安排

合理安排热处理工序位置，对保证零件质量和改善切削加工性能有重要意义。热处理按目的和工序位置不同，分为预先热处理和最终热处理，其工序位置安排如下。

1. 预先热处理

一般均安排在毛坯生产之后，切削加工之前，或粗加工之后，半精加工之前。

（1）退火、正火　主要作用是消除毛坯件的残留应力、粗大晶粒、组织不均等缺陷，改善切削加工性能，或为最终热处理作好组织准备。

退火、正火件的加工路线一般为：毛坯生产→退火（或正火）→切削加工。

（2）调质　一般安排在粗加工后，半精或精加工前。若在粗加工前调质，则零件表面调质层的优良组织有可能在粗加工中大部分被切除掉，失去调质的意义，碳钢件发生该现象的可能性更大。

调质件的加工路线为：下料→锻造→正火（或退火）→粗加工（留余量）→调质→半精加工（或精加工）。

生产中，碳铸铁件、铸钢件和某些无特殊要求的锻钢件，经退火、正火或调质后，已能满足使用性能要求，不再进行最终热处理。

2. 最终热处理

零件经最终热处理后，硬度较高，除磨削外不宜再进行其他切削加工，因此工序位置一般安排在半精加工与磨削加工之间。

(1) 淬火　可分为整体淬火和表面淬火两种。

整体淬火件加工路线为：下料→锻造→退火（或正火）→粗、半精加工→淬火、回火→磨削。

表面淬火件加工路线为：下料→锻造→退火（或正火）→粗加工→调质→半精加工→表面淬火、低温回火→磨削。

(2) 渗碳　对局部渗碳件，在不需渗碳部位采取增大原加工余量（增大的量称为防渗余量）或镀铜的方法。待渗碳后淬火前切去该部位的防渗余量。

渗碳件（整体与局部渗碳）的加工路线为：下料→锻造→正火→粗、半精加工（留防渗余量或镀铜）→渗碳→淬火、低温回火→磨削。

(3) 渗氮　其温度低，变形小，渗碳层硬而薄，因此工序位置应尽量靠后，通常渗氮后不再磨削，对个别质量要求高的零件，应进行精磨或研磨或抛光，为保证渗氮件心部有良好的综合力学性能，再粗加工和半精加工之间进行调质。为防止因切削加工产生的残留应力，使渗氮件变形，渗氮前应进行去应力退火。

渗氮件加工路线为：下料→锻造→退火→粗加工→调质→半精加工→去应力退火→粗磨→渗氮→精磨或研磨或抛光。

三、热处理工艺应用实例

1. 压板

压板（见图 5-32）用于机床、工作台或夹具上夹紧工件，故要求有较高强度、硬度和一定弹性。

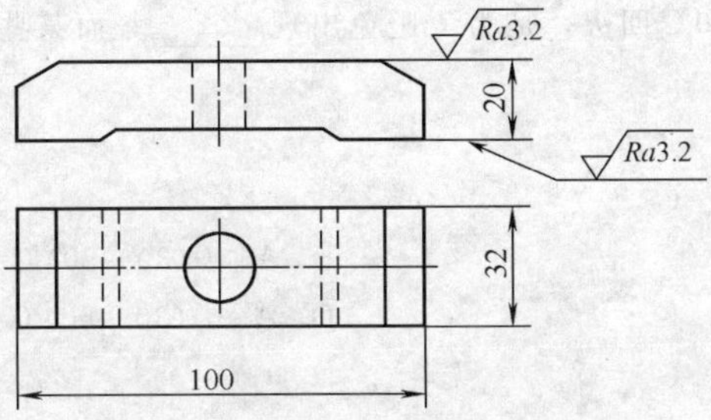

图 5-32　压板

材料：45 钢。

热处理技术条件：淬火、回火，40～45HRC。

加工路线：下料→锻造→正火→机加工→淬火、回火。

2. 锥度塞规

锥度塞规（见图 5-33）是用于检查锥孔尺寸的量具，要求锥部有高的耐磨性、尺寸稳定性和良好的切削加工性。

材料：T12A 钢。

热处理技术条件：锥部淬火、回火 60～64HRC。

加工路线：下料→锻造→球化退火→粗、半精加工→锥部淬火、绘画→稳定化处理→粗磨→稳定化处理→精磨。

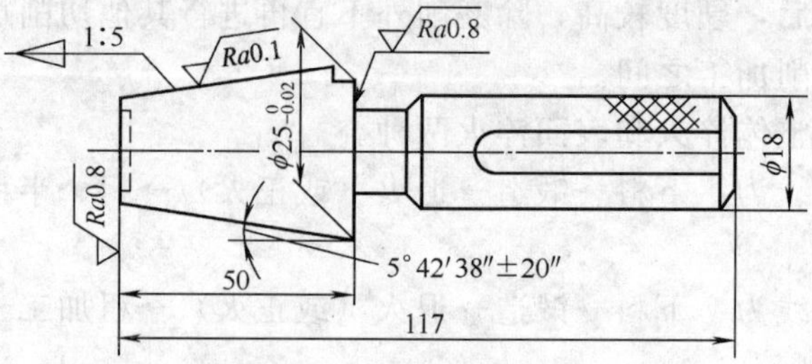

图 5-33　锥度塞规

思考与应用

一、名词解释

1. 热处理　2. 淬火临界冷却速度　3. 马氏体　4. 奥氏体　5. 淬透性　6. 淬硬性

二、填空题

1. 确定钢的热处理加热温度的依据是__________，而确定过冷奥氏体冷却转变产物的依据是__________。

2. 共析钢加热时奥氏体形成是由______、______、______及______等四个基本过程所组成。

3. 球化退火的主要目的是①__________、②__________。它主要适用于__________钢。

4. 碳钢马氏体的组织形态主要有__________、__________，其中__________强韧性较好。

5. 按温度划分，淬火钢回火可分为______、______和______，其中高温回火后的组织为______，性能为__________，适合于__________。

6. 钢的淬透性主要取决于__________；钢的淬硬性主要取决于__________。

7. 淬火钢一般不在250～400℃回火，是为了避免出现______；而某些合金钢在450～650℃回火时，较快冷却，目的是为了______。

三、选择题

1. 亚共析钢的正火加热温度（　　）。

A. A_{c1}+(30～50)℃　　B. A_{c3}+(30～50)℃

C. A_{r1}+(30～50)℃　　D. A_{r3}+(30～50)℃

2. 过共析钢的淬火加热温度（　　）。

A. A_{c1}+(30～50)℃　　B. A_{c3}+(30～50)℃

C. A_{r1}+(30～50)℃　　D. A_{r3}+(30～50)℃

3. 过共析钢正火的目的是（　　）。

A. 调整硬度，改善切削加工性　　B. 细化晶粒，为淬火作组织准备

C. 消除网状二次渗碳体　　D. 防止淬火变形与开裂

4. 影响淬火后残余奥氏体量的主要因素是（　　）。

A. 奥氏体的含碳量　　B. 钢材本身含碳量

C. 加热速度　　D. 加热保温时间

5. 钢的渗碳温度范围是（　　）。

A. 600～650℃　　B. 800～850℃

C. 900～950℃　　D. 1000～1050℃

四、判断题

1. 亚共析钢加热至A_{c1}和A_{c3}之间将获得奥氏体+铁素体两相组织，奥氏体的含碳量总是大于钢的含

碳量。(　)

2. 本质细晶粒钢，就是说它在任何加热条件下晶粒均细化。(　)

3. 马氏体实质上就是碳溶于 α-Fe 中的过饱和间隙固溶体。(　)

4. 因为过冷奥氏体的连续冷却曲线位于等温冷却转变曲线的右下方，所以连续冷却转变曲线的临界冷速比等温冷却转变曲线临界冷速大。(　)

5. 渗碳后，由于工件表面含碳量提高，所以不需要淬火即可获得高硬度和高耐磨性。(　)

五、简答题

1. 指出 A_{c1}、A_{c3}、A_{ccm}、A_{r1}、A_{r3}、A_{rcm} 各相变点的意义。

2. 在所绘出的连续冷却转变曲线上，示意地绘出共析钢退火、正火、单液淬火、双淬淬火、分级淬火与等温淬火的冷却曲线，并标出所得组织。

3. 什么是淬火临界冷却速度？它对钢的淬火有何重要意义？

4. 在一批 $w_C=45\%$ (45) 钢制的螺栓中（要求头部热处理后硬度为 43～48HRC）混入少量 $w_C=20\%$ (20) 钢和 $w_C=12\%$ (T12) 钢，若按 45 钢进行淬火、回火处理，试问能否达到要求？并说明原因。

5. 将共析钢钢件加热到 750℃，保温足够时间，试问按图 5-34 所示①、②、③、④、⑤的冷却速度冷至室温，各获得什么组织？并估计各种组织的硬度。

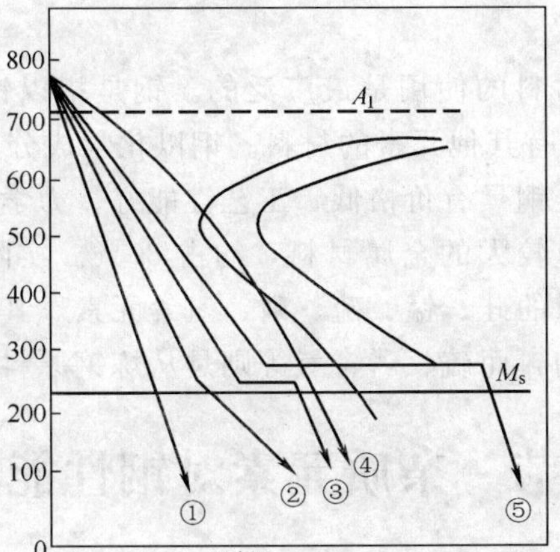

图 5-34　第 5 题图

6. 指出下列铁碳合金工件的淬火及回火温度，并说明回火后得到的组织和大致硬度。

①$w_C=0.45\%$钢制小轴（要求综合力学性能好）；②$w_C=0.60\%$钢制弹簧；③$w_C=1.2\%$钢制锉刀。

7. 现有三个形状、尺寸、材质（低碳钢）完全相同的齿轮，分别进行普通整体淬火、渗碳淬火和高频感应淬火，试用最简单的办法把它们区分开来。

六、课外调研

某柴油机凸轮轴，要求表面有高硬度（>50HRC），心部有良好韧性（A_K>40J）。原采用 $w_C=0.45\%$ 钢经调质后，再在凸轮表面进行高频淬火、低温回火。现拟改用 $w_C=0.20\%$ 钢代替 $w_C=0.45\%$ 钢，试问：①原 $w_C=0.45\%$ 钢各热处理工序的作用；②改用 $w_C=0.20\%$ 钢后，其热处理工序是否应进行修改？应采用何种热处理工艺最合适？

第六章　非合金钢

知识目标

1. 了解非合金钢中 Si、Mn、S、P 等常存元素对钢性能的影响。

2. 掌握非合金钢的牌号、成分、性能和用途。

能力目标

1. 根据零件的性能要求，能合理选用低、中、高碳钢用材，并确定其热处理方法。

2. 能对螺钉、螺母、减速器轴、齿轮、锯条、丝锥、菜刀等进行选材、确定热处理方法及性能分析。

在工程材料中，钢铁材料的使用是最广泛的。钢是指以铁为主要元素，碳的质量分数 w_C 一般在 2.11％以下并含有其他元素的材料。钢以化学成分可分为非合金钢、低合金钢和合金钢三大类。其中非合金钢具有价格低、工艺性能好、力学性能一般能满足使用要求的优点，所以是工业生产中用量较大的金属材料，约占 80％。实际生产中使用的非合金钢除含有碳元素之外，还含有少量的硅、锰、硫、磷、氢等元素。其中硅和锰是钢在冶炼过程中由于加入脱氧剂时残余下来的，而硫、磷、氢等则是从炼钢原料或大气中带入的。

第一节　杂质元素对钢性能的影响

钢中常存杂质元素，主要是硅、锰、硫和磷等（还有非金属杂质）。这些杂质元素对钢的性能有一定影响。

一、硅的影响

硅是作为脱氧剂带入钢中的。硅的脱氧作用比锰强，它与钢液中的 FeO 能结成密度较小的硅酸盐以炉渣的形式被除去。从而消除 FeO 对钢的不良影响，硅能溶于铁素体中，并使铁素体强化，从而提高钢的强度和硬度，但降低塑性和韧性。所以总的来讲，钢中的硅是有益元素，而且硅作为杂质元素时，其质量分数一般不超过 0.5％。

二、锰的影响

锰是炼钢时用锰铁脱氧后残留在钢中的杂质元素。锰从 FeO 中夺取氧形成 MnO 进入炉渣，从而把钢中的 FeO 还原成铁，改善钢的质量；锰还可以与硫化合成 MnS，以减轻硫的有害作用，降低钢的脆性，改善钢的热加工性能；在室温下锰能大部分溶解于铁素体中，形成置换固溶体，并使铁素体强化，提高钢的强度和硬度。锰在碳钢中的质量分数一般为 0.25％～0.80％，最高可达 1.2％。总的来讲，锰也是一个有益的元素。

三、硫的影响

硫是在炼钢时由矿石和燃料带入钢中的，而且在炼钢时难以除尽。总的来讲，硫在钢中是有害杂质元素。在固态下，硫不溶于铁，而以 FeS 的形式存在。FeS 与 Fe 能形成低熔点的共晶体（Fe+FeS），其熔点为985℃，且分布在晶界上。当钢材在1 000～1 200℃进行热压力加工时，由于共晶体熔化，从而导致热加工时开裂。这种金属在高温时出现脆裂的现象，称为热脆。钢中硫的质量分数必须严格控制，我国一般控制在0.050%以下。为了消除硫产生的热脆，在炼钢时可以增加锰。MnS的形成可以有效地避免钢的热脆。此外，切削加工中MnS能起断屑作用，因此改善了钢的切削加工性，这类钢称为易切削钢。有时，硫对钢的焊接性有不良影响，容易导致焊缝产生热裂、气孔和疏松。

四、磷的影响

磷是由矿石带入钢中的。一般来讲，磷在钢中能全部溶于铁素体中，提高铁素体的强度和硬度。但在室温下却使钢的塑性和韧性急剧下降，产生低温脆性，这种现象称为冷脆。所以，磷是有害元素，钢中磷的质量分数即使只有千分之几，也会因析出脆性化合物Fe_3P而使钢的脆性增加，特别是在低温时更为显著，因此，要限制磷的质量分数。磷的有害作用在一定条件下可以转化。例如，在易切削钢中可适当提高磷的质量分数，使铁素体脆化，从而改善钢材的切削加工性。此外，钢中加入适量的磷，还可以提高钢材的耐大气腐蚀性能。在炮弹钢中加入较多磷，可增大钢的脆性，使炮弹在爆炸时碎片增多，从而增加了杀伤力。

第二节　非合金钢的分类

非合金钢分类方法有多种，常用的分类方法有以下几种。

一、按非合金钢碳的质量分数分类

1. 低碳钢

低碳钢是指碳的质量分数为$0.0218\%<w_C<0.25\%$的铁碳合金。

2. 中碳钢

中碳钢是指碳的质量分数为$0.25\%<w_C\leqslant0.60\%$的铁碳合金。

3. 高碳钢

高碳钢是指碳的质量分数为$0.60\%<w_C\leqslant1.3\%$的铁碳合金。

二、按非合金钢的冶炼质量等级分类

非合金钢按冶炼质量等级可分为普通质量非合金钢、优质非合金钢和特殊质量非合金钢。

1. 普通质量非合金钢（$w_S=0.035\%\sim0.050\%$，$w_P=0.035\%\sim0.045\%$）

普通质量非合金钢是指对生产过程中控制质量无特殊规定的一般用途的非合金钢。应用时应满足下列条件：钢为非合金化的；不规定热处理；如产品标准或技术条件中有规定，其特性值（最高值和最低值）应达规定值；未规定其他质量要求。

普通质量非合金钢主要包括：一般用途碳素结构钢，如GB 700规定中的A、B级钢；碳素钢筋钢；铁道用一般碳素钢，如轻轨和垫板用碳素钢；一般钢板状型钢。

2. 优质非合金钢（$w_S\leqslant0.035\%$，$w_P\leqslant0.035\%$）

优质非合金钢是指除普通质量非合金钢和特殊质量非合金钢以外的非合金钢，在生产过程中需要特别控制质量（如控制晶粒度，降低硫、磷含量，改善表面质量或增加工艺控制等），以达到比普通质量非合金钢特殊的质量要求（如良好的抗脆断性能，良好的冷成形性等），但这种钢生产控制不如特殊质量非合金钢严格。

优质非合金钢主要包括：机械结构用优质碳素钢，如GB 699规定中的优质碳素结构钢中的低碳钢和中碳钢；工程结构用碳素钢，如 GB 700 规定的 C、D 级钢；冲压薄板的低碳结构钢；镀层板、带用的碳素钢；锅炉和压力容器用碳素钢；造船用碳素钢；铁道用优质碳素钢，如重轨用碳素钢；焊条用碳素钢；冷锻、冷冲压等冷加工用非合金钢；非合金易切削结构钢；电工用非合金钢板、钢带；优质铸造碳素钢。

3. 特殊质量非合金钢（$w_S \leqslant 0.025\%$，$w_P \leqslant 0.025\%$）

特殊质量非合金钢是指在生产过程中需要特别严格控制质量和性能（如控制淬透性和纯洁度）的非合金钢。应符合下列条件：钢材要经热处理并至少具有下列一种特殊要求的非合金钢（包括易切削钢和工具钢），如淬火和回火状态下有一定的冲击性能；有效淬硬深度或表面硬度；进行表面缺陷限制；钢中非金属夹杂物含量和（或）要求内部材质均匀性；限制磷和硫的含量（成品中 w_P 和 w_S 均不大于 0.025%）；限制残余元素 Cu、Co、V 的最高含量等方面的要求。

特殊质量非合金钢主要包括：保证淬透性非合金钢；保证厚度方向性能非合金钢；铁道用特殊非合金钢，如车轴坯、车轮、轮箍钢；航空、兵器等专业用非合金结构钢；核能用的非合金钢；特殊焊条用非合金钢；碳素弹簧钢；特殊盘条钢及钢丝；特殊易切削钢；碳素工具钢；电磁纯铁；原料纯铁。

三、按非合金钢的用途分类

1. 碳素结构钢

碳素结构钢主要用于制造各种机械零件和工程结构件，其碳的质量分数一般都小于 0.70%。此类钢常用于制造齿轮、轴、螺母、弹簧等机械零件，用于制作桥梁、船舶、建筑等工程结构件。

2. 碳素工具钢

碳素工具钢主要用于制造工具，如制作刃具、模具、量具等，其碳的质量分数一般都大于 0.70%。

四、按非合金钢冶炼时脱氧程度的不同分类

按非合金钢冶炼时脱氧程度的不同分为沸腾钢、镇静钢、半镇静钢。

此外，钢材还可以从其他角度进行分类，如按专业（锅炉用钢、桥梁用钢、矿用钢等）、按冶炼方法等进行分类。

第三节　非合金钢的牌号与用途

一、普通质量非合金钢

普通质量非合金钢是指对生产过程中控制质量无特殊规定的一般用途非合金钢。其中碳素结构钢的牌号是由屈服点字母、屈服点数值、质量等级符号、脱氧方法等四部分按顺序组成。质量等级分 A、B、C、D 四级，从左至右质量依次提高。屈服点的字母以“屈”字汉语拼音字首 Q 表示。脱氧方法用 F、b、Z、TZ 分别表示沸腾钢、半镇静钢、镇静钢、特殊镇静钢。在牌号中 Z 可以省略。例如，Q235-A·F，表示屈服点大于 235MPa，质量为 A 级的沸腾碳素结构钢。碳素结构钢的牌号、化学成分、力学性能和用途见表 6-1、表 6-2。

二、优质非合金钢

优质非合金钢供应时，既保证化学成分、又保证力学性能，而且比普通质量非合金钢规定严格。它是指除普通质量非合金钢和特殊质量非合金钢以外的非合金钢。其中优质碳素结

表 6-1　碳素结构钢的牌号和化学成分

<table>
<tr><th rowspan="3">牌　号</th><th colspan="5">化学成分/%</th><th rowspan="3">脱氧方法</th></tr>
<tr><th rowspan="2">w_C</th><th rowspan="2">w_{Mn}</th><th>w_{Si}</th><th>w_S</th><th>w_P</th></tr>
<tr><th colspan="3">不大于</th></tr>
<tr><td>Q195</td><td>0.06～0.12</td><td>0.25～0.50</td><td>0.30</td><td>0.050</td><td>0.045</td><td>F,b,Z</td></tr>
<tr><td>Q215A</td><td rowspan="2">0.09～0.15</td><td rowspan="2">0.25～0.55</td><td rowspan="2">0.30</td><td>0.050</td><td rowspan="2">0.045</td><td rowspan="2">F,b,Z</td></tr>
<tr><td>Q215B</td><td>0.045</td></tr>
<tr><td>Q235A</td><td>0.14～0.22</td><td>0.30～0.65</td><td rowspan="4">0.30</td><td>0.050</td><td rowspan="2">0.045</td><td rowspan="2">F,b,Z</td></tr>
<tr><td>Q235B</td><td>0.12～0.20</td><td>0.30～0.70</td><td>0.045</td></tr>
<tr><td>Q235C</td><td>≤0.18</td><td rowspan="2">0.35～0.80</td><td>0.040</td><td>0.040</td><td>Z</td></tr>
<tr><td>Q235D</td><td>≤0.17</td><td>0.035</td><td>0.035</td><td>TZ</td></tr>
<tr><td>Q255A</td><td rowspan="2">0.18～0.28</td><td rowspan="2">0.40～0.70</td><td rowspan="2">0.30</td><td>0.050</td><td rowspan="2">0.045</td><td rowspan="2">F,b,Z</td></tr>
<tr><td>Q255B</td><td>0.045</td></tr>
<tr><td>Q275</td><td>0.28～0.38</td><td>0.50～0.80</td><td>0.35</td><td>0.050</td><td>0.045</td><td>b,Z</td></tr>
</table>

表 6-2　碳素结构钢的力学性能和用途

<table>
<tr><th rowspan="4">钢号</th><th rowspan="4">质量等级</th><th colspan="4">σ_s/MPa</th><th rowspan="4">σ_s/MPa</th><th colspan="4">δ_5/%</th><th rowspan="4">应用举例</th></tr>
<tr><th colspan="4">钢材厚度或直径/mm</th><th colspan="4">钢材厚度或直径/mm</th></tr>
<tr><th>≤16</th><th>＞16～40</th><th>＞40～60</th><th>＞60～100</th><th>≤16</th><th>＞16～40</th><th>＞40～60</th><th>＞60～100</th></tr>
<tr><th colspan="4">不小于</th><th colspan="4">不小于</th></tr>
<tr><td>Q195</td><td>—</td><td>(195)</td><td>(185)</td><td>—</td><td>—</td><td>315～390</td><td>33</td><td>32</td><td>—</td><td>—</td><td rowspan="3">塑性好，有一定的强度，用于制造受力不大的零件，如螺钉、螺母、垫圈、焊接件、冲压件及桥梁建筑等金属结构件</td></tr>
<tr><td>Q215</td><td>A
B</td><td>215</td><td>205</td><td>195</td><td>185</td><td>335～410</td><td>31</td><td>30</td><td>29</td><td>28</td></tr>
<tr><td>Q235</td><td>A
B
C
D</td><td>235</td><td>225</td><td>215</td><td>205</td><td>375～460</td><td>26</td><td>25</td><td>24</td><td>23</td></tr>
<tr><td>Q255</td><td>A
B</td><td>255</td><td>245</td><td>235</td><td>225</td><td>410～510</td><td>24</td><td>23</td><td>22</td><td>21</td><td rowspan="2">强度较高，用于制造承受中等载荷的零件，如小轴、销子、连杆、农机零件等</td></tr>
<tr><td>Q275</td><td>—</td><td>275</td><td>265</td><td>255</td><td>245</td><td>490～610</td><td>20</td><td>19</td><td>18</td><td>17</td></tr>
</table>

构钢的牌号用两位数字表示，两位数字表示该钢的平均碳的质量分数的万分之几（以0.01%为单位）。例如，45 表示平均碳的质量分数为 0.45%的优质碳素结构钢；08 表示平均碳的质量分数为 0.08%的优质碳素结构钢。

优质碳素结构钢根据钢中锰的质量分数的不同，分为普通含锰量钢（$w_{Mn}<0.80\%$）和较高含锰量钢（$w_{Mn}=0.70\%\sim1.20\%$）两组。较高含锰量钢在牌号后面标出元素符号 Mn，如 15Mn、20Mn 等。若为沸腾钢与半镇静钢，则在数字后分别加 F 与 b，如 08F 与 08b 等。

优质碳素结构钢的牌号、化学成分、力学性能和用途见表 6-3。

08F、10F 钢碳的质量分数低、塑性好、强度低焊接性能好，主要用于制作薄板，制造冷冲压零件和焊接件，属于冷冲压钢。

表 6-3　优质碳素结构钢的牌号、化学成分、力学性能和用途

牌号	主要成分					力学性能			用途
	$w_C/\%$	$w_{Si}/\%$	$w_{Mn}/\%$	P	S	MPa	MPa	$\delta/\%$	
						不小于			
08F	0.05～0.01	≤0.03	0.25～0.50	≤0.040	≤0.040	295	175	35	受力不大，但要求高韧性的冲压件、焊接件、紧固件等，渗碳淬火后可制造要求强度不高的耐磨零件，如凸轮、活塞销等
08	0.05～0.12	0.17～0.37	0.35～0.65	≤0.035	≤0.040	325	195	33	
10	0.07～0.14	0.17～0.37	0.35～0.65	≤0.040	≤0.040	335	205	31	
15	0.12～0.19	0.17～0.37	0.35～0.65	≤0.040	≤0.040	375	225	27	
20	0.17～0.24	0.17～0.37	0.35～0.65	≤0.040	≤0.040	410	245	25	
30	0.27～0.35	0.17～0.37	0.50～0.80	≤0.040	≤0.040	490	295	21	负荷较大的零件，如连杆、曲轴、主轴、活塞销、表面淬火齿轮、凸轮等
35	0.32～0.40	0.17～0.37	0.50～0.80	≤0.040	≤0.040	530	315	20	
40	0.37～0.45	0.17～0.37	0.50～0.80	≤0.040	≤0.040	570	335	19	
45	0.42～0.50	0.17～0.37	0.50～0.80	≤0.040	≤0.040	600	355	16	
50	0.47～0.55	0.17～0.37	0.50～0.80	≤0.040	≤0.040	630	375	14	
55	0.52～0.60	0.17～0.37	0.50～0.80	≤0.040	≤0.040	645	380	13	
65	0.62～0.70	0.17～0.37	0.50～0.80	≤0.040	≤0.040	695	410	10	要求弹性极限或强度较高的零件，如轧辊、弹簧、钢丝绳、偏心轮等
65Mn	0.62～0.70	0.17～0.37	0.90～0.12	≤0.040	≤0.040	735	430	9	
70	0.67～0.75	0.17～0.37	0.50～0.80	≤0.040	≤0.040	715	420	9	
75	0.72～0.80	0.17～0.37	0.50～0.80	≤0.040	≤0.040	1080	880	7	

15、20、25 钢属于渗碳钢。这类钢强度较低，但塑性、韧性较高，冷冲压性能和焊接性能很好，可以制造各种受力不大但要求高韧性的零件，如焊接容器、螺钉、杆件、轴套等，还可用于冷冲压件和焊接件。这类钢经渗碳＋淬火＋低温回火后，表面硬度可达 60HRC 以上，耐磨性好，而心部具有一定的强度和韧性，可用于制造要求表面硬度高、耐磨，并承受冲击载荷的零件。

30、35、40、45、50、55 钢属于调质钢，经过淬火＋高温回火热处理后具有良好的综合力学性能。主要用于制作要求强度、塑性、韧性都较高的机件，如齿轮、套筒、轴类零件。这类钢在机械制造中应用非常广泛，特别是 40、45 钢在机械零件中应用更广泛，其中以 45 钢最为突出。

60、65、70、75、80、85 钢属于弹簧钢，经过淬火＋中温回火热处理后可获得高的弹性极限，主要用于制造尺寸较小的弹簧、弹性零件及耐磨零件。

三、工程用铸造碳钢

有些机械零件，如水压机横梁、轧钢机机架、重载大齿轮很难用锻压等方法成形，用铸铁铸造又难以满足力学性能要求，这时常选用工程用铸造碳钢用铸造生产方法来获得铸钢件。工程用铸造碳钢广泛用于制造重型机械的某些零件，如轧钢机机架、水压机横梁、锻锤砧座等。

工程用铸造碳钢碳的质量分数一般在 0.20%～0.60%之间，若碳的质量分数过高，则钢的塑性差，且铸造时易产生裂纹。

工程用铸造碳钢的牌号是用“铸钢”两字的汉语拼音字首 ZG 后面加两组数字组成，第一组数字代表屈服强度最低值，第二组数字代表抗拉强度最低值。例如，ZG200-400 表示屈

服强度为 200MPa，抗拉强度不低于 400MPa 的工程用铸钢。工程用铸造碳钢的牌号、化学成分和力学性能见表 6-4。

表 6-4 工程用铸造碳钢的牌号、化学成分和力学性能

牌号	元素最高含量/%					力学性能(最小值)				
	w_C	w_{Si}	w_{Mn}	w_S	w_P	σ_b 或 σ_s /MPa	σ_b /MPa	δ/%	根据合同选择	
									ψ/%	a_{KU}/J·cm^{-2}
ZG200-400	0.2	0.5	0.8	0.04	0.04	200	400	25	40	60
ZG230-450	0.3	0.5	0.9			230	450	22	32	45
ZG270-500	0.4	0.5	0.9			270	500	28	25	35
ZG310-570	0.5	0.6	0.9			310	570	15	21	30
ZG340-640	0.6	0.6	0.9			340	640	10	18	20

四、特殊质量非合金钢

特殊质量非合金钢中的碳素工具钢是用于制造各种切削刀具、模具和量具的钢。由于大多数工具都要求硬度高和耐磨性好，故碳素工具钢碳的质量分数都在 0.7%以上，且此类钢都是优质钢和高级优质钢，有害杂质元素（S、P）含量较少，质量较高。

碳素工具钢的牌号以 T（“碳”的大写汉语拼音字首）开头，其后的数字表示平均碳的质量分数的千分数。例如，T8 表示平均碳的质量分数为 0.80%的碳素工具钢。若为高级优质碳素工具钢，则在牌号后面标以字母 A，如 T12A 表示平均碳的质量分数为 1.20%的高级优质碳素工具钢。碳素工具钢的牌号、成分、硬度和用途见表 6-5。

表 6-5 碳素工具钢的牌号、成分、硬度和用途

牌号	化学成分/%			HBS(退火状态)	HRC(试样淬火)	用途举例
	w_C	w_{Si}	w_{Mn}			
T7 T7A	0.65～0.74	≤0.35	≤0.40	≤187	≥62(800～820℃水)	承受冲击、韧性较好、硬度适中的工具，如扁铲、手钳、大锤、起子、木工工具
T8 T8A	0.75～0.84	≤0.35	≤0.40	≤187	≥62(780～800℃水)	承受冲击、要求较高硬度的工具，如冲头、压缩空气工具、木工工具
T8Mn T8MnA	0.80～0.90	≤0.35	0.40～0.60	≤187	≥62(780～800℃水)	承受冲击、要求较高硬度的工具，如冲头、压缩空气工具、木工工具，但淬透性较大，可制断面较大的工具
T9 T9A	0.85～0.94	≤0.35	≤0.40	≤192	≥62(760～780℃水)	有一定韧性、硬度的工具，如冲头、木工工具、凿岩工具
T10 T10A	0.95～1.04	≤0.35	≤0.40	≤197	≥62(760～780℃水)	不受剧烈冲击、高硬度耐磨的工具，如车刀、刨刀、冲头、丝锥、钻头、手锯条
T11 T11A	1.05～1.14	≤0.35	≤0.40	≤207	≥62(760～780℃水)	不受剧烈冲击、高硬度耐磨的工具，如车刀、刨刀、冲头、丝锥、钻头、手锯条
T12 T12A	1.15～1.24	≤0.35	≤0.40	≤207	≥62(760～780℃水)	不受冲击、要求高硬度耐磨的工具，如锉刀、刮刀、精车刀、丝锥、量具
T13 T13A	1.25～1.35	≤0.35	≤0.40	≤217	≥62(760～780℃水)	不受冲击、要求高硬度耐磨的工具，如锉刀、刮刀、精车刀、丝锥、量具，要求更耐磨的工具，如刮刀、剃刀

碳素工具钢随着碳的质量分数的增加，其硬度和耐磨性提高，而韧性下降，其应用场合也分别不同。T7、T8一般用于要求韧性稍高的工具，如冲头、简单模具、木工工具等；T10用于要求中等韧性、高硬度的工具，如手用锯条、丝锥、板牙等，也可用于要求不高的模具；T12具有高的硬度和耐磨性，但韧性低，用于制造量具、锉刀、钻头、刮刀等。高级优质碳素工具钢由于含杂质和非金属夹杂物少，适于制造重要的要求较高的工具。

思考与应用

一、名词解释

1. 冷脆　2. 热脆　3. 普通质量非合金钢　4. 优质非合金钢　5. 特殊质量非合金钢

二、填空题

1. 钢中所含有害杂质元素主要是________、________。
2. 非合金钢按钢中碳的质量分数可分为________、________、________三类。
3. 碳素结构钢质量等级可分为________、________、________、________、________五类。
4. 在非合金钢中按钢的用途可分为________、________两类。
5. 低碳钢碳的质量分数是________；中碳钢碳的质量分数是________；高碳钢碳的质量分数是________。
6. T12A钢按用途分类属于________钢，按碳的质量分数分类属于________钢、按质量分类属于________钢。
7. 45钢按用途分类属于________钢，按质量分类属于________钢。

三、选择题

1. 08F牌号中，08表示其平均碳的质量分数为________。

A. 0.08%　　B. 0.8%　　C. 8%

2. 普通、优质和特殊质量非合金钢是按________进行区分的。

A. 主要质量等级　　B. 主要性能

C. 使用特性　　D. 前三者综合考虑

3. 在下列三种钢中，________钢的弹性最好；________钢的硬度最高；________钢的塑性最好。

A. T10　　B. 20　　C. 65

4. 选择制造下列零件的材料：冷冲压件________；齿轮________；小弹簧________。

A. 08F　　B. 70　　C. 45

5. 选择制造下列工具所用的材料：木工工具________；锉刀________；手锯锯条________。

A. T9A　　B. T10　　C. T12

四、判断题

1. T10钢的碳的质量分数是10%。（　）
2. 碳素钢中碳的质量分数越高，其强度和塑性也越高。（　）
3. 高碳钢的质量优于中碳钢，中碳钢的质量优于低碳钢。（　）
4. 由于T13钢中碳的质量分数比T8钢高，故前者的强度比后者高。（　）
5. 碳素工具钢都是优质或高级优质钢。（　）
6. 碳素工具钢的碳的质量分数一般都大于0.7%。（　）
7. 工程用铸钢可用于铸造生产形状复杂而力学性能要求较高的零件。（　）

五、简答题

1. 为什么在非合金钢中要严格控制硫、磷元素的质量分数？而在易切削结构钢中又要适当地提高其含量？

2. 碳素工具钢的碳的质量分数不同，对其力学性能与应用有何影响？

六、课外调研

如果出现下列问题该怎么处理？

① 误将 20 钢当作 T13 钢制成了锉刀；

② 误将 30 钢当作 60 钢制成弹簧。

第七章　低合金钢和合金钢

知识目标

1. 了解合金钢的分类及编号规则。

2. 熟练掌握常用低合金结构钢、合金渗碳钢、合金弹簧钢、滚动轴承钢的牌号、热处理、性能及用途。

3. 掌握常用合金刃具钢、合金模具钢、合金量具钢的牌号、热处理、性能及用途。

4. 了解常用不锈钢、耐热钢、耐磨钢的牌号、热处理、性能及用途。

能力目标

1. 能说明合金钢性能在哪些方面优于碳钢，并举例分析其原因。

2. 能正确识别各种合金钢的牌号，并能解释牌号中字母和数字的含义。

3. 能根据各种零件和构件的使用性能及用途合理选用合金结构钢。

4. 能根据各种刃具、模具的使用性能要求合理选用合金工具钢。

由于科学与工程技术的迅猛发展，对钢的性能要求也越来越高。如对大尺寸高强度零件，要求钢具有优良的综合力学性能和高的淬透性；某些特殊条件下工作的零件，要求耐腐蚀、抗氧化、耐磨等特殊性能；切削速度较高的刃具，要求较高的红硬性。这种情况下非合金钢已不能满足要求，所以，必须采用各种性能优异的低合金钢与合金钢。

为了改善钢的某些性能或使之具有某些特殊性能，有目的地在冶炼钢的过程中加入一些元素，这些元素称为合金元素。含有一种或数种有意添加的合金元素的钢，称为合金钢。钢中加入的合金元素主要有硅（Si）、锰（Mn）、铬（Cr）、镍（Ni）、钨（W）、钼（Mo）、钒（V）、钛（Ti）、铝（Al）、硼（B）及稀土元素（RE）等。根据我国资源条件，在合金钢中主要使用硅、锰、硼、钨、钼、钒、钛及稀土元素。

第一节　合金元素在钢中的作用

合金元素对钢的相变、组织和性能的影响，一般取决于合金元素与钢中的铁、碳两个基本组元的作用。因此，通过合金化，可以提高和改善钢的性能。

一、合金元素在钢中的存在形式与作用

合金元素在钢中主要以两种形式存在，一种形式是溶入铁素体中形成合金铁素体；另一种是与碳化合形成合金碳化物。

（一）合金铁素体

大多数合金元素都能不同程度地溶入铁素体中，形成合金铁素体。其中原子半径很小的合金元素（如氮、硼等）与铁形成间隙固溶体；原子半径较大的合金元素（如锰、镍、钴等）与铁形成置换固溶体。溶入铁素体的合金元素，由于它们的原子大小及晶格类型与铁不

同，必然使铁素体晶格不同程度地发生畸变，产生固溶强化，其结果使铁素体的强度、硬度提高，当合金元素超过一定的质量分数后，铁素体的韧性和塑性会显著降低。

与铁素体有相同晶格类型的合金元素，如 Cr、Mo、W、V、Nb 等强化铁素体的作用较弱；而与铁素体具有不同晶格的合金元素，如 Si、Mn、Ni 等元素强化铁素体的作用较强。当 Si、Mn 的质量分数低于 1%时，既能强化铁素体，又不明显降低韧性。当 Ni 的质量分数不超过 5%，Cr 的质量分数不超过 1.5%时，它们不仅能强化铁素体，还能提高韧性，这就是铬镍钢具有优良的综合力学性能的原因。

（二）合金碳化物

按合金元素与碳之间的相互作用，可分为碳化物形成和非碳化物形成两类合金元素。作为碳化物形成元素，在元素同期表中都是位于铁左边的过渡族金属元素，离铁越远，则其与碳的亲和力越强，形成碳化物能力越大，形成的碳化物越稳定而不易分解。非碳化物形成元素，如 Si、Al、Ni 及 Co 等，它们只以原子状态存在于铁素体或奥氏体中。碳化物形成元素，按它们与碳结合的能力，由强到弱的次序为 Ti、Nb、V、Mo、W、Cr、Mn 和 Fe。钒、铌、锆、钛为强碳化物形成元素，铬、钼、钨为中强碳化物形成元素，锰为弱碳化物形成元素。它们和碳形成的碳化物有 TiC、VC、WC、Cr_7C_3、$(Fe, Cr)_3C$ 及 $(Fe, Mn)_3C$ 等。这些碳化物本身都有极高的硬度，有的可达 71～75HRC。因此，提高了钢的强度、硬度和耐磨性。合金碳化物的种类、性能和在钢中的分布状态会直接影响到钢的性能及热处理时的相变。

二、合金元素对钢的热处理和力学性能的影响

合金元素对钢的有利作用，主要是通过影响铁碳合金相图的相区、相变温度、共析成分等相变过程显示出来的。因此，合金钢的优越性大多要通过热处理才能充分发挥出来。

（一）合金元素对钢加热转变的影响

合金钢形成奥氏体形成过程，基本上与非合金钢是相同的，也包括奥氏体的形核、长大，碳化物的溶解和奥氏体的均匀化。在奥氏体形成过程中，除 Fe、C 原子扩散外，还有合金元素原子的扩散。由于合金元素的扩散速度较慢，并且大多数合金元素（除 Ni、Co 外），由于其与碳有较强的亲和力，均减慢了碳的扩散速度；加之合金碳化物比较稳定，不易溶入奥氏体中，因此，在不同程度上减缓了奥氏体的形成过程。所以，为了获得均匀的奥氏体，对于大多数合金钢应加热到更高的温度，并保温更长的时间，以保证合金元素溶入奥氏体并使之均匀化，从而充分发挥合金元素的作用。

（二）合金元素对回火转变的影响

合金元素对钢回火时组织与性能的变化，都有不同程度的影响，主要是提高钢的耐回火性，有些合金元素还产生二次硬化现象、导致钢的回火脆性。

1. 提高钢的耐回火性（回火稳定性）

合金钢与非合金钢相比，回火的各个转变过程都将推迟到更高的温度。在相同的回火温度下，合金钢的硬度高于非合金钢，使钢在较高温度下回火时仍能保持高硬度，这种淬火钢件在回火时抵抗软化的能力，称为耐回火性（或回火稳定性）。合金钢都有较好的耐回火性。若在相同硬度下，合金钢的回火温度则要高于非合金钢的回火温度，更有利于消除内应力，提高韧性，因此，可获得更好的综合力学性能。合金钢和非合金钢的硬度与回火温度的关系如图 7-1 所示。

2. 产生二次硬化

某些含有较多 W、Mo、V、Cr、Ti 元素的合金钢，经高温奥氏体充分均匀化并淬火

后，在 500～600℃高温回火时，高硬度的特殊碳化物（W_2C、Mo_2C、VC、Cr_7C_3、TiC 等）以弥散的小颗粒状态析出，使钢的硬度回升，这些铁碳合金在一次或多次回火后提高其硬度的现象称为二次硬化，钼元素对钢回火硬度的影响如图 7-2 所示。高速工具钢和高铬钢在回火时都会产生二次硬化现象，对于提高它们的红硬性具有直接影响。因此，二次硬化现象对需要较高红硬性的工具钢（如高速钢）具有重要意义。

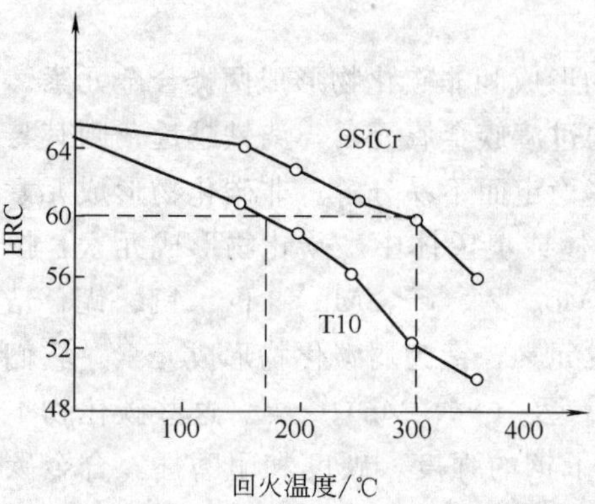

图 7-1　合金钢和非合金钢硬度与回火温度的关系

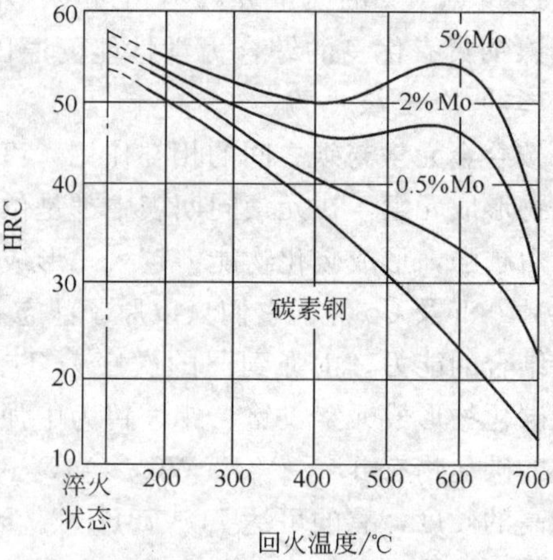

图 7-2　钼元素对钢回火硬度的影响（$w_C=0.35\%$）

合金钢的力学性能比非合金钢好得多，主要是因为合金元素提高了钢的淬透性和耐回火性，并且可以细化奥氏体晶粒，还能够使铁素体固溶强化效果增强，而且合金元素的作用大多要通过热处理才能发挥出来，因此，合金钢大多数是在热处理状态下使用的。

第二节　低合金钢和合金钢的分类与牌号

一、低合金钢和合金钢的分类

（一）低合金钢的分类

低合金钢按其主要质量等级和主要性能或使用特性分类。

1. 从主要性能与使用特性方面分类

低合金钢从主要性能与使用特性方面分类，可分为可焊接的低合金强度结构钢、低合金耐候钢、低合金钢筋钢、铁道用低合金钢、矿用低合金钢和其他低合金钢。

2. 从主要质量等级方面分类

低合金钢按主要质量等级方面可分为普通质量低合金钢、优质低合金钢和特殊质量低合金钢。

（1）普通质量低合金钢　是指不规定在生产过程中需要特别控制质量要求的供作一般用途的低合金钢。

普通质量低合金钢主要包括：一般用途低合金结构钢（$\sigma_s \leqslant 360MPa$）；低合金钢筋钢；铁道用一般低合金钢，如低合金轻轨钢、矿用一般低合金钢（调质处理的钢号除外）。

（2）优质低合金钢　是指除普通质量低合金钢和特殊质量低合金钢以外的低合金钢。在生产过程中需要特别控制质量（如降低硫、磷含量，控制晶粒度，改善表面质量，增加工艺控制等)，以达到比普通质量低合金钢特殊的质量要求，如良好的抗脆断性能和良好的冷成形性等，但这种钢的生产控制和质量要求不如特殊质量低合金钢严格。

优质低合金钢主要包括：可焊接的低合金高强度钢；锅炉和压力容器用低合金钢；造船用低合金钢；汽车用低合金钢；桥梁用低合金钢；自行车用低合金钢；低合金耐候钢；铁道用低合金钢，如低合金钢轨钢、异型钢；矿用低合金钢；输油、输气管线用低合金钢。

(3) 特殊质量低合金钢　是指在生产过程中需要特别严格控制质量和性能（特别是严格控制硫、磷等杂质含量和纯洁度）的低合金钢。

特殊质量低合金钢主要包括：核能用低合金钢；保证厚度方向性能低合金钢；铁道用特殊低合金钢，如车轮用低合金钢；低温用低合金钢；舰船、兵器等专用特殊低合金钢。

(二) 合金钢的分类

1. 按主要性能与使用特性分类

合金钢按主要性能与使用特性分类，可分为工程结构用合金钢（如一般工程结构用合金钢、合金钢筋钢、高锰耐磨钢等)；机械结构用合金钢（如调质处理合金结构钢、表面硬化合金结构钢、合金弹簧钢等)；不锈、耐蚀和耐热钢（如不锈钢、高速抗氧化钢和热强钢等)；工具钢（如合金工具钢、高速工具钢)；轴承钢（如高碳铬轴承钢、不锈轴承钢等)；特殊物理性能钢（如软磁钢、永磁钢、无磁钢等)；其他如铁道用合金钢等。

2. 从主要质量等级方面分类

合金钢从主要质量等级方面可分为优质合金钢和特殊质量合金钢。

(1) 优质合金钢　是指在生产过程中需要特别控制质量和性能，但其生产控制和质量要求不如特殊质量合金钢严格的合金钢。

优质合金钢主要包括：一般工程结构用合金钢；合金钢筋钢；不规定磁导率的电工用硅（铝）钢；铁道用合金钢；地质、石油钻探用合金钢；耐磨钢和硅锰弹簧钢。

(2) 特殊质量合金钢　是指在生产过程中需要特别严格控制质量和性能的合金钢。除优质合金钢以外的所有其他合金钢都为特殊质量合金钢。

特殊质量合金钢主要包括：压力容器用合金钢；经热处理的合金钢筋钢；经热处理的地质、石油钻探用合金钢；合金结构钢；合金弹簧钢；不锈钢；耐热钢；合金工具钢；高速工具钢；轴承钢；高电阻电热钢和合金；无磁钢；永磁钢。

二、低合金钢和合金钢的牌号

(一) 低合金高强度结构钢的牌号

低合金高强度结构钢的牌号由代表屈服点的汉语拼音首位字母、屈服点数值、质量等级符号（A、B、C、D、E)、脱氧方法符号（F、b、Z和TZ，其中Z和TZ可省略）四个部分按顺序组成。例如，Q390A表示屈服点$\sigma_s \geqslant 390$MPa，质量为A级的低合金高强度结构钢。

(二) 合金钢（含部分低合金结构钢）的牌号

从我国合金钢的牌号规范来看，合金钢的牌号大多是按照合金钢中碳的质量分数及所含合金元素的种类（元素符号）及其质量分数来编制的。一般牌号的首部是表示它平均碳的质量分数的数字。对于结构钢，数字表示它平均碳的质量分数的万分之几；对于工具钢，数字表示它平均碳的质量分数的千分之几。当钢中某合金元素（Me）的平均质量分数$w_{Me}<1.5\%$时，牌号中只标出元素符号，不标明含量；当$1.5\% \leqslant w_{Me} < 2.5\%$时，在该元素后面相应地用整数2，表示它的平均质量分数，依此类推。

1. 合金结构钢的牌号原则

合金结构钢的牌号原则是采用“两位数字＋元素符号＋数字”的方法。如 60Si2Mn 表示平均 $w_C=0.60\%$、$w_{Si}=2\%$、$w_{Mn}<1.5\%$的合金结构钢；09Mn2 表示平均 $w_C=0.09\%$、$w_{Mn}=2\%$的合金结构钢。钢中钒、钛、铝、硼、稀土等合金元素，虽然含量很低，但仍应在钢中标出，如 40MnVB、25MnTiBRE 等。

2. 合金工具钢的牌号原则

合金工具钢的牌号原则是采用“一位数字＋元素符号＋数字”的方法。当钢中 $w_C<1.0\%$时，牌号前数字以千分之几（一位数）表示；当钢中 $w_C\geqslant1.0\%$时，为了避免与合金结构钢相混淆，牌号前不标数字。如 9Mn2V 表示平均 $w_C=0.9\%$、$w_{Mn}=2\%$、$w_V<1.5\%$的合金工具钢；CrWMn 表示钢中平均 $w_C\geqslant1.0\%$、$w_{Cr}<1.5\%$、$w_W<1.5\%$、$w_{Mn}<1.5\%$的合金工具钢。高速工具钢牌号不标出碳的质量分数值，如 W18Cr4V。

3. 滚动轴承钢的牌号原则

滚动轴承钢牌号前面冠以汉语拼音字母 G，其后为铬元素符号 Cr，铬的质量分数以千分之几表示，其余合金元素与合金结构钢牌号规定相同。如 GCr15SiMn 钢，表示平均 $w_C=0.95\%\sim1.05\%$，$w_{Cr}=1.3\%\sim1.65\%$，$w_{Si}=1.0\%$左右，$w_{Mn}=1.0\%$左右。

4. 不锈钢和耐热钢的牌号原则

不锈钢和耐热钢的牌号表示方法与合金工具钢基本相同，也采用“一位数字＋元素符号＋数字”的方法，只是 $w_C\leqslant0.08\%$及 $w_C\leqslant0.03\%$时，在牌号前分别冠以“0”及“00”，如 0Cr21Ni5Ti、00Cr30Mo2 等。

典型实例 7

汽车半轴零件材料为 40Cr，代表使用的材料为平均含碳量为 0.4%，含铬量<1.5%的合金结构钢；

汽车齿轮零件材料为 20CrMnTi，代表使用的材料为平均含碳量 0.2%，含铬、锰、钛量均<1.5%的合金结构钢；

常用的不锈钢饭盒材料为 1Cr17，代表使用的材料为平均含碳量为 0.1%，含铬量在 16.5%～17.5%的不锈钢。

第三节 低合金钢

低合金钢是一类可焊接的低碳低合金结构用钢，大多在热轧或正火状态下使用。

一、低合金高强度结构钢

在低碳钢的基础上加入少量的合金元素便形成了低合金高强度结构钢。钢中的碳的质量分数 $w_C\leqslant0.2\%$，常加入的合金元素有锰、硅、钒、钛、铌等，其合金元素总含量质量分数 $w_{Me}<3\%$。

钢中因低碳而获得良好的塑性、焊接性和冷变形能力。合金元素硅、锰主要溶于铁素体中，起固溶强化作用。钛、铌、钒等在钢中形成细小碳化物，起细化晶粒和弥散强化作用，从而提高钢的强韧性。此外，合金元素能降低钢的共析含碳量，与相同含碳量的非合金钢相比，低合金高强度结构钢组织中珠光体较多，且晶粒细小，故可提高钢的强度。

低合金高强度结构钢大多在热轧、正火状态下使用。也有在淬火＋回火状态下使用的。

它与相同碳含量的非合金钢相比具有较高的强度、韧性、耐腐蚀性及良好的焊接性，而且价格与非合金钢接近。

已纳入国家标准的常用低合金高强度结构钢有五个级别。其牌号、化学成分及力学性能见表 7-1、表 7-2。

表 7-1　低合金高强度结构钢牌号和化学成分（摘自 GB/T 1519—94）

牌号	质量等级	化学成分										
		$w_C \times 100$ ≤	$w_{Mn} \times 100$	$w_{Si} \times 100$ ≤	$w_P \times 100$ ≤	$w_S \times 100$ ≤	$w_V \times 100$	$w_{Nb} \times 100$	$w_{Ti} \times 100$	$w_{Al} \times 100$ ≥	$w_{Cr} \times 100$ ≤	$w_{Ni} \times 100$ ≤
Q295	A	0.16	0.80～1.50	0.55	0.045	0.045	0.02～0.15	0.015～0.06	0.02～0.20	—		
	B	0.16	0.80～1.50	0.55	0.040	0.040	0.02～0.15	0.015～0.060	0.02～0.20	—		
Q345	A	0.20	1.00～1.60	0.55	0.045	0.045	0.02～0.15	0.015～0.060	0.02～0.20	—		
	B	0.20	1.00～1.60	0.55	0.040	0.040	0.02～0.15	0.015～0.060	0.02～0.20	—		
	C	0.20	1.00～1.60	0.55	0.035	0.035	0.02～0.15	0.015～0.060	0.02～0.20	0.015		
	D	0.18	1.00～1.60	0.55	0.030	0.030	0.02～0.15	0.015～0.060	0.02～0.20	0.015		
	E	0.18	1.00～1.60	0.55	0.025	0.025	0.02～0.15	0.015～0.060	0.02～0.20	0.015		
Q390	A	0.20	1.00～1.60	0.55	0.045	0.045	0.02～0.20	0.015～0.060	0.02～0.20	—	0.30	0.70
	B	0.20	1.00～1.60	0.55	0.040	0.040	0.02～0.02	0.015～0.060	0.02～0.20	—	0.30	0.70
	C	0.20	1.00～1.60	0.55	0.035	0.035	0.02～0.20	0.015～0.060	0.02～0.20	0.015	0.30	0.70
	D	0.20	1.00～1.60	0.55	0.030	0.030	0.02～0.20	0.015～0.060	0.02～0.20	0.015	0.30	0.70
	E	0.20	1.00～1.60	0.55	0.025	0.025	0.02～0.20	0.015～0.060	0.02～0.20	0.015	0.30	0.70
Q420	A	0.20	1.00～1.70	0.55	0.045	0.045	0.02～0.20	0.015～0.060	0.02～0.20	—	0.40	0.70
	B	0.20	1.00～1.70	0.55	0.040	0.040	0.02～0.02	0.015～0.060	0.02～0.20	—	0.40	0.70
	C	0.20	1.00～1.70	0.55	0.035	0.035	0.02～0.20	0.015～0.060	0.02～0.20	0.015	0.40	0.70
	D	0.20	1.00～1.70	0.55	0.030	0.030	0.02～0.20	0.015～0.060	0.02～0.20	0.015	0.40	0.70
	E	0.20	1.00～1.70	0.55	0.025	0.025	0.02～0.20	0.015～0.060	0.02～0.20	0.015	0.40	0.70
Q460	C	0.20	1.00～1.70	0.55	0.035	0.035	0.02～0.20	0.015～0.060	0.02～0.20	0.015	0.70	0.70
	D	0.20	1.00～1.70	0.55	0.030	0.030	0.02～0.20	0.015～0.060	0.02～0.20	0.015	0.70	0.70
	E	0.20	1.00～1.70	0.55	0.025	0.025	0.02～0.20	0.015～0.060	0.02～0.20	0.015	0.70	0.70

低合金高强度结构钢因有较高的强度，故可大幅度减轻结构重量，节约钢材，推广使用在经济上具有重要意义。特别在制造桥梁、车辆、船舶、高压容器、石油化工设备、建筑钢筋等应用更为广泛。其中 Q345（16Mn）钢应用最为广泛。我国南京长江大桥、内燃机车车体、万吨巨轮及压力容器等都采用 Q345 钢制造。

二、低合金耐候钢

耐候钢是指耐大气腐蚀钢，它是在低碳非合金钢的基础上加入少量铜、铬、钼等合金元素，使其在金属表面形成一层保护膜的钢材。为了进一步改善其性能，还可再加入微量的铌、钛、钒、锆等元素。我国目前使用的耐候钢分为焊接结构用耐候钢和高耐候性结构钢两大类。第一类，如 12MnCuCr 适用于桥梁、建筑及其他要求耐候性的钢结构；第二类，如 09CuPCrNi-A 适用于机车车辆、建筑、塔架和其他要求高耐候性的钢结构。

表 7-2　低合金高强度结构钢的力学性能（摘自 GB/T 1519—94）

牌号	质量等级	屈服点 σ_s/MPa 厚度(直径、边长)/mm ≤16	>16～35	>35～50	>50～100	抗拉强度 σ_b/MPa	伸长率 $\delta_5\times100$	冲击吸收功 A_{KV}(纵向)/J +20℃	0℃	-20℃	-40℃	180°弯曲试验 d=弯心直径；a=试样厚度(直径) 钢材厚度(直径)/mm ≤16	>16～100
		不小于					不小于						
Q295	A	295	275	255	235	390～570	23					$d=2a$	$d=3a$
	B	295	275	255	235	390～570	23	34				$d=2a$	$d=3a$
Q345	A	345	325	295	275	470～630	21					$d=2a$	$d=3a$
	B	345	325	295	275	470～630	21	34				$d=2a$	$d=3a$
	C	345	325	295	275	470～630	22		34			$d=2a$	$d=3a$
	D	345	325	295	275	470～630	22			34		$d=2a$	$d=3a$
	E	345	325	295	275	470～630	22				27	$d=2a$	$d=3a$
Q390	A	390	370	350	330	490～650	19					$d=2a$	$d=3a$
	B	390	370	350	330	490～650	19	34				$d=2a$	$d=3a$
	C	390	370	350	330	490～650	20		34			$d=2a$	$d=3a$
	D	390	370	350	330	490～650	20			34		$d=2a$	$d=3a$
	E	390	370	350	330	490～650	20				27	$d=2a$	$d=3a$
Q420	A	420	400	380	360	520～680	18					$d=2a$	$d=3a$
	B	420	400	380	360	520～680	18	34				$d=2a$	$d=3a$
	C	420	400	380	360	520～680	18		34			$d=2a$	$d=3a$
	D	420	400	380	360	520～680	18			34		$d=2a$	$d=3a$
	E	420	400	380	360	520～680	18				27	$d=2a$	$d=3a$
Q460	C	460	440	420	400	550～720	17		34			$d=2a$	$d=3a$
	D	460	440	420	400	550～720	17			34		$d=2a$	$d=3a$
	E	460	440	420	400	550～720	17				27	$d=2a$	$d=3a$

三、低合金专业用钢

为了适应某些专业的特殊需要，对低合金高强度结构钢的成分、加工工艺及性能作相应的调整和补充，从而发展了门类众多的低合金专业用钢。如锅炉、压力容器、船舶、桥梁、汽车、铁道、自行车、矿山、建筑钢筋等，其中部分低合金专用钢已纳入国家标准。

1. 汽车用低合金钢

汽车用低合金钢主要用于制造汽车大梁、托架及车壳等结构件，如 09MnREL、06TiL、08TiL、16MnL、16MnVNL、16MnREL 等。

2. 低合金钢筋钢

低合金钢筋钢主要用于建筑使用的钢筋结构，如 20MnSi、20MnTi、20MnSiV、25MnSi 等。

3. 铁道用低合金钢

铁道用低合金钢主要用于重轨、轻轨和异型钢，如 U71Cu、U71Mn、U71MnSi、U71MnSiCu、45SiMnP、50SiMnP、09CuPRE、09V 等。

4. 矿用低合金钢

矿用低合金钢主要用于矿用结构件，如 20MnK、20MnVK、25MnK、25MnVK 等。

第四节 合 金 钢

一、工程结构用合金钢

工程结构用合金钢主要用于制造工程结构，如建筑工程钢筋结构、压力容器、承受冲击的耐磨铸钢件等。按其用途又可分为一般工程用合金钢、压力容器用合金钢、合金钢筋钢、地质石油探用钢、高锰耐磨钢等。下面介绍高锰耐磨钢的化学成分、热处理特点和用途。

对于工作时承受很大压力、强烈冲击和严重磨损的机械零件，目前工业中多采用高锰耐磨钢来制造。典型的高锰耐磨钢牌号是ZGMn13，其碳的质量分数为1.0%～1.3%，锰的质量分数为11%～14%。碳的含量较高可以提高耐磨性，锰的含量很高可以保证热处理后得到单相奥氏体。因为高锰耐磨钢极易冷变形强化，使切削加工困难，故基本上是铸造成形后使用。

ZGMn13铸态组织为奥氏体和网状碳化物，脆性大又不耐磨，故不能直接使用。必须将钢加热到1000～1100℃，保温一段时间，使碳化物全部溶解到奥氏体中，然后在水中激冷，防止碳化物析出，从而获得均匀的、单一的过饱和单相奥氏体组织（因锰是扩大γ相区的元素），这种处理方法称为水韧处理。水韧处理后高锰耐磨钢的韧性与塑性好、硬度低(180～220HBS)，它在较大的压应力或冲击力的作用下，由于表面层的塑性变形，会迅速产生冷变形强化，同时伴随有马氏体转变，使表面硬度急剧提高到52～56HRC。高锰耐磨钢的耐磨性在高压应力作用下表现极好，比非合金钢高十几倍，但是在低压应力的作用下其耐磨性较差。同时，高锰耐磨钢在使用过程中其基体仍具有良好的韧性。当表面磨损后，新露出的表面又可在冲击和磨损条件下获得新的硬化层。因此，这种钢具有很高的耐磨性和抗冲击能力。

高锰耐磨钢不易切削加工，但耐磨铸造性能好，可铸成复杂形状的铸件，故其一般是铸造后经热处理后使用。高锰耐磨钢常用于制造坦克和拖拉机履带板、球磨机衬板、挖掘机铲齿、破碎机牙板、铁路道岔等。常用的高锰耐磨钢牌号有ZGMn13-1、ZGMn13-2、ZGMn13-3和ZGMn13-4等。其中1、2、3、4表示品种代号，适用范围分别是低冲击件、普通件、复杂件和高冲击件。

二、机械结构用合金钢

机械结构用合金钢主要用于制造机械零件，如轴、连杆、齿轮、弹簧、轴承等，都属于特殊质量等级，一般需热处理，以发挥材料的力学性能潜力。按其用途和热处理特点，又分为合金渗碳钢、合金调质钢、合金弹簧钢和超高强度钢等。

（一）合金渗碳钢

合金渗碳钢主要用来制作性能要求较高或截面尺寸较大，且在承受较强烈的冲击作用和磨损条件下工作的渗碳零件。例如，一些零件齿轮、轴、活塞销等，往往要求表面具有高的硬度和耐磨性，心部具有较高的强度和足够的韧性，采用合金渗碳钢可以克服低碳钢渗碳后淬透性低和心部强度低的弱点。常用合金渗碳钢的热处理规范、性能及用途见表7-3。

各种合金渗碳钢的热处理工艺规范与性能虽有不同，但其加工工艺过程却基本相同，即：下料→锻造→预备热处理→机械加工→渗碳→机械加工→淬火、回火→（磨削）。

表 7-3　常用合金渗碳钢的热处理规范、性能及用途

牌号	渗透温度/℃	热处理			力学性能					毛坯尺寸/mm	用途举例
		预备处理温度/℃	淬火温度/℃	回火温度/℃	σ_b/MPa	σ_s/MPa	δ_5/%	ψ/%	A_K/J		
20Cr	910～950	880 水或油冷	770～820 水或油冷	180～200	800	600	10	40	40	15	齿轮、小轴、活塞销
20CrMnTi		880 油冷	800～820 油冷	200	1 100	850	10	45	56	15	汽车、拖拉机上各式各样种变速齿轮、传动件
20CrMnMo			850 油冷	200	1 200	900	10	45	72	15	拖拉机主动齿轮、活塞销、球头销
20MnVB			860 油冷	200	1 100	900	9	45	56	15	可代 20MnTi 钢作齿轮及其他渗碳零件
12CrNi3A		860 油冷	820 油冷	180	1 200	1 000	10	50	72	<30	内燃机车大型螺旋伞齿轮、主动齿轮、轴类零件

锻件毛坯预备热处理的目的，是为了改善毛坯锻造后的不良组织，消除锻造内应力，并改善其切削加工性。

（二）合金调质钢

合金调质钢主要用来制造一些重要零件，如机床的主轴、汽车底盘的半轴、柴油机连杆螺栓等。零件均在多种载荷下工作，承受载荷情况复杂，因此，既要求零件具有良好的综合力学性能，又要有较高的韧性。合金调质钢是在中碳钢（30、35、40、45、50）的基础上加入一种或数种合金元素，以提高淬透性和耐回火性，使之在调质处理后具有良好的综合力学性能的钢。常加入的合金元素有 Mn、Si、Cr、B、Mo 等，它们的作用主要是提高钢的强度和韧性，增加钢的淬透性，常用来制造负荷较大的重要零件，如发动机轴、连杆及传动齿轮等。常用合金调质钢的热处理、力学性能及用途见表 7-4。

要求很高的表面硬度、耐磨性和疲劳强度的零件，可采用氮化钢 38CrMoAlA，其热处理工艺是调质和氮化处理。

各种合金调质钢的热处理工艺规范与性能虽有所不同，但其加工工艺过程却大致相同，即：下料→锻造→预备热处理→粗加工→调质→半精加工→表面淬火或氮化→精加工。

预备热处理的目的，主要是为了改善锻造组织、细化晶粒、消除内应力，有利于切削加工，并为随后的调质处理作好组织准备。对于含合金元素少的调质钢（如 40Cr）一般可用正火；对于含合金元素多的合金钢，则应采用退火。

对要求硬度较低的调质零件，可采用“毛坯→调质→机加工”的工艺路线。这样，一方面可减少零件在机加工与热处理车间的往返；另一方面有利于推广锻热淬火（高温形变热处理），即在锻造时控制锻造温度，利用锻后高温余热进行淬火，既简化工序，节约能源，降低成本，又可提高钢的强韧性。

（三）合金弹簧钢

合金弹簧钢主要用于制造各种弹性元件，如在汽车、拖拉机、坦克、机车车辆上制作减

表 7-4 常用合金调质钢的热处理、力学性能及用途

牌号	试样毛坯尺寸/mm	热处理		力学性能					用途举例
		淬火温度/℃	回火温度/℃	σ_b/MPa	σ_s/MPa	δ_5/%	ψ/%	a_{AU}/J·cm^{-2}	
40B	25	840 水	550 水	800	650	12	45	70	齿轮转向拉杆、凸轮
40Cr	25	850 油	500 水，油	1 000	800	9	45	60	齿轮、套筒、轴、进气阀
40MnB	25	850 油	500 水，油	1 000	800	10	45	60	汽车上转向轴、半轴、蜗杆
40CrNi	25	820 油	500 水，油	1 000	800	10	45	70	重型机械齿轮、轴、燃汽轮机叶片、转子和轴
35CrMo	25	850 油	550 水，油	1 000	850	12	45	80	内燃机车大型螺旋伞齿轮、主动齿轮、轴类零件
37CrNi3	25	820 油	500 水，油	1 150	1 000	10	50	60	大截面重要的轴、曲轴、凹模
40CrNiMoA	25	850 油	600 水，油	1 000	850	12	55	100	卧式锻造机传动偏心轴、锻压机曲轴
40CrMnMo	25	850 油	600 水，油	1 000	800	10	45	80	重载荷轴、齿轮、连杆

振板簧和螺旋板簧、钟表的发条等。弹簧是各种机械和仪表中的重要零件，它主要利用其弹性变形时所储存的能量缓和机械设备的振动和冲击作用。中碳钢（如 55 钢）和高碳钢（如 65 钢、70 钢等）都可以作弹簧材料，但因其淬透性差，强度低，只能用来制造截面较小、受力较小的弹簧。而合金弹簧钢则可制造截面较大、屈服点较高的重要弹簧，合金弹簧钢中加入的合金元素主要是 Mn、Si、Cr、V、Mo、W、B 等。它们的作用是提高淬透性和耐回火性，强化铁素体，细化晶粒，有效地改善力学性能。常用弹簧的热处理一般根据加工工艺的不同可分为如下两种。

1. 冷成形加工弹簧

该方法适用于加工小型弹簧（$d<10$mm），成形后只需在 250～300℃进行去应力退火，以消除成形时产生的应力，稳定尺寸。

2. 热成形加工弹簧

该方法适用于加工大型弹簧，热成形后进行淬火和中温回火，以便提高弹性极限和屈服点，如汽车板弹簧、火车缓冲弹簧等多用 60Si2Mn 来制造。

热成形弹簧的加工工艺过程是：下料→加热→卷簧成形→淬火→中温回火→试验→验收。

弹簧的表面质量对弹簧的使用寿命影响很大。表面氧化、脱碳、划伤和裂纹等缺陷都会使疲劳极限显著下降，应尽量避免。喷丸处理是改善弹簧表面质量的有效方法，它是将直径 0.3～0.5mm 的铁丸或玻璃珠高速喷射在弹簧表面，使表面产生塑性变形而造成残余压应力，从而提高弹簧的疲劳寿命。常用合金弹簧钢的牌号和性能见表 7-5。

表 7-5 常用合金弹簧钢的牌号和性能

牌号	热处理			力学性能				
	淬火温度/℃	淬火介质	回火温度/℃	σ_b /MPa	σ_s /MPa	δ_5/%	δ_{10}/%	ψ/%
55Si2Mn	870	油	460	1 300	1 200	—	6	30
60Si2Mn	870	油	460	1 300	1 200	—	5	25
50CrVA	850	油	520	1 300	1 100	10	—	45
50CrMn	840	油	490	1 300	1 100	—	5	35
55SiMnMoV	880	油	550	1 400	1 300	—	7	35
30W4CrVA	1050	油	600	1 500	1 350	—	7	40

（四）超高强度钢

超高强度钢一般是指 σ_s>1 380MPa、σ_b>1 500MPa 的特殊质量结构钢。它是在合金调质钢的基础上，加入多种合金元素进行复合强化产生的，主要用于航空和航天工业，如 35Si2MnMoVA 钢的抗拉强度可达 1 700MPa，用于制造飞机的起落架、框架、发动机曲轴等；40SiMnCrWMoRE 钢工作在 300～500℃时仍能保持高强度、抗氧化性和抗热疲劳性，用于制造超音速飞机的机体构件。

三、滚动轴承钢

主加合金元素为铬的轴承钢称为滚动轴承钢。滚动轴承钢主要用于制造滚动轴承的滚动体和内圈、外圈，在量具、模具、低合金刃具等方面也被广泛应用，这些零件要求具有高和均匀的硬度、良好的耐磨性、高的耐压强度和疲劳强度等性能。滚动轴承钢碳的质量分数较高（0.95%～1.15%），钢中铬的加入量为 0.4%～1.65%，目的在于增加钢的淬透性，并使碳化物呈均匀而细密地分布，提高耐磨性。对于大型轴承用钢，还加入 Si、Mn 等合金元素进一步提高淬透性。最常用的滚动轴承钢是 GCr15。

滚动轴承钢的热处理主要是锻造后进行球化退火，制成零件后进行淬火和低温回火，得到回火马氏体及碳化物组织，硬度大于或等于 62HRC。常用滚动轴承钢的成分、热处理及用途见表 7-6。

表 7-6 常用滚动轴承钢的成分、热处理及用途

牌号	化学成分/%					热处理			应用范围
	w_C	w_{Cr}	w_{Mn}	w_{Si}	w_V	淬火温度/℃	回火温度/℃	回火后硬度/HRC	
GCr9	1.0～1.2	0.9～1.2	0.2～0.4	0.15～0.35		810～830	150～170	62～66	10～20mm 的滚珠
GCr15	0.95～1.05	1.3～1.65	0.2～0.4	0.15～0.35		825～845	150～170	62～66	壁厚≤20mm 中小型套圈，ϕ<50mm 的滚珠
GCr15SiMn	0.95～1.05	1.3～1.65	0.9～1.2	0.4～0.65		820～840	150～180	≥62	壁厚>30mm 中大型套圈，ϕ<100mm 的滚珠
GSiMnV	0.95～1.10		1.3～1.8	0.55～0.8	0.2～0.3	780～810	150～170	≥62	可代替 GCr15 钢

典型实例 8

1. 汽车变速齿轮采用 20CrMnTi 钢或 20MnVB 钢。它们是合金渗碳钢，平均含碳量在 0.20%，为低碳钢，保证心部有足够的塑形和韧性。加入合金元素铬、镍、锰、硅、硼是为了提高钢因长时间渗碳而造成晶粒粗大。此类钢经渗碳＋淬火＋低温＋回火后，获得“外硬内韧”的性能，表层的高硬度使零件具有高耐磨性，心部的高韧性、高强度使零件具有高的承受载荷又能承受冲击的作用，满足受冲齿轮类零件的工作要求。

2. 机床主轴、汽车半轴采用 40Cr 或 40CrB。它们是合金调质钢，平均含碳量为 0.40%，保证有较好的综合力学性能。加入合金元素铬、镍、锰、硅、硼是为了提高钢的淬透性，使零件在热处理后，表层和心部均得到强化，加入钒、钛等合金元素是为了细化晶粒。此类钢经调质（淬火＋高温回火）后，获得良好的综合力学性能，既能承受重载荷，又能承受冲击的作用，满足受重载荷轴类零件的工作要求。

3. 汽车板弹簧采用 55Si2Mn 或 60Si2Mn。他们是合金弹簧钢，平均含碳量为 0.55%、0.6%，保证塑韧性和疲劳强度不会降低。加入合金元素硅、锰是为了提高钢的淬透性，同时也提高钢的弹性极限。加入铬、钒、钨等合金元素是为了细化晶粒。此类钢进过淬火＋中温回火，获得良好的弹性，满足弹簧类零件的工作要求。

4. 中小型滚动轴承采用 GCr9 或 GCr15。他们是滚动轴承钢，含碳量为 0.95%～1.05%，保证有高的硬度和耐磨性。加入合金元素铬是为了提高钢的淬透性，以及形成合金渗碳体，提高硬度和耐磨性，足够的韧性和一定的耐腐蚀性，满足轴承类零件的工作要求。

四、合金工具钢与高速钢

我国生产的合金工具钢与高速钢的牌号很多，由于加入的合金元素种类、数量和碳的质量分数的不同，各种钢的性能、用途各有其特点，合金工具钢与高速钢的质量等级都属于特殊质量等级。常用合金工具钢与高速钢的主要特点如下。

（一）制作冷作模具、量具及刃具用的合金工具钢

这类钢主要用于制造金属切削刀具（刃具）、量具和冷冲模。这些工具的用途不同，所要求的性能也有差异，但以下几点主要性能是相近的。

① 高的硬度（大多数大于或等于 60HRC）和耐磨性，由于钢淬火后的硬度主要取决于钢中碳的含量，因此这类钢中的碳的含量都较高。

② 足够的强度（尤其是尺寸小的刀具和冲模）及韧性，以承受冲击等复杂应力的作用，避免脆性断裂。

③ 形状复杂和淬火后不再加工的工具，要求淬火变形小。

因此，这类合金工具钢化学成分的特点是一般碳的质量分数较高，以保证淬火得到高硬度；主要加入碳化物形成元素，除提高淬透性和耐回火性外，还能形成合金渗碳体或特殊碳化物，提高钢的耐磨性。

由于这几种钢中合金元素加入量不多，其红硬性只比碳素工具钢稍高些，一般仅能在 250℃以下保持高硬度和耐磨性。对于主要用来制造一些形状复杂、要求淬火变形小的低速切削工具、冷冲模、量具和耐磨零件，最常用的合金工具钢是 9CrSi、CrWMn 和 9Mn2V 等。常用低合金工具钢的牌号、化学成分、热处理和用途见表 7-7。

表 7-7 常用低合金工具钢的牌号、化学成分、热处理和用途

牌号	化学成分/%					淬火			回火		用途举例
	w_C	w_{Mn}	w_{Si}	w_{Cr}	其他	温度/℃	介质	HRC	温度/℃	HRC	
9SiCr	0.85～0.95	0.3～0.6	1.2～1.6	0.95～1.25		860～880	油	≥62	180～200	60～62	板牙、丝锥、铰刀、冷冲模、冷轧辊等
CrWMn	0.9～1.05	0.8～1.1	0.15～0.35	0.9～1.2	1.2～1.6W	820～840	油	≥62	140～160	62～65	用作淬火变形小的刀具，如长铰刀、丝锥、拉刀、冷冲模具等
CrMn	1.3～1.5	0.45～0.75	≤0.35	1.3～1.6		840～860	油	≥62	130～140	62～65	切削工具如拉刀、长丝锥等，以及各种量规与块规
9Mn2V	0.85～0.95	1.7～2.0	≤0.35		0.01～0.25V	780～820	油	≥62	150～200	60～62	冷加工模具，各种变形小的量规、样板、丝锥、板牙、铰刀、磨床主轴、机床丝杆等
CrW5	1.25～1.5	≤0.3	≤0.3	0.4～0.7	4.5～5.5W	800～820	油	≥65	150～160	64～65	低速切削金属用的刀具，如铣刀、车刀、刨刀、冷挤模等

用上述几种合金工具钢制造工模具，常用的热处理工艺是锻造后进行球化退火，加工成工模具后进行淬火，淬火冷却介质一般用油或盐浴进行马氏体分级淬火或贝氏体等温淬火，淬火后再进行低温回火。

对于尺寸大或要求耐磨性很高、淬火变形小的工模具，采用 Cr12 型高铬合金工具钢。常用的 Cr12 型高铬合金工具钢牌号与化学成分见表 7-8。

表 7-8 常用的 Cr12 型高铬合金工具钢牌号与化学成分

牌号	主要化学成分/%				
	w_C	w_{Cr}	w_W	w_{Mo}	w_V
Cr12	2.00～2.30	11.50～13.00	—	—	—
Cr12MoV	1.45～1.70	11.00～12.50	—	0.40～0.60	0.15～0.30

Cr12 型钢因为碳和铬的质量分数高，在钢中形成大量高硬度的碳化物（Cr_7C_3）。淬火后其显微组织除马氏体外，还有较多的碳化物存在，故 Cr12 型钢热处理后的硬度与耐磨性比碳素工具钢和低合金工具钢高。Cr12 型钢锻造后也应进行球化退火，制成工模具后一般进行淬火及低温回火，但淬火温度较碳素工具钢和低合金工具钢高（约为 1 000℃左右）。

典型实例 9

丝锥、板牙、铰刀采用 9SiCr 钢。它是低合金刃具钢，平均含碳量为 0.90%，以保证钢的高硬度高耐磨性。加入合金元素铬、硅是为了提高钢的淬透性和回火稳定性。此类钢经淬火+低温回火后，可获得高硬度和高耐磨性的组织，在 200～300℃时，钢的硬度达 60HRC 以上，满足低速切削刀具的工作要求。

（二）制作热作模具用的合金工具钢

热作模具的种类很多，一类是热变形模具，它是使金属在热态下通过塑性变形成型；另一类是压铸模，是在高压下将液态金属压入其中而获得铸件。这些模具的共同点是模具与高

温金属周期性地接触，反复受热和冷却，并受到较强的磨损和冲击作用，因此，要求模具具有下列性能。

① 良好的高温力学性能，即在高温下能保持高的强度、韧性和足够的耐磨性。

② 导热性好，能使模具型腔的热量尽快散失，使温度下降。

③ 耐热疲劳性好。热疲劳是指在模具反复受热和冷却条件下，引起模型型腔表面产生网状裂纹的现象。

④ 淬透性好（尤其是大型模具）。淬透性好可以使模具整个截面性能均匀。

由于各种热作模具的工作条件有差异，故不同模具对上述性能要求又各有侧重。为了满足上述性能要求，制作热作模具用的合金工具钢碳的质量分数一般较低，为 0.3%～0.6%。若碳的质量分数过高，钢的韧性和导热性会降低；若碳的质量分数过低，强度、硬度和耐磨性不足。根据各种热作模具性能要求的侧重不同，钢中需加入不同的合金元素。常用热作模具钢的牌号、成分和主要用途见表 7-9。

表 7-9　常用热作模具钢的牌号、成分和主要用途

牌号	化学成分/%								主要用途
	w_C	w_{Mn}	w_{Si}	w_{Cr}	w_W	w_V	w_{Mo}	其他	
5CrMnMo	0.50～0.60	1.20～1.60	0.25～0.60	0.60～0.90	—	—	0.15～0.30	—	中、小型锻模
5CrNiMo	0.50～0.60	0.50～0.80	≤0.40	0.50～0.80	—	—	0.15～0.30	1.40～1.80Ni	形状复杂负荷较重的大锻模
4Cr5W2SiV	0.32～0.42	≤0.40	0.80～1.20	4.45～5.50	1.60～2.40	0.60～1.00	—	—	锻模及高速锤锻模
3Cr2W8V	0.30～0.40	≤0.40	≤0.40	2.20～2.70	7.50～9.00	0.20～0.40	—	—	热挤压模、压铸模

5CrNiMo 和 5CrMnMo 是最常用的热作模具钢。5CrNiMo 由于 Cr、Ni、Mo 的加入，钢的淬透性好，能在 500℃保持高的强度和韧性，适于制造大型锻模。5CrMnMo 钢的淬透性和韧性不及 5CrNiMo 钢，适于制造中、小型锻模。

3Cr2W8V 钢因含较多的 W 元素，在钢中形成特殊碳化物，使钢具有更好的高温力学性能，此外，Cr、W 还能提高钢的临界点，使模具工作时不发生相变，从而提高耐热疲劳性。为了改善钢的导热性和韧性，碳的质量分数较低。3Cr2W8V 常用作热挤压模和压铸模。

热作模具要求的硬度比冷作模具低。例如，热锻模工作部分硬度通常为 33～47HRC（随锻模大小而不同）；压铸模通常为 40～48HRC。热处理常采用调质处理或淬火加中温回火，有些模具（如热挤模、压铸模）还采用氮化、碳氮共渗等化学热处理来提高耐磨性和使用寿命。

（三）高速钢（高速工具钢）

随着机械制造技术的不断发展，在切削加工中切削速度不断提高，以及被加工的高强度材料日益增多，切削时产生大量的热量，使刀刃受热温度升高，而且刀具还承受较大的切削力。这就要求刀具材料应具有更高的红硬性和强度。碳素工具钢和低合金工具钢已不能适应这样的要求。因此，在 20 世纪初就已开始研制和使用高速钢了，目前高速钢已成为切削刀具的主要材料。

1. 高速钢的主要性能和化学成分

高速钢的主要优点是经过热处理后，具有高的红硬性，能在600℃以下保持高的硬度和耐磨性，所制刀具的切削速度比一般工具钢高得多，高速钢的强度也比碳素工具钢和低合金工具钢约高30%～50%。此外，高速钢还具有很好的淬透性，在空气冷却的条件下也能淬硬。但高速钢的导热性差，在热加工时要特别注意。

高速钢碳的质量分数为0.7%～1.65%，并含有W、Mo、Cr、V、Co等贵重元素，合金元素总量大于10%，属高合金工具钢。其中W、Mo是提高耐回火性、红硬性及耐磨性的主要元素；V的作用是提高红硬性并能细化晶粒和提高耐磨性；Cr主要是提高淬透性，对提高红硬性也有一定作用；C的主要作用是保证与加入的合金元素形成碳化物，使淬火马氏体的碳的质量分数大于0.5%，以提高钢的硬度，并使各合金元素能充分发挥其作用，因此，高速钢应有足够的碳的质量分数。常用高速钢的牌号、化学成分、热处理规范见表7-10。

表7-10 常用高速钢的牌号、化学成分、热处理规范

牌号	化学成分/%						热处理温度/℃			回火后不小于/HRC
	w_C	w_W	w_{Mo}	w_{Cr}	w_V	其他	预热	淬火	回火	
W18Cr4V	0.70～0.80	17.5～19.0	≤0.30	3.80～4.40	1.00～1.40		820～870	1 270～1 285	550～570	63
W12Cr4V5Co5	1.50～1.60	11.75～13.0	≤1.00	3.75～5.00	4.50～5.25	4.75～5.25Co	820～870	1 220～1 240	530～550	65
W6Mo5Cr4V2	0.80～0.90	5.50～6.75	4.50～5.50	3.80～4.40	1.75～2.20		820～840	1 210～1 230	540～560	64
W9Mo3CoCr4VAl	0.77～0.87	8.50～9.50	2.70～3.30	3.80～4.40	1.30～2.20	0.80～1.20Al	820～870	1 230～1 240	540～560	65
W6Mo5Cr4V2Al	1.05～1.20	5.50～6.75	4.50～5.50	3.80～4.40	1.75～2.20	0.80～1.20Al	820～870	1 230～1 240	540～560	65

2. 高速钢的热处理

高速钢的铸造组织比较复杂，其中有共晶莱氏体，碳化物呈粗大的鱼骨状，不能用热处理来消除，必须通过多次锻造，将其击碎，使其呈小块状均匀分布，锻造后一般进行等温退火。

高速钢淬火时一般要经过预热，淬火温度高，一般为1 200～1 285℃。目的是使难溶的合金碳化物更多地溶解到奥氏体中去。淬火介质一般用油，也可用盐浴马氏体分级淬火，以减小变形。高速钢淬火组织为马氏体＋未溶合金碳化物＋残余奥氏体（25%～35%）。

高速钢淬火后一般要经550～570℃三次回火。如果淬火后先经冷处理，则回火一次即可。回火的目的是减少残余奥氏体数量。在回火过程中，残余奥氏体中析出碳和合金元素，形成特殊碳化物（如W_2C、VC等）并向回火马氏体转化，同时淬火马氏体也弥散析出细小碳化物，所以高速钢经三次回火后，钢产生二次硬化现象，使钢的硬度略有提高。

此外，高速钢刀具在淬火、回火后，再经气体软氮化、硫氮共渗、气相沉积TiC、TiN等工艺可进一步提高其使用寿命。高速钢主要用于制造各种切削刀具，也可用于制造某些重载冷作模具和结构件（如柴油机的喷油嘴）。但是，高速钢价格高，热加工工艺复杂，因此，应尽量节约使用。

典型实例10

切削速度较高的刀具（如车刀、铣刀、钻头等）和形状复杂、载荷较大的成型刀具（如齿轮铣刀、拉刀等），采用 W18Cr4V、W6Mo5Cr4V2 等钢。它们是高速钢，平均含碳量在 0.70%～1.4%为高碳钢，保证钢的高硬度高耐磨性。加入大量的合金元素钨、钼是为了提高钢的红硬性，铬主要提高钢的淬透性，钼能显著提高钢的硬度、耐磨性和红硬性，并细化晶粒。此类钢经淬火和多次回火后，获得高硬度和高耐磨性的组织，红硬性可达 600℃时，切削时能长期保持刃口锋利，满足较高速切削刀具的工作要求。

五、不锈钢与耐热钢

（一）不锈钢

不锈钢是指用来抵抗大气腐蚀或能抵抗酸、碱、盐等化学介质腐蚀的钢。常用的不锈钢主要是铬不锈钢和铬镍不锈钢两类。按其使用时的组织特征分为铁素体型不锈钢、奥氏体型不锈钢、马氏体型不锈钢、奥氏体-铁素体型不锈钢和沉淀硬化型不锈钢五类。几种不锈钢的牌号、化学成分、热处理方法和用途见表 7-11。

表 7-11　几种不锈钢的牌号、化学成分、热处理方法和用途

组织类别	牌　号	化　学　成　分/%				热处理方法	用　途
		w_C	w_{Ni}	w_{Cr}	w_{Mo}		
奥氏体型	1Cr18Ni9	≤0.15	8.00～10.0	17.0～19.0		固溶处理：1010～1150℃快冷	建筑用装饰部件、酸槽、管道、吸收塔等
	0Cr19Ni19	≤0.08	8.0～10.5	18.0～20.0		固溶处理：1010～1150℃快冷	食品用设备，原子能工业用设备
铁素体型	1Cr17	≤0.12		16.0～18.0		退火：780～850℃空冷或缓冷	重油燃烧部件，建筑内装饰品，家用电器部件
	00Cr30Mo2	≤0.01		28.5～32.0	1.50～2.50	退火：900～1050℃快冷	制作与乙酸、乳酸等有机酸有关的设备，制造苛性碱设备
马氏体型	1Cr13	≤0.15	≤0.60	11.5～13.5		淬火：950～1000℃油 回火：700～750℃快冷	汽轮机叶片，内燃机车水泵轴，阀门，阀杆
	3Cr13Mo	0.28～0.35		12.0～14.0	0.50～1.00	淬火：1025～1075℃油 回火：200～300℃油、水	热油泵轴、阀门轴承、医疗器械弹簧
	7Cr17	0.65～0.758	≤0.60	16.0～18.0	≤0.75	淬火：1010～1070℃油 回火：100～180℃快冷	刀具、量具、轴承、手术刀片

不锈钢的化学成分特点是铬的质量分数高，一般 $w_{Cr} \geqslant 13\%$。铬在氧化介质中能形成一层具有保护作用的 Cr_2O_3 薄膜，可防止钢的整个表面被氧化和腐蚀。

铁素体不锈钢碳的质量分数低，铬的质量分数高。因为铬是缩小 γ 相区的合金元素，可使钢得到单相铁素体组织。这类钢常用于工作应力不大的化工设备、容器及管道。

奥氏体不锈钢铬、镍的质量分数高，经固溶处理后得到单一奥氏体组织。具有良好的耐腐蚀性、焊接性、冷加工性及低温韧性。常用于制作耐腐蚀性能要求较高及冷变形的低负荷零件，如吸收塔、酸槽、管道等。

马氏体不锈钢碳、铬的质量分数都较高，淬透性好，但耐腐蚀性稍差。这类钢需经淬火和回火后使用，常用于制作耐腐蚀性要求不高而力学性能要求较高的零件。

（二）耐热钢

耐热钢是指在高温下不发生氧化，并且有较高热强性的钢。钢的耐热性包括抗氧化性（热稳定性）和高温热强性（蠕变强度）两个方面。

耐热钢中主要含有铬、硅、铝等合金元素。这些元素在高温下与氧作用，在钢表面形成一层致密的高熔点氧化膜（Cr_2O_3、Al_2O_3、SiO_2），能有效地保护钢在高温下不被氧化。加入 Mo、W、Ti 等元素是为了阻碍晶粒长大，提高钢的高温热强性。耐热钢可分为抗氧化钢、热强钢和汽阀钢。

抗氧化钢如 3Cr18Mn12Si2N、2Cr20Mn9Ni2Si2N 等，主要用于长期在高温下工作但强度要求低的零件，如各种加热炉的构件、渗碳炉构件、加热炉传送带料盘等。

热强钢不仅要求在高温下具有良好的抗氧化性，而且具有较高的高温强度。常用的热强钢如 15CrMo 是典型的锅炉钢，可制造在 350℃以下工作的零件，1Cr11MoV、1Cr12WMoV 有较高的热强性，良好的减振性及组织稳定性，用于汽轮机叶片、螺栓紧固件等。

汽阀钢是热强性较高的钢，主要用于高温下工作的汽阀，如 4Cr9Si2 钢用于制造 600℃以下工作的汽轮机叶片、发动机排气阀；4Cr14Ni14W2Mo 钢是目前应用最多的汽阀钢，用于制造工作温度不高于 650℃的内燃机重载荷排气阀。

六、铸钢

铸钢一般应用于较重要的、复杂的、而且要求具有较高强度、塑性与韧性以及特殊性能的结构件，如机架、缸体、齿轮、连杆等。

铸钢的牌号是在一般合金钢的牌号前加 ZG。后面第一组数字表示铸钢的名义万分碳的质量分数，其后排列的是各主要合金元素符号及其名义百分含量。合金元素的加入能使铸钢的某些性能得到进一步提高与改善。常用的低合金铸钢（合金元素的质量分数小于 5%）有 ZGMn2、ZG35SiMn、ZG37SiMn2MoV、ZG40CrMnMo 等。在某些场合下需用一些具有特殊性能的高合金铸钢（合金元素的质量分数大于 10%），如 ZGMn13 用于制造高耐磨的坦克履带、挖土机掘斗等；ZG1Cr18Ni9（铸造不锈钢）用于制造耐酸泵等耐腐蚀件。

典型实例 11

高锰耐磨钢是抵抗强冲击、大压力物料磨损等耐磨材料中的最佳选择，具有其他耐磨材料无法比拟的加工硬化特性。在较大冲击或较大接触应力的作用下，高锰钢板表层产生加工硬化，表面硬度由 200HB 迅速提升到 500HB 以上，从而产生高耐磨的表面层，而钢板内层奥氏体仍保持良好的冲击韧性。高锰钢最大的特点有两个：一是外来冲击越大，其自身表层耐磨性越高；二是随着表面硬化层的逐渐磨损，新的加工硬化层会连续不断形成。高锰钢这一特殊的性能，适于制作长时间经受高冲击物料磨损的耐磨构件，长期以来广泛应用于冶金、矿山、建材、铁路、电力、煤炭、水泥等机械设备中。尤其是近年来，随着现代工业的高速发展和科学技术的突飞猛进，高锰钢已成为磁悬浮列车、凿岩机器人、新型坦克等先进设备中首选的耐磨材料。许多新型材料和现代表面工程技术在性能价格比上无法与高锰钢相比。

目前，国外耐磨机械的衬板、护板早已淘汰铸件，而采用高锰耐磨钢 Mn13 轧制钢板。高锰耐磨钢 Mn13 轧制钢板以其优良的耐磨性能，广泛用于抛丸机、球磨机、粉碎机等易被强冲击磨损的部位，已在造船、汽车、机械、发电、水泥、矿山、煤炭等外资、合资企业等高端用户中得到广泛应用，已成为新一代耐磨钢选材的必然发展趋势。

思考与应用

一、名词解释

1. 合金元素　2. 合金钢　3. 耐回火性　4. 特殊性能钢　5. 二次硬化　6. 不锈钢　7. 耐热钢

二、填空题

1. 低合金钢按主要质量等级分为______钢、______钢和______钢。

2. 合金钢按主要质量等级可分为______钢和______钢。

3. 磁钢按用途及性能可分为______钢和______钢。

4. 特殊物理性能钢包括______钢、______钢、______钢和______钢。

5. 机械结构用钢有______钢、______钢和______钢等。

6. 不锈钢按其使用时的组织特征分为______钢、______钢、______钢、______钢和______钢五类。

7. 钢的耐热性包括______性和______性两个方面 。

8. 60Si2Mn 是______钢，它的最终热处理方法是______。

9. 高速钢刀具在切削温度达 600℃时，仍能保持______和______。

10. 铬不锈钢为了达到耐腐蚀的目的，其铬的质量分数至少为______。

三、选择题

1. 合金渗碳钢渗碳后必须进行______后才能使用。

A. 淬火加低温回火　B. 淬火加中温回火　C. 淬火加高温回火

2. 将下列合金钢牌号归类。

耐磨钢______；合金弹簧钢______；合金模具钢______；不锈钢______。

A. 60Si2MnA　B. ZGMn13-1　C. Cr12MoV　D. 2Cr13

3. 为下列零件正确选材。

机床主轴______；汽车拖拉机变速齿轮______；板弹簧______；滚动轴承______；储酸槽______；坦克履带______。

A. 1Cr18Ni9　B. GCr15　C. 40Cr　D. 20CrMnTi　E. 60Si2MnA　F. ZGMn13-3

4. 为下列工具正确选材。

高精度丝锥______；热锻模______；冷冲模______；医用手术刀片______；麻花钻头______。

A. Cr12MoVA　B. CrWMn　C. 7Cr17　D. W18Cr4V　E. 5CrNiMo

四、判断题

1. 大部分低合金钢和合金钢的淬透性比非合金钢好。（ ）

2. 1Cr13、2Cr13 与 Cr12、Cr12MoV 钢中铬的质量分数均在 12%以上，它们都是不锈钢。（ ）

3. 3Cr2W8V 钢一般用来制造冷作模具。（ ）

4. GCr15 钢是滚动轴承钢，其铬的质量分数是 15%。（ ）

5. Cr12MoVA 钢是不锈钢。（ ）

6. 40Cr 钢是最常用的合金调质钢。（ ）

五、简答题

1. 与非合金钢相比，合金钢有哪些优点？

2. 合金元素在钢中以什么形式存在？对钢的性能有哪些影响？

3. 一般来讲，相同碳的质量分数的合金钢比非合金钢淬火加热温度高、保温时间长，这是什么原因？

4. 说明在一般情况下非合金钢用水淬火，而合金钢用油淬火的道理。

5. 合金元素对钢回火转变有哪些影响？有什么好处？

6. 说明下列牌号属何类钢？其数字和符号各表示什么？

20Cr；9CrSi；60Si2Mn；GCr15；1Cr13；Cr12

7. 试列表比较合金渗碳钢、合金调质钢、合金弹簧钢、滚动轴承钢碳的质量分数、典型牌号、常用最终热处理、主要性能及用途。

8. 高速钢有何性能特点？回火后为什么硬度会增加？

9. 不锈钢和耐热钢有何性能特点？并举例说明其用途。

10. 耐磨钢常用牌号有哪些？它们为什么具有良好的耐磨性和良好的韧性？并举例说明其用途。

11. 比较冷作模具钢与热作模具钢碳的质量分数、性能要求、热处理工艺有何不同？

六、课外调研

高速钢经铸造后为什么要反复锻造？锻造后切削加工前为什么必须要退火？淬火温度选择在高温(1 280℃)的目的是什么？

第八章　铸　铁

知识目标

1. 了解铸铁的分类。
2. 掌握灰铸铁、可锻铸铁、球墨铸铁的牌号、组织、性能和用途。
3. 了解铸铁的热处理工艺、方法和作用。

能力目标

1. 能根据石墨存在的形态判别铸铁类型。
2. 能说出铸铁的组织与性能的关系。
3. 能进行机床床身的选材与应用。
4. 能进行汽车轮毂的选材与应用。

铸铁是碳质量分数大于 2.11%（一般为 2.5%～5.0%）的铁碳合金。主要由铁、碳、硅、锰、硫、磷以及其他微量元素组成。与钢的化学成分相比，铸铁含碳、硅量较高，杂质元素硫和磷的含量也较多。有时为了增加铸铁的力学性能或特殊性能，还可加入铬、铜、铝等合金元素使其成为合金铸铁。

由于铸铁具有良好的铸造性、减振性、减磨性和切削加工性，且生产工艺简单、成本较低，其在工程实际中应用的比重约占机器总重量的 45%～90%。尤其是近年来随着球墨铸铁、合金铸铁技术的不断发展，原来需要用钢或合金钢制造的零部件已可以用铸铁来代替，大大降低了生产成本。

第一节　铸铁的分类与石墨化

一、铸铁的分类

在铸铁中，碳通常以两种状态存在，一是游离状的石墨，二是铁碳化合物渗碳体（Fe_3C）。根据这一特征，通常把铸铁分为以下几类。

1. 白口铸铁

碳在铸铁中的分布除少量固溶于铁素体外，绝大部分以渗碳体形式存在。因其断口呈银白色而得名，其性能硬而脆，很少直接用于制作机器零件，主要用于制造要求耐磨损的机件，如轧辊、球磨机中的磨球，还可作为炼钢原料。

2. 灰口铸铁

碳在铸铁中的分布大部分或全部以石墨形式析出，因其断口呈暗灰色而得名。按石墨形态不同，灰口铸铁又分为灰铸铁、球墨铸铁、可锻铸铁和蠕墨铸铁。此类铸铁，尤其是灰铸铁，在工业上应用很广，主要用于机械制造、冶金、石油化工、交通和国防等部门。

3. 麻口铸铁

这种铸铁中碳部分以游离碳化物形式析出，部分以石墨形式析出，断口灰、白相间。此类铸铁硬脆性较大，故工业上很少使用。

此外，为满足某些特殊性能要求，向铸铁中加入一种或多种合金元素（铬、铜、铝、硼等）而得到合金铸铁，如耐磨铸铁、耐热铸铁、耐蚀铸铁等。

二、铸铁的石墨化及其影响因素

1. 铸铁的石墨化

影响铸铁组织和性能的关键是碳在铸铁中存在的形态、大小及分布。铸铁的发展，主要是围绕如何改变石墨的数量、大小、形状和分布这一核心问题进行的。

铸铁中碳形成石墨析出的过程称为铸铁的石墨化。一般认为石墨既可以由液体铁水中析出，也可以自奥氏体中析出，还可以由渗碳体分解得到。

实验表明，渗碳体是一个亚稳定相，石墨则是稳定相。因此描述铁碳合金组织转变的相图实际上有两个，一个是 $Fe\text{-}Fe_3C$ 系相图，另一个是 Fe-C 系相图。把两者叠合在一起，就得到一个铁碳合金双重相图，如图 8-1 所示。图中实线表示 $Fe\text{-}Fe_3C$ 系相图，部分实线再加上虚线表示 Fe-C 系相图。显然，按 $Fe\text{-}Fe_3C$ 系相图进行结晶，就得到白口铸铁；按 Fe-C 系相图进行结晶，就析出和形成石墨，即发生石墨化过程。

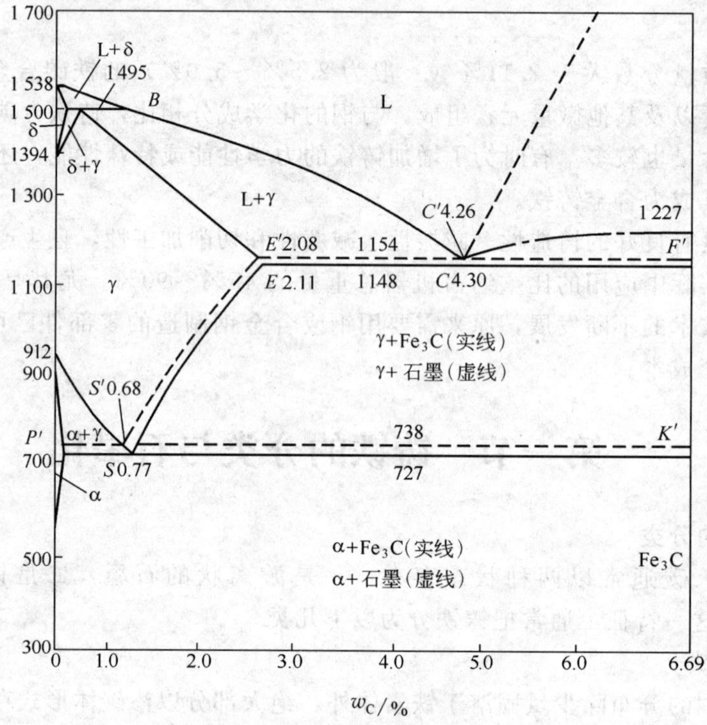

图 8-1 铁碳合金双重相图

按 Fe-C 系相图进行结晶，铸铁冷却时石墨化过程应包括：从液体中析出一次石墨；由共晶反应而生成的共晶石墨；由奥氏体中析出二次石墨；由共析反应而生成的共析石墨。铸铁加热时的石墨化过程：亚稳定的渗碳体，当在比较高的温度下长时间加热时，会发生分解，产生石墨化，即

$$Fe_3C \longrightarrow 3Fe + C$$

加热温度越高，分解速度相对就越快。

无论是冷却还是加热时的石墨化过程，凡是发生在 $P'S'K'$ 线以上，统称为第一阶段石墨化；凡是发生在 $P'S'K'$ 线及以下，统称为第二阶段石墨化。

2. 影响石墨化的因素

(1) 化学成分　碳、硅都是强烈促进石墨化的元素。磷、铜、铝、镍等元素也有一定的促进作用。锰、硫都是阻止石墨化的元素。但锰与硫化合成硫化锰，可以减弱硫的不利作用，所以允许有适量的含锰量。而硫由于强烈促使白口化，使铸铁的机械性能和铁水的流动性差；碳、硅的含量过低，铸铁易出现白口，力学性能和铸造性能都较差；碳、硅的含量过高，铸铁中石墨数量多且粗大，基体内铁素体量多，力学性能下降，因此要严格控制其含量。

(2) 冷却速度　铸铁在结晶冷却的过程中，冷却速度越慢，碳原子扩散越充分，越有利于石墨化。当铸铁冷却速度较快时，原子扩散能力减弱，有利于按 $Fe\text{-}Fe_3C$ 系相图进行结晶和转变，不利于石墨化的进行。同一成分的铸铁在铸造时，由于受造型材料和铸件的设计形状、壁厚的影响，会造成冷却速度的不均匀性，从而导致铸件有的部位呈灰口，有的部位呈白口。在实际生产过程中一般可通过调整铸铁的化学成分来加以控制。

第二节　常用铸铁

在铸铁的总产量中，灰铸铁约占 80%以上，它常用来制造各种机器的底座、机架、工作台、齿轮箱箱体等。

一、灰铸铁

灰铸铁牌号是由 HT（“灰铁”的汉语拼音字首）加一组数字（最低抗拉强度 σ_b）组成。

灰铸铁中石墨呈片状，根据基体组织的不同，可分为铁素体型、铁素体＋珠光体型、珠光体型灰铸铁。灰铸铁的显微组织如图 8-2 所示。因片状石墨对基体的割裂程度较严重，灰铸铁中基体强度的利用率仅为 30%～50%。为了消除灰铸铁粗大的片状石墨对力学性能的不利影响，通常在铁水中加入一定量的硅铁或硅钙合金，形成大量人工晶核，获得由细晶粒的珠光体和分布均匀且细小片状石墨组成的灰铸铁。这种处理称孕育处理，获得的铸铁称为孕育铸铁。

经过孕育处理的灰铸铁，其抗拉强度、塑性、韧性等力学性能指标比一般灰铸铁要高得多，使用范围也就更宽。

灰铸铁的性能与普通碳钢相比，具有力学性能低、耐磨性好、减振性强、工艺性能好等特性。

热处理只能改变基体组织，不能消除片状石墨的有害作用，常用的灰铸铁热处理有两种。

(1) 退火　用于消除铸件内应力和白口组织，稳定尺寸。

(2) 表面淬火　提高铸件的表面硬度和耐磨性，如机床导轨面和内燃机汽缸套内壁，可进行表面淬火。经表面淬火后，可使机床导轨的寿命提高约 1.5 倍。

常用的灰铸铁的典型牌号是 HT150、HT200，前者主要用于机械制造业承受中等应力的一般铸件；后者主要用于一般运输机械和机床中承受较大应力和较重要零件，如汽缸体、缸盖、机座、床身等。

灰铸铁的牌号、力学性能及用途见表 8-1。

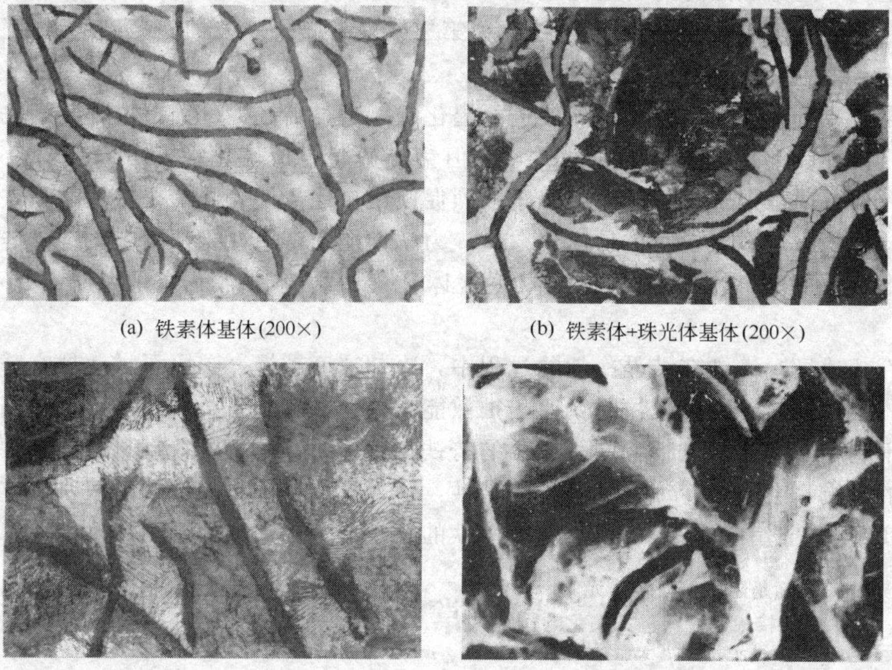

(a) 铁素体基体(200×)　(b) 铁素体+珠光体基体(200×)

(c) 珠光体基体(200×)　(d) 片状石墨形态(扫描电镜950×)

图 8-2　灰铸铁的显微组织

表 8-1　灰铸铁的牌号、力学性能及用途（摘自 GB 9439—88）

牌号	铸铁类别	铸件壁厚/mm	铸件最小抗拉强度 σ_b/MPa	适用范围与举例
HT100	铁素体灰铸铁	10～20	100	低载荷和不重要零件，如盖、外罩、手轮、支架、重锤
		20～30	90	
HT150	珠光体＋铁素体灰铸铁	10～20	145	承受中等应力（抗弯应力小于100MPa）的零件，如支柱、底座、齿轮箱、工作台、刀架、端盖、阀体、管路附件及一般无工作条件要求的零件
		20～30	130	
HT200	珠光体灰铸铁	10～20	195	承受较大应力（抗弯应力小于300MPa）和较重要零件，如汽缸体、齿轮、机座、飞轮、床身、缸套、活塞、刹车轮、联轴器、齿轮箱、轴承座、液压缸等
		20～30	170	
HT250		10～20	240	
		20～30	220	
HT300	孕育铸铁	10～20	290	承受高弯曲应力（小于500MPa）及抗拉应力的重要零件，如齿轮、凸轮、车床卡盘、剪床和压力机的机身、床身、高压油压缸、滑阀壳体等
		20～30	250	
HT350		10～20	340	
		20～30	290	

二、球墨铸铁

球墨铸铁牌号是由 QT（“球铁”的汉语拼音字首）加两组数字组成，前一组数字为最低抗拉强度 σ_b，后一组数字为最低断后伸长率 δ。

球墨铸铁中石墨呈球状，根据基体组织的不同，可分为铁素体型、珠光体型＋铁素体型、珠光体型球墨铸铁。球墨铸铁的显微组织如图 8-3 所示。因球状石墨对基体的割裂程度

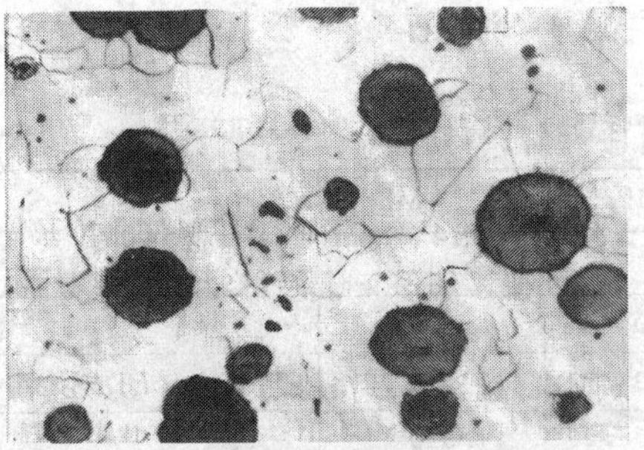

(a) 铁素体基体(250×)

(b) 珠光体基体(200×)

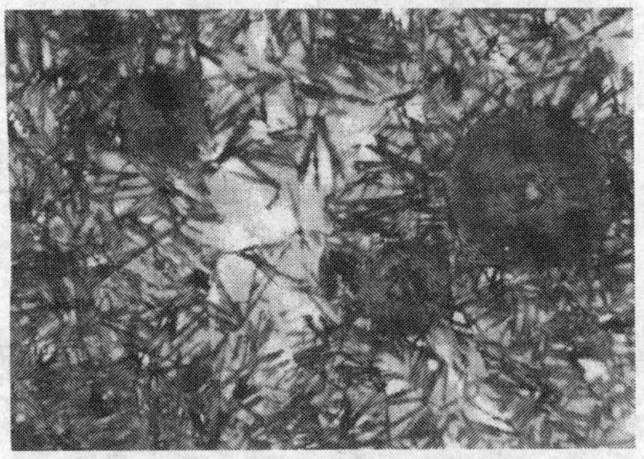

(c) 贝氏体基体(500×)

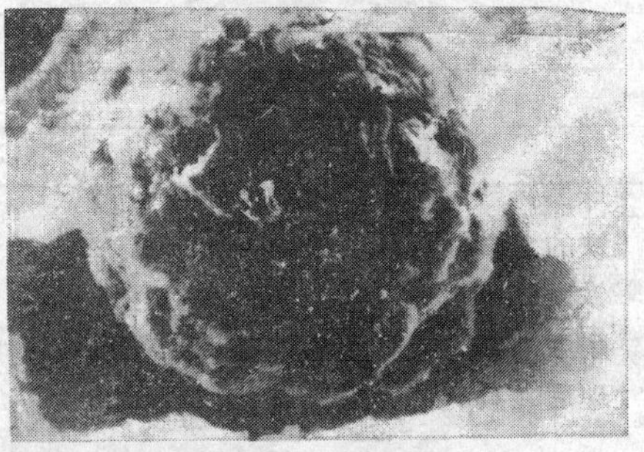

(d) 片状石墨形态(扫描电镜950×)

图 8-3 球墨铸铁的显微组织

较灰铸铁进一步减弱，球墨铸铁中基体强度的利用率为70%～90%。

球墨铸铁是在浇铸前向铁水中加入特殊的变质剂（镁或稀土镁合金）和孕育剂（硅铁或硅钙合金）经球化处理和孕育处理后得到的。它的力学性能除了与基体组织类型有关外，主要取决于球状石墨的形状、大小和分布。一般地说，石墨球状越细小、分布越均匀，则球墨铸铁的力学性能越高。铁素体基体的球墨铸铁强度较低，塑性、韧性较高；珠光体基体的球墨铸铁强度高、耐磨性好，耐磨性好，但塑性、韧性较低。

工业生产中对球墨铸铁的热处理工艺通常有退火、正火、调质处理、等温淬火等。

（1）退火　其目的是为了获得铁素体。从而改善球墨铸铁的切削加工性能，消除铸造应力。当铸态组织中不仅有珠光体，还有渗碳体时，须采用高温退火（900～950℃）。

（2）正火　其目的是为了得到珠光体基体。并细化组织，提高强度和耐磨性。

（3）调质处理　对于受力比较复杂，要求综合力学性能较高的球墨铸铁件，如连杆、曲轴等，可采用调质处理，获得回火索氏体和球状石墨组织。调质处理一般只适合于小尺寸铸件。

（4）等温淬火　是获得高强度和超高强度球墨铸铁的重要热处理方法，等温淬火可以有效地防止变形和开裂。

球墨铸铁兼有钢的高强度和灰铸铁的优良铸造性能，是一种有发展前途的铸造合金，可用来制造受力复杂、力学性能要求高的铸件。但是，球墨铸铁凝固时收缩率较大，对原铁液成分要求较严，对熔炼工艺和铸造工艺要求较高，有待进一步改进。

常用的球墨铸铁的典型牌号为QT400-15、QT600-3，前者属铁素体型球墨铸铁，主要用于制造承受冲击、振动的零件，如汽车、拖拉机的轮毂、中低压阀门、电动机壳、齿轮箱等；后者属于珠光体＋铁素体型球墨铸铁，主要用于制造载荷大、受力复杂的零件，如汽车、拖拉机曲轴、连杆、汽缸套等。

球墨铸铁的牌号与力学性能见表 8-2。

表 8-2　球墨铸铁的牌号与力学性能[①]（摘自 GB 1348—88）

牌　号	主要基体组织	σ_b/MPa	$\sigma_{0.2}$/MPa	δ/%	HBS
		不小于			
QT400-18	铁素体	400	25	18	130～180
QT450-10	铁素体	450	310	10	160～210
QT500-7	铁素体＋珠光体	500	320	7	170～230
QT600-3	珠光体＋铁素体	600	370	3	190～270
QT700-2	珠光体	700	420	2	225～305
QT800-2	珠光体或回火组织	800	480	2	245～335
QT900-2	贝氏体或回火马氏体	900	600	2	280～360

① 表中牌号与力学性能均按单铸试块的规定。

三、蠕墨铸铁

蠕墨铸铁的牌号由 RuT（“蠕铁”汉语拼音字首）加一组数字表示，数字表示最小抗拉强度 σ_b 值。如 RuT420 表示抗拉强度不低于 420MPa 的蠕墨铸铁。

蠕墨铸铁是一种新型铸铁，其中碳主要以蠕虫状形态存在，其石墨形状介于片状和球状之间。它类似于片状，但片短而厚，头部较圆，形似蠕虫。

蠕墨铸铁保留了灰铸铁工艺性能优良和球墨铸铁力学性能优良的共同特点，而克服了灰铸铁力学性能低和球墨铸铁工艺性能差的缺点，它在国内外日益引起重视，目前主要用于生产汽缸盖、钢锭模等铸件。蠕墨铸铁的缺点在于生产技术尚不成熟和成本偏高。

四、可锻铸铁

可锻铸铁的牌号由 KT（“可铁”汉字拼音的字首）及其后的 H（表示黑心可锻铸铁）或 Z（表示珠光体可锻铸铁），再加上两组数字组成，前一组数字为最小抗拉强度 σ_b，后一组数字为断后伸长率 δ。

可锻铸铁的牌号与力学性能见表 8-3；可锻铸铁的显微组织如图 8-4 所示。由于石墨呈团絮状，它对基体的割裂程度较灰铸铁轻，因此，性能优于灰铸铁；在铁液处理、质量控制等方面又优于球墨铸铁。

可锻铸铁的典型牌号 KTH350-10、KTH450-06 等，主要用于制造截面薄、形状复杂、强韧性又要求高的零件。如低压阀门、连杆、曲轴、齿轮等。

表 8-3　黑心可锻铸铁和珠光体可锻铸铁的牌号与力学性能（摘自 GB 9440—88）

牌号及分组		试样直径 d/mm	σ_b/MPa	$\sigma_{0.2}$/MPa	δ/%($l_0=3d$)	HBS
A	B		不小于			
KTH300-06		12 或 15	300	—	6	≤150
	KTH330-08		330	—	8	
KTH350-10			350	200	10	
	KTH370-12		370	—	12	
KTZ450-06		12 或 15	450	270	6	150～200
KTZ550-04			550	340	4	180～230
KTZ650-02			650	430	2	210～260
KTZ700-02			700	530	2	240～290

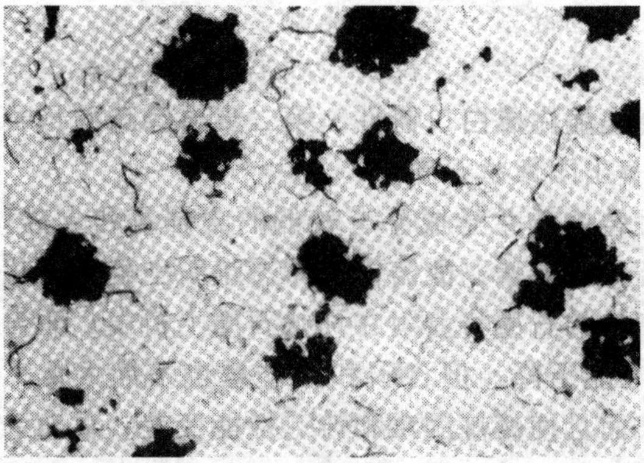

图 8-4　可锻铸铁的显微组织（200×）

第三节　合金铸铁简介

随着生产的发展，铸铁不仅要具有较高的力学性能，同时还要求具有某些特殊性能。为此，在熔炼时有意加入一些磷、硅、铬、钼、铜等合金元素。合金铸铁与合金钢相比，熔炼简单，成本低廉，基本上能满足特殊性能的要求，但力学性能较差，脆性较大。

常用的合金铸铁有耐磨铸铁、耐热铸铁和耐蚀铸铁。

一、耐磨铸铁

在无润滑的干摩擦条件下工作的零件应具有均匀的高硬度组织。白口铸铁是较好的耐磨铸铁，但脆性大，不能承受冲击载荷。因此，生产中常采用冷硬铸铁（或称激冷铸铁），即用金属型铸铁耐磨的表面，而其他部位用砂型，同时适当调整铁液化学成分（如减少含硅量），保证白口层的深度，而心部为灰口组织，从而使整个铸件既有较高的强度和耐磨性，又能承受一定的冲击。

我国试制成功的中锰球墨铸铁，即在稀土镁球墨铸铁中加入 $w_{Mn}=5.0\%\sim9.5\%$，$w_{Si}=3.3\%\sim5.0\%$，并适当高速冷却，使铸铁基体获得马氏体、大量残余奥氏体和渗碳体。这种铸铁具有高的耐磨性和抗冲击性，可代替高锰钢或锻钢，适用于制造农用耙片、犁铧，饲料粉碎机锤片，球磨机磨球、衬板，煤粉机锤头等。

在润滑条件下工作的耐磨铸铁，其组织应为软基体上分布有硬的组织组成物，使软基体磨损后形成沟槽，保持油膜。珠光体灰铸铁基本上能满足这样的要求，其中铁素体为软基体，渗碳体层片为硬的组织组成物，同时石墨片起储油和润滑作用。为了进一步改善其耐磨性，通常将 w_P 提高到 $0.4\%\sim0.6\%$，做成高磷铸铁。由于普通高磷铸铁的强度和韧性较差，故常在其中加入铬、钼、钨、钛、钒等合金元素，做成合金高磷铸铁，用于制造机床床身、汽缸套、活塞环等。此外，还有钒钛耐磨铸铁、铬钼铜耐磨铸铁、硼耐磨铸铁等。

二、耐热铸铁

铸铁的耐热性主要是指在高温下的抗氧化和抗生长能力。在高温下工作的铸件，如炉底板、换热器、坩埚、炉内运输链条和钢锭模等，要求有良好的耐热性，应采用耐热铸铁。

在铸铁中加入硅、铝、铬等合金元素，使表面形成一层致密的 SiO_2、Al_2O_3、Cr_2O_3 保护膜等。此外，这些元素还会提高铸铁的临界点，使铸铁在使用温度范围内不发生固态相变，使基体组织为单相铁素体，因而提高了铸铁的耐热性。

耐热铸铁按其成分可分为硅系、铝系、硅铝系及铬系等。其中铝系耐热铸铁脆性较大，铬系耐热铸铁价格较贵，故我国多采用硅系和硅铝系耐热铸铁。主要用于制造加热炉附件，如炉底、烟道挡板、传递链构件等。

三、耐蚀铸铁

耐蚀铸铁是指在腐蚀性介质中工作时具有耐蚀能力的铸铁。普通铸铁的耐蚀性差，因为组织中的石墨或渗碳体促进铁素体腐蚀。

加入 Al、Si、Cr、Mo 等合金元素，在铸铁件表面形成保护膜或使基体电极电位升高，可以提高铸铁的耐蚀性能。耐蚀铸铁分高硅耐蚀铸铁与高铬耐蚀铸铁。其中应用最广的是高硅耐蚀铸铁，其中 w_{Si} 高达 14%～18%，在含氧酸（如硝酸、硫酸等）中的耐蚀性不亚于 1Cr18Ni9，而在碱性介质和盐酸、氢氟酸中，由于表面 SiO_2 保护膜遭到破坏，会使耐蚀性降低。可在铸铁中加入 w_{Cu} 为 6.5%～8.5%的铜，改善高硅铸铁在碱性介质中的耐蚀性；为改善在盐酸中的耐蚀性，可向铸铁中加入 w_{Mo} 为 2.5%～4.0%的钼。

耐蚀铸铁主要用于化工机械，如制造容器、管道、泵、阀门等。

典型实例 12

内燃机曲轴，其质量约占内燃机质量的 10%，成本约占整机的 10%～12%，其材质大体分两类：一类是锻钢，另一类是球墨铸铁。由于采用铸造方法可获得较为理想的机构形状，从而减轻质量，且机加工余量可达 2～3mm。另外球墨铸铁的切削性能良好，并且和钢质曲轴一样可以进行各种热处理和表面强化处理来提高曲轴的抗疲劳强度、硬度和耐磨性。而且球墨铸铁减小了工作时的扭转振动的振幅和应力，应力集中也没有钢质曲轴敏感，所以球墨铸铁曲轴在国内外得到了广泛的应用。统计资料表明，车用发动机曲轴采用球墨铸铁材质比例为：美国 85%，日本 40%，俄罗斯、比利时、荷兰和德国也已大批量生产。国内采用球铁曲轴的趋势则更加明显，中小型功率柴油机曲轴 85%以上用球墨铸铁。

思考与应用

一、名词解释

1. 灰铸铁　2. 孕育处理　3. 铸铁的石墨化　4. 球墨铸铁　5. 合金铸铁

二、填空题

1. 碳在铸铁中的存在形式有两种，一是____，二是____。白口铸铁中的碳绝大部分以____形式存在。

2. 影响铸铁石墨化的主要因素是____和____。

3. 当铸铁在切削加工时，石墨起着____和____的作用，因而刀具磨损较____。

4. 通常，合金元素质量分数总和在____以下的铸铁称合金铸铁。

5. 球墨铸铁正火的主要目的是增加基体中的____数量。

三、选择题

1. 灰铸铁中的碳是以____形式存在的。

A. 片状石墨　　　　B. 团絮石墨　　　　C. 球状石墨

2. 硅是影响铸铁石墨化最重要的元素之一，它的存在使石墨化____。

A. 困难　　　　B. 容易　　　　C. 有难度

3. 铸件的薄壁处一般都呈____趋向。

A. 灰口　　　　B. 白口　　　　C. 灰口、白口各一半

4. 灰口铸铁通过热处理，____改变其石墨片的存在状况。

A. 可以　　　　B. 不可以　　　　C. 部分可以

5. 球墨铸铁的力学性能在铸铁中是最高的，它____代替钢来制造承受静载荷的零件。

A. 可以　　　　B. 不可以　　　　C. 部分可以

四、判断题

1. 可锻铸铁就是可以进行锻造加工的铸铁。(　　)

2. 铸铁可以通过热处理获得相当于低碳钢、中碳钢和高碳钢性能不同的基体。(　　)

3. 结构复杂、尺寸不大的球墨铸铁件能采取等温淬火的热处理方法来改善、提高综合力学性能。(　　)

五、简答题

1. 影响石墨化的因素有哪些？

2. 石墨在铸铁中的影响及作用如何？

六、课外调研

生产中出现下列不正常现象，应采用哪些有效措施予以防止或改善？

① 灰铸铁的磨床床身铸造以后立即进行切削，在切削加工后发生不允许的变形。

② 灰铸铁铸件薄壁处出现白口组织，造成切削加工困难。

第九章　非铁金属及其合金

知识目标

1. 掌握铝及铝合金分类和牌号。
2. 初步掌握常用铝及铝合金的性能及用途。
3. 了解的分类和编号。
4. 了解铜及铜合金、轴承合金的分类和牌号。
5. 了解铜及铜合金、轴承合金的性能及用途。
6. 掌握常用硬质合金的牌号、性能及用途。

能力目标

1. 能认识铝合金的牌号、性能特点及应用。
2. 能知道铜及铜合金、轴承合金的牌号、性能特点及应用。
3. 能根据被切削金属，合理选择硬质合金刀具材料。

工业生产中，通常把钢和铸铁称为黑色金属，把钢铁材料以外的其他金属及其合金称为有色金属。与黑色金属相比，有色金属具有良好的导电性、导热性、耐蚀性等，已成为工程材料中的重要组成部分，越来越多的为现代工业生产所采用。

有色金属种类繁多，本章介绍工业中广泛使用的铝、铜、钛及其合金、轴承合金及硬质合金。

第一节　铝及铝合金

一、工业纯铝

工业纯铝是一种银白色的金属，熔点为660℃，具有面心立方晶格，无同素异构转变。它具有高导电性、导热性、密度为2.702g/cm^3。铝的化学性质较活泼，在大气中易氧化，因而易生成一层致密的氧化膜，隔绝铝与大气的接触，故在大气环境下具有良好的抗蚀性。

工业纯铝的强度不高，塑性极好，一般不直接用作承力结构材料，而用来制造电线、铝箱和生活用品等。

工业上广泛应用的纯铝一般均含有杂质，纯铝中的主要杂质为铁、硅、铜、锌等，杂质含量越多，其导电性、抗腐蚀性及塑性降低越多。

工业纯铝的新牌号为1070A、1060A、1050A、…、8A06（对应的旧牌号为L1、L2、L3、…、L6数字越小）数字越大，表示杂质的含量少，纯度越高，即1070（L1）纯度最高。

二、铝合金分类与热处理

纯铝的强度低，不宜制作承受重载荷的结构件，铝中加入一定量的硅、铜、镁、锌、锰等合金元素，可制成强度高的铝合金。铝合金密度小，导热性好，比强度高。如果再经变形强化和热处理强化，其强度还能进一步提高。因此，铝合金广泛用于民用与航空工业。

（一）铝合金分类

根据铝合金的成分和生产工艺特点，将其分为变形铝合金和铸造铝合金。二元铝合金一般相图如图 9-1 所示。成分在 D 点以左的合金，当加热到固溶线以上时，可得到单相固溶体，其塑性很好，宜于进行压力加工，故称变形铝合金。成分在 D 点以右的合金，由于有共晶组织存在，熔点低，流动性好，适于铸造，故称铸造铝合金。

变形铝合金又可分为可热处理强化的变形铝合金和不可热处理强化的变形铝合金。图 9-1 中成分位于点 F 以左的合金，在加热过程中，始终处于单相固溶体状态，其 α 固溶体成分不随温度而变，不能热处理强化，故称为不可热处理强化的铝合金；对于成分位于 F 点与 D 点之间的铝合金，其 α 固溶体成分随温度而变，可用热处理强化，故称为可热处理强化的铝合金。

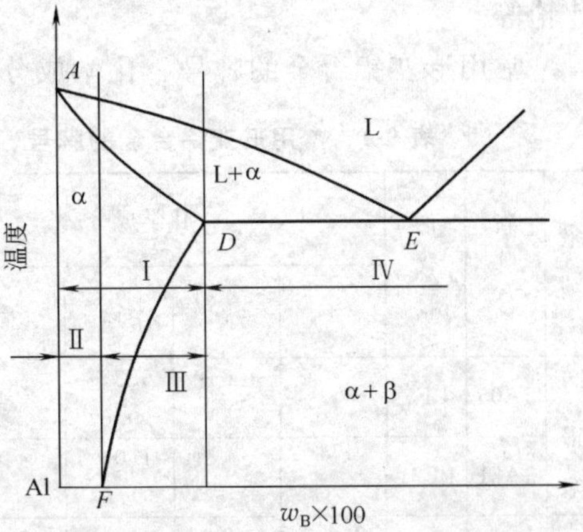

图 9-1　二元铝合金一般相图

Ⅰ—变形铝合金；Ⅱ—不可热处理强化铝合金

Ⅲ—可热处理强化铝合金；Ⅳ—铸造铝合金

（二）铝合金的热处理

铝合金的热处理与利用金属的同素异构转变现象进行的钢的热处理不同。主要是依赖于合金固溶过程中温度和时间的变化而引起合金元素聚集状态发生变化，从而达到强化目的，即淬火时效处理来改变铝合金的性能的。铝合金淬火后形成的过饱和固溶体是不稳定的，其强度和硬度并不立即升高，且塑性较好。在室温放置一段时间后，从过饱和的固溶体中析出细小的第二相，过渡至稳定状态，合金的强度、硬度大幅提高，塑性明显较低，这种现象称为时效。在室温下进行的时效称为自然时效，在加热条件下进行的时效称为人工时效。

淬火后开始放置的初期，合金的强度变化很小，这段时间称孕育期。孕育期从几十分钟到数小时不等。生产上常利用这段时间进行冷变形，对变形零件进行校正。

自然时效一般 4～5 天强化效果达到最大，人工时效的强化效果与温度和时间有关，时效温度越高，时效速度越快，但强化效果越差。温度过高，时间过长，合金的强度、硬度反而下降，这种现象称过时时效。人工时效的效果不如自然时效。但有些铝合金不能自然时效，只能进行人工时效。

不论哪一种铝合金都可以进行退火处理。

三、变形铝合金

变形铝合金根据其性能特点和用途可分为防锈铝合金、硬铝合金、超硬铝合金及锻铝合金四种。

按 GB 3190—1996 规定，变形铝合金牌号用四位字符体系表示，第一、二、四位为数字，第二位为“A”字母。牌号中的第一位数字是依主加合金元素 Cu、Mn、Si、Mg、Mg_2Si、Zn 顺序来表示变形铝合金的组别。例如，2A××表示以铜为主加合金元素的变形铝合金。最后两位数字用以标识同一组别中的不同铝合金。

（1）防锈铝合　这类合金主要有铝-镁、铝-锰系合金。其特点是抗蚀性好，易于加工成型，焊接性能好。但这类合金不可热处理强化，强度不高。适于制作油箱、油管、铆钉等。

（2）硬铝合金　这类合金是铝-铜-镁和铝-铜-锰系合金。其特点是具有极高的时效硬化效果，强度高。一般用于制作飞机螺旋桨叶片、壁板、蒙皮等。

(3) 超硬铝合金　这类合金是铝-铜-镁-锌系合金。由于合金的强化作用和时效强化，使其具有比硬铝合金更高的强度和硬度。主要用于制作飞机的翼桨、桨叶，起落架等。

(4) 锻铝合金　这类合金是铝-铜-镁-硅系合金。其特点是具有良好的热塑性，并具有良好的焊接、抗蚀性能。经锻造制造成形状复杂的大型锻件和模锻件，如内燃机活塞、叶片、叶轮等。

常用形变铝合金的牌号、化学成分、力学性能及用途见表 9-1。

表 9-1　常用形变铝合金的牌号、化学成分、力学性能及用途（GB/T 3190—1996）

类别	新牌号	旧代号	化学成分/%					处理状态①	力学性能			用途
			w_{Cu}	w_{Mg}	w_{Mn}	w_{Zn}	其他		σ_b /MPa	δ/%	HBS	
防锈铝合金	5A05	LF5		4.0～5.5	0.3～0.6			M	280	20	70	焊接油箱、油管、焊条、铆钉及中载零件
	3A21	LF21			1.0～1.6			M	130	20	30	焊接油箱、油管、铆钉及轻载零件
硬铝合金	2A01	LY1	2.2～3.0	0.2～0.5				CZ	300	24	70	工作温度不超过 100℃，常用作铆钉
	2A11	LY11	3.8～4.8	0.4～0.8	0.4～0.8			CZ	420	18	100	中等强度结构件、如骨架、螺旋桨、叶片、铆钉等
	2A12	LY12	3.8～4.9	1.2～1.8	0.3～0.9			CZ	470	17	105	高强度结构件、航空模锻件及 150℃以下工作零件
超硬铝合金	7A04	LC4	1.4～2.0	1.8～2.8	0.2～0.6	5.0～7.0	0.1～0.25Cr	CS	600	12	150	主要受力构件，如飞机梁、桁架等
	7A09	LC6	2.2～2.8	2.5～3.0	0.15	7.6～8.6	0.16～0.30Cr	CS	680	7	190	主要受力构件，如飞机大梁、桁架等
锻铝合金	2A50	LD5	1.8～2.6	0.4～0.8	0.4～0.8		0.7～1.2Si	CS	420	13	105	形状复杂、中等强度的锻件
	2A70	LD7	1.9～2.5	1.4～1.8			0.02～0.1Ti 1.0～1.5Ni 1.0～1.5Fe	CS	415	13	120	高温下的复杂锻件及结构件
	2A14	LD10	3.9～4.8	0.4～0.8	0.4～1.0		0.5～1.2Si	CS	480	19	135	承受重载荷的锻件

① M—退火；CZ—淬火＋自然时效；CS—淬火＋人工时效。

四、铸造铝合金

铸造铝合金的特点是密度小，比强度较高，具有良好的抗蚀性和铸造工艺性。根据主加元素不同，铸造铝合金一般分为四大类，即 Al-Si 系、Al-Cu 系、Al-Mg 系、Al-Zn 系，其代号用 ZL（“铸铝”的汉语拼音字首）后面跟三位数字，第一位数字表示合金系，后两位数字是合金的顺序号。

(1) 铝硅合金　Al-Si 系铸造铝合金俗称硅铝明。这类合金具有优良的铸造性能。此类合金加入 Cu、Mg、Zn 等合金元素，就成为特殊硅铝明。

通过热处理和合金化处理的铝硅合金能明显改善其力学性能。铝硅合金广泛应用于制造各种形状复杂的铝铸件，如仪表、泵的壳体、汽缸体、刹车毂等。铝硅合金占铸铝及其合金总产量的50%左右。

（2）铝铜合金　特点是有较高的强度，特别是在高温工作条件下仍保持有较好的强度表现，缺点是铸造性能较差，耐蚀性也较差。适合在较高温度下使用。根据这一特点常被用来制作发动机活塞、内燃机汽缸头等。

（3）铝镁合金　属于高强度和高耐蚀性合金，适宜机加工，缺点是铸造性能较差，耐热性也不如前两类合金。化工行业和造船工业应用较多。

（4）铝锌合金　铸造性能较好，具有自淬火效应，即铸造成型即可进行时效处理。由于省去了淬火工序，铸件的内应力减小，节约了生产成本。适于制造尺寸稳定性高的铸件，如仪表零件、发动机零件、医疗器械等。

常用铸造铝合金牌号、化学成分、热处理、力学性能及用途见表 9-2 。

表 9-2　常用铸造铝合金牌号、化学成分、热处理、力学性能及用途（摘自 GB/T 1173—1995）

类别	合金代号与牌号	化学成分(余量为 w_{Al})						铸造方法与合金状态①	力学性能(不低于)			用途②
		w_{Si}	w_{Cu}	w_{Mg}	w_{Mn}	w_{Zn}	w_{Ti}		σ_b /MPa	δ_5/%	HBS (5/250/30)	
铝硅合金	ZL101 ZAlSi7Mg	6.5～7.5	—	0.25～0.45	—	—		J,T5 S,T5	205 195	2 2	60 60	形状复杂的砂型、金属型和压力铸造零件，如飞机、仪器的零件，抽水机壳体，工作温度不超过 185℃ 的汽化器等
	ZL102 ZAlSi12	10.0～13.0	—	—	—	—	—	J,F SB,JB,F SB,JB,T2	155 145 135	2 4 4	50 50 50	形状复杂的砂型、金属型和压力铸造零件，如仪表、抽水机壳体，工作温度在 200℃ 以下，要求气密性承受低载荷的零件
	ZL105 ZAlSi5-Cu1Mg	4.5～5.5	1.0～1.5	0.4～0.6	—	—	—	J,T5 S,T5 S,T6	235 195 225	0.5 1.0 0.5	70 70 70	砂型、金属型和压力铸造的形状复杂、在 225℃ 以下工作的零件，如风冷发动机的汽缸头、机匣、液压泵壳体等
	ZL108 ZAlSi12-Cu2Mg1	11.0～13.0	1.0～2.0	0.4～1.0	0.3～0.9	—	—	J,T1 J,T6	195 255		85 90	砂型、金属型铸造的、要求高温强度、低膨胀系数的高速内燃机活塞及其他耐热零件
铝铜合金	ZL201 ZAlCu5Mn	—	4.5～5.3	—	0.6～1.0	—	0.15～0.35	S,T4 S,T5	295 335	8 4	70 90	砂型铸造在 175～300℃ 以下工作的零件，如支臂、挂架梁、内燃机汽缸头、活塞等
	ZL201A ZAlCu-5MnA	—	4.8～5.3	—	0.6～1.0	—	0.15～0.35	S,J,T5	390	8	100	砂型铸造在 175～300℃ 以下工作的零件，如支臂、挂架梁、内燃机汽缸头、活塞等
铝镁合金	ZL301 ZAlMg10	—	—	9.5～11.5	—	—	—	J,S,T4	280	10	60	砂型铸造的在大气或海水中工作的零件，承受大振动载荷，工作温度不超过 150℃ 的零件
铝锌合金	ZL401 ZAlZn11Si7	6.0～8.0	—	0.1～0.3	—	9.0～13.0	—	J,T1 S,T1	245 195	1.5 2	90 80	压力铸造的零件，工作温度不超过 200℃，结构形状复杂的汽车、飞机零件

① J—金属型铸造；S—砂型铸造；B—变质处理；T1—人工时效（铸件快冷后进行，不进行淬火）；T2—退火（290℃±10℃）；T4—淬火＋自然时效；T5—淬火＋不完全人工时效（时效温度低，或时间短）；T6—淬火＋完全人工时效（约 180℃，时间较长）；F—铸态。

② 用途在 GB 标准中未作规定。

典型实例 13

2A12 用于航空器、隔框、翼肋、翼梁、铆钉等，建筑与交通运输结构件。

3003 用于加工需要有良好的成形性能、高的抗蚀性、可焊性好的零部件，或既要求有这些性能又需要有比 1×××系合金强度高的工作，如厨具、食物和化工产品处理与贮存装置，运输液体产品的槽、罐，以及用薄板加工的各种压力容器与管道。

3004 全铝易拉罐罐身，要求有比 3003 合金更高强度的零部件，化工产品生产与贮存装置，薄板加工件，建筑加工件，建筑工具，各种灯具零部件。

3105 房间隔断、挡板、活动房板、檐槽和落水管，薄板成形加工件，瓶盖、瓶塞等。

6005 挤压型材与管材，用于要求强度大于 6063 合金的结构件，如梯子、电视天线等。

第二节　铜及铜合金

一、工业纯铜

工业纯铜的外观呈玫瑰色，熔点为 1 083℃，密度为 8.9g/cm³。具有面心立方晶格。具有良好的导电性和导热性，塑性很高，但强度较低，不适宜直接用作承载结构材料，主要用于制造导电器材和生活用品等。工业纯铜由于在大气中易与氧反应，在其表层形成外观呈紫红色的氧化膜，因此又通称紫铜。

工业纯铜不能通过热处理强化，但可通过冷变形产生加工硬化，也可通过合金化达到强化效果。铜还具有良好的抗腐蚀能力。

工业纯铜的代号记为 T1、T2、T3、T4 四个，T 为“铜”的汉语拼音字首，其后的数字越大，铜的纯度越低。

二、铜合金

工业上使用的铜合金，按照成分的不同，可以分为黄铜、青铜和白铜。

1. 黄铜

黄铜是以锌为主加元素的铜合金，黄铜具有良好的导电、导热性和铸造工艺性能，耐蚀性能较好，且价格较工业纯铜低，其外观色泽亮丽，接近黄金的颜色，除用于工业生产外，还被广泛用于装饰行业。

黄铜按化学成分可分为普通黄铜和特殊黄铜，按生产方式可分为压力加工黄铜及铸造黄铜。部分黄铜的牌号、成分、力学性能及用途见表 9-3。

(1) 普通黄铜　是在铜中主要加入锌而形成的铜锌二元合金。含锌量的大小直接影响合金的力学性能。当合锌量不超过 32%，锌能完全溶解于铜中形成以铜为基的 α 固溶体，有较高的强度和塑性，适于冷热压力加工，同时，它还有良好的锻造焊接工艺性能，抗蚀性能表现也较好；当含锌量超过 32%后，组织中会出现脆性较大的次化合物 CuZn 为基的 β 固溶体，从而出现 α+β 的双相黄铜，此时合金的塑性急剧下降，而强度增加；当含锌量超过 45%，强度反而急剧下降。

普通黄铜的牌号由“H”加数字表示，H 是“黄”字汉语拼音字首，数字表示铜的质量分数。

普通黄铜根据其性能特点，一般用来制造弹壳、水管、电器用零件等。

(2) 特殊黄铜　是在普通黄铜的基础上加入铅、锰、锡等合金元素形成的多元铜合金。

表 9-3　部分黄铜的牌号、成分、力学性能及用途（摘自 GB/T 5231—2001、GB/1176—87）

类别	牌号（旧牌号）	主要化学成分 w/%		力学性能			用途
		Cu	Zn 及其他	σ_b/MPa	δ/%	HBS	
压力加工黄铜	H96	95.0～97.0	Zn 余量	450	2	—	导管，冷凝器，散热片及导电零件，冷冲、冷挤零件，如弹壳、铆钉、螺母、垫圈等
	H68	67.0～70.0		660	3	150	
	H62	60.5～63.5		500	3	164	
	HPb59-1	57.0～60.0	0.8～1.9Pb Zn 余量	650	16	140	各种结构零件，如销子、螺钉、螺母、衬套、垫圈
	HMn58-2	57.0～60.0	1.0～2.0Mn Zn 余量	700	10	175	船舶和弱电用零件
铸造黄铜	ZCuZn16Si4（ZHSi80-3）	79.0～81.0	2.5～4.5Si Zn 余量	345(S)	15	90	在海水、淡水和蒸汽（<265℃）条件下工作的零件，如支座、法兰盘、导电外壳
				390(J)	20	100	
	ZCuZn40Pb2（ZHPb58-2）	57.0～60.0	1.0～2.0Mn Zn 余量	345(S)	20	80	选矿机大型轴套及滚珠轴承的轴承套
				390(J)	25	90	
	ZCuZn31A12（ZHA167-2.5）	66.0～68.0	2.0～3.0Al Zn 余量	295(S)	12	80	海运机械、通用机械的耐蚀零件
				390(J)	15	90	

注：S 表示砂型铸造，J 表示金属型铸造。

合金元素的加入可提高普通黄铜的力学性能，改善其加工性能，增强抗腐蚀能力，因而具有更为广泛的应用，比较常见的是用于船舶、化工、机电制造业中的零配件生产。

特殊黄铜的牌号是由“H”＋“第一合金元素”＋“铜的质量分数 ”-“第一合金元素质量分数”组成。如 HPb59-1、HMn58-2。

（3）铸造黄铜　含有较多的铜及少量合金元素，如铝、硅、铅等。此类铜合金的熔点比工业纯铜低，铸造性能好，其耐磨性、耐腐蚀性能也较好，适于用作轴套、法兰盘以及其他腐蚀介质中使用的零件。

铸造黄铜的牌号是由“Z”＋“铜锌元素符号”＋“Zn 的质量分数”＋“第二合金元素符号”＋“第二合金元素质量分数”组成，Z 是“铸”字的汉语拼音字首，如 ZGuZn40Pb2。

2. 青铜

工业生产上，除黄铜和白铜以外，把铜与其他元素所组成的合金均称为青铜。青铜按化学成分又可分为锡青铜和无锡青铜两大类。按生产方式的不同可分为压力加工青铜和铸造青铜。青铜的牌号是由“Q”＋“第一主加合金元素符号及质量分数”-“其他元素的质量分数”组成，Q 是“青”字的汉语拼音字首。

部分青铜的牌号、成分、力学性能及用途见表 9-4。

（1）锡青铜　是以锡为主加元素的铜合金。我国历史上著名的青铜器时代所生产的兵器、生活器皿大都属于此类合金。

锡青铜具有高的铸造性能、耐蚀性、减磨性和较好的力学性能。当锡的质量分数较低时，合金为单相 α 固溶体，具有较高的塑性，且随着含锡的增加，强度也呈正比增加；当锡的含量超过 6%时，组织出现脆性较大的以 CuZn 为基的固溶体，此时随着含锡量的增加，强度、硬度升高，塑性急剧下降；当锡的含量超过 20%，合金的脆性显著增高，强度和塑性均下降，无使用价值。

工业上使用的锡青铜，含锡量大多在 3%～15%之间。含锡量小于 5%的锡青铜适于冷加工使用，含锡量 5%～7%的锡青铜适用于压力加工；含锡量大于 10%的锡青铜适用于铸造。

表 9-4　部分青铜的牌号、成分、力学性能及用途（摘自 GB/T 5231—2001、GB/T 1176—87）

类别	牌号	主要成分 w/%			力学性能		用　途
		Sn	其他	Cu	σ_b/MPa	δ/%	
压力加工锡青铜	QSn4-3	3.5～4.5	2.7～3.3Zn	余量	550	4	弹性元件，化工机械耐磨零件和抗磁零件
	QSn6.5-0.4	6.0～7.0	0.26～0.4P	余量	750	7.5～12	耐磨及弹性元件
	QSn4-4-2.5	3.0～5.0	3.0～5.0Zn 1.5～3.5Pb	余量	600	2～4	轴承和轴套的衬垫等
铸造锡青铜	ZCuSn10Zn2	10.0～11.0	1.0～3.0Zn	余量	240(S)	12	在中等及较高载荷下工作的重要管配件、阀、泵体等
					245(J)	6	
	ZCuSn10P1	10.0～11.5	0.5～1.0P	余量	220(S)	3	重要的轴瓦、齿轮、连杆和轴套等
					310(J)	2	
特殊青铜（无锡青铜）	ZCuAl10Fe3	8.5～11.0Al	2.0～4.0Fe	余量	490(S)	13	重要的耐磨、耐蚀重型铸件，如轴套、蜗轮
					540(J)	15	
	ZCuAl9Mn2	7.0～8.5Al	1.5～2.5Mn	余量	390(S)	20	形状简单的大型铸件，如衬套、齿轮、轴承
					440(J)	20	
	QBe2	1.8～2.1Be	0.2～0.5Ni	余量	1 250	3	重要仪表弹簧、齿轮等

注：S 表示砂型铸造，J 表示金属型铸造。

锡青铜可用来制作轴套、弹簧、仿古工艺品等，广泛应用于化工、仪表、造船等行业。

（2）无锡青铜　其种类较多，常见的有铝青铜、铍青铜、硅青铜等。不同的主加元素所起的作用不同，因而每种无锡青铜的特点也不同。如铝青铜的力学性能、抗腐蚀、耐磨性能均比黄铜和锡青铜好，且价格低廉，多用于制造弹性元件；而铍青铜经时效处理后，具有良好的综合力学性能，还具有优异的导电、导热性能，除可用以制作高级弹性元件外，还可用于制作航海罗盘等重要机件。

3. 白铜

白铜是以镍为主加合金元素的铜合金。白铜具有较高的强度和塑性，可进行冷、热变形加工，具有很好的耐蚀性，电阻率较高。白铜在固态下为单相固溶体。白铜一般用来制造要求高强度、高耐蚀的医疗器件、化工零件、热电偶丝。

白铜的牌号是由“B”＋“数字”-“数字”组成，B 为“白”的汉语拼音字首，前一个数字代表镍的质量分数，后一个数字为第二合金元素的质量分数。

典型实例 14

1. H62、H68 黄铜具有高的塑性和强度，成型性好，应用广泛，可制作各种复杂的冷冲压件和深冲压件、波导管和冷凝器用管件、机械和电器用零件；H70 黄铜也称“炮铜”，主要用于制作弹壳及管材。

2. 几乎在所有的机器中都可以找到铜制品部件。除了电机、电路、油压系统、气压系统和控制系统中大量用铜以外，还有种类繁多的用黄铜和青铜制造的传动件和固定件，如齿轮、蜗轮、蜗杆、联接件、紧固件、扭拧件、螺钉、螺母等。几乎在所有做机械相对运动的部件之间，都要使用减摩铜合金制作的轴承或轴套，特别是万吨级的大型挤压机、锻压机的缸套、滑板几乎都用青铜制成，铸件重量可达数吨。许多弹性元件，几乎都选用硅青铜和锡青铜作为材料，焊接工具、压铸模具等更离不开铜合金。

第三节　钛及钛合金

一、工业纯钛

钛是化学活泼性极强的金属，它的密度小、熔点高、导热性差。纯钛塑性好、强度低、容易加工成型，可制成细丝和薄片。钛在大气和海水中有优良的耐蚀性，它的抗氧化能力优于大多数奥氏体不锈钢。在硫酸、盐酸、硝酸、氢氧化钠等介质中都很稳定。

工业纯钛中含有氧、氮、氢、碳、铁、镁等杂质，少量杂质可使钛的强度和硬度显著增加，塑性和韧性明显降低。

工业纯钛的牌号由“TA”＋“数字”表示。数字越大，纯度越低。T为“钛”的汉语拼音字首。其牌号有TA1、TA2、TA3三种，序号越大，杂质越多。工业纯钛只作去应力退火和再结晶退火处理，常用于制作在350℃以下工作且强度要求不高的零件和冲压件。

二、钛合金

钛合金根据使用状态的组织可分为三类：α钛合金、β钛合金、α＋β钛合金。

1. α钛合金

当钛中加入铝、硼等α稳定化元素时，可提高钛的同素异晶转变温度，扩大钛的α相区，使钛合金在室温和工作温度下获得单相α固溶体，故称为α钛合金。α钛合金有良好的热稳定性、热强度和焊接性，但室温强度比其他钛合金低，塑性变形能力也较差，且不能热处理强化，主要是固溶强化，通常在退火状态下使用。

α钛合金的牌号是TA4、TA5、TA6、TA7、TA8等。TA7是较典型的牌号，可制作在500℃以下工作的零件，如发动机压气机盘和叶片，超音速飞机的涡轮、机匣等。

2. β钛合金

当钛中加入钼、铬、钒、铌等β稳定化元素时，可降低钛的同素异晶转变温度，扩大钛的β相区，使钛合金在退火或淬火状态下获得单相β固溶体，故称为β钛合金。β钛合金淬火后具有良好塑性、可进行冷变形加工。并经淬火时效后，使合金强度提高，焊接性好，但热稳定性差。

β钛合金的牌号是TB1、TB2等。适于制作在350℃以下使用的重载荷回转件，如压气机叶片、轴、轮盘等。

3. α＋β钛合金

当钛中加入β稳定化元素和α稳定元素化所得到的α＋β的两相组织，故称为α＋β钛合金。这种合金塑性好，易于锻造，经淬火时效后，强度可提高50％～100％，但稳定性差，焊接性不如α钛合金。

α＋β钛合金的牌号是TC1、TC2、…、TC10等。TC4是较典型的牌号，经淬火和时效处理后，强度高、塑性好，在400℃时组织稳定，蠕变强度高，低温时韧性好，并有良好的抗海水应力腐蚀及抗热盐应力腐蚀的能力，所以，适于制造在400℃以下长期工作的零件的，要求一定高温强度的发动机零件，以及在低温下使用的火箭、导弹液氢燃料部件等。

除以上常用的钛合金外，还有钛镍合金，预先将钛镍合金加工成一定形状，以后无论如何改变形状，只要在300～1000℃温度中进行加热，它仍然会恢复到加工时的形状。因此，可制作温控装置、汽车零件及卫星天线等。

常用的工业纯钛和钛合金的牌号、成分、力学性能及用途见表9-5。

表 9-5　常用的工业纯钛和钛合金的牌号、成分、力学性能及用途

类别	牌号	化学成分	室温力学性能			高温力学性能			用　途
			热处理[①]	σ_b/MPa	δ/%	试验温度/℃	σ_b/MPa	σ_{100}/MPa	
工业纯钛	TA1	Ti(杂质极微)	T1	300～500	30～40				在 350℃以下工作的强度要求不高的零件
	TA2	Ti(杂质微)	T1	450～600	25～30				
	TA3	Ti(杂质微)	T1	550～700	20～25				
α钛合金	TA4	Ti-3Al	T1	700	12				在 500℃以下工作的零件，如导弹燃料罐、超音速飞机的涡轮、机匣等
	TA5	Ti-4Al-0.005B	T1	700	15				
	TA6	Ti-5Al	T1	700	12～20	350	430	400	
β钛合金	TB1	Ti-3Al-8Mo-11Cr	T1	1 100	16				在 350℃以下工作的零件、如压气机叶片、轴、轮盘等重载回转件，飞机构件等
			T2	1 300	5				
	TB2	Ti-5Mo-5V-8Cr-3Al	T1	1 000	20				
			T2	1 350	8				
α+β钛合金	TC1	Ti-2Al-1.5Mn	T1	600～800	20～25	350			在 400℃以下工作的零件，有一定高温强度的发动机零件，低温用部件等
	TC2	Ti-3Al-1.5Mn	T1	700	12～15	350			
	TC3	Ti-5Al-4V	T1	900	8～10	500			
	TC4	Ti-6Al-4V	T1	950	10	400			

① T1—退火；T2—淬火＋时效 900℃。

第四节　轴 承 合 金

轴承是一种重要的机械零件。它分滑动轴承和滚动轴承两类。滚动轴承通常用滚动轴承钢制造，如 GCr9 等。滑动轴承则多采用轴承合金。轴承合金是指在滑动轴承中制造轴瓦及内衬的合金，又称为滑动轴承合金。

一、滑动轴承的工作特性

轴承是支撑轴作高速转动的承载体，当轴工作时，轴瓦与之产生强烈的摩擦磨损。由于轴的生产成本较高，价格昂贵，更换代价大，所以应尽可能从轴瓦材料的设计、选用上下功夫，尽可能减小对轴的磨损。滑动轴承合金一般应具有以下性能。

① 具有良好的抗压强度、冲击韧性及一定的疲劳强度。

② 具有一定的硬度、良好的耐磨性和较小的摩擦因数。

③ 具有足够的塑性和韧性、磨合性能好。

④ 具有好的耐蚀性、导热性和小的热膨胀系数。

根据上述性能要求，理想的滑动轴承合金的组织应为在软的基体组织上均匀分布硬的质点。当轴承运转时，软基组织被磨成凹坑，储存润滑油，改善润滑条件并降低摩擦因数，同时还能抗冲击、减振。而硬的质点则承担轴的压力，抵抗磨损，如图 9-2 所示。也可以采用硬基组织上分布着软质点的形式，同样也能达到上述目的。

二、轴承合金的分类与牌号

适用于制作轴瓦的合金很多，常见的有锡基、铅基、铜基、铝基等轴承合金。实际使用中，通常称前两种材料为巴氏合金。

由于轴承合金常在铸态下制得，其通常是由“Z”＋“基本元素符号与主加元素符号”＋

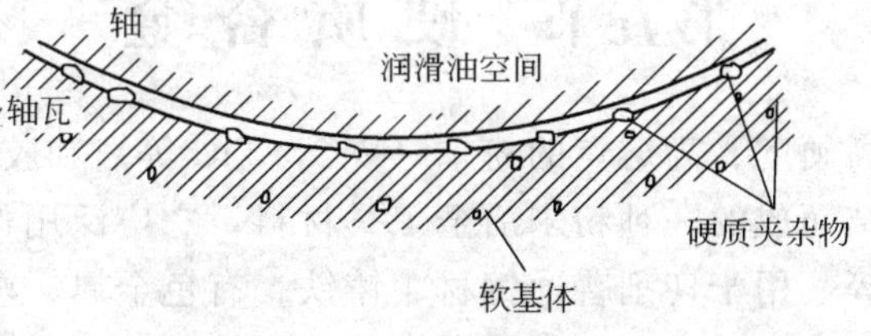

图 9-2 轴瓦与轴理想配合示意

“主加元素质量分数”＋“辅加元素符号”＋“辅加元素质量分数”。Z 为“铸”字的汉语拼音字首，有时也可在其后加“Ch”，Ch 为“承”字的汉语拼音字首。

三、常用的滑动轴承合金

1. 锡基轴承合金（锡基巴氏合金）

锡基轴承合金是以锡为基体，加入适量的铜、锑、铅等元素所形成的合金。这类合金具有摩擦因数小，导热性和耐蚀性较好，且承受冲击载荷能力强，缺点是疲劳强度低，耐热性差。主要用于制作汽车、汽轮机、电动机的轴瓦，常见的有 ZSnSb8Cu4。

2. 铅基轴承合金（铅基巴氏合金）

铅基轴承合金是以铅为基体，加入适量锑、锡、铜等元素所形成的合金。与锡基轴承合金相比，这类轴承合金的强度、硬度和冲击韧性较低，摩擦因数较大，但生产成本较低，可用于制造那些承受载荷不大，无明显冲击载荷作用的轴瓦。常见的有 ZPbSb16Cu2。

锡基、铅基轴承合金的硬度较低，加之耐热性差，生产中常将其镶铸在钢质轴瓦的壳上，形成双金属衬，这样即可使轴瓦的承载能力提高，又节省了轴承合金。

3. 铜基轴承合金

铜基轴承合金有铅青铜、锡青铜。铅青铜这类合金有较高的抗疲劳强度和抗冲击能力，有良好的耐磨性，热导率、摩擦因数低、导热性好，适宜于在高温条件下（250～300℃）持续工作。因此多用于制造高速高压条件下的轴承，如航空发动机，高速柴油机轴承等，常见的如 ZCuPb30 等。

铅青铜的性能特点类似铅基巴氏合金，一般使用时，往往采取制作成双金属衬轴承的方法。

4. 铝基轴承合金

铝基轴承合金的基本元素为铝，主加元素有锑、锡等。这类合金的组织特点是在较硬的铝基体上，弥散分布着较软的质点，因而这类合金的疲劳强度高，耐磨性能好，承载能力较强，也是一种新型的减摩材料，由于生产成本低，工艺简单，正在逐步替代前述轴承合金，目前已在汽车，拖拉机，内燃机轴承生产上得以推广使用。

典型实例 15

ZSnSb11Cu6 锡基巴氏合金具有较好的磨合性，抗咬合性，耐磨耐腐蚀抗震抗压和较好的嵌藏性能。成分有锡锑铜铅组成，锡铜融合形成针状体，锑锡融合形成晶状体，若配方合理，温度适当，其结构均匀细密。最常用的锡基合金 ZSnSb11Cu6 的化学成分是锑 10%～12%、铜 5.5%～6.5%锡余量。锡基合金常用于建材机械各种型号的球磨机、造纸机械、烘干机、打浆机、水轮机、压缩机、轧钢机、矿山设备、船舶机械、石油机械、化工机械等大型机械的轴承（轴瓦）轴套、轴衬等。

第五节 硬质合金

硬质合金是把一些高硬度、高熔点的粉末（WC，TiC 等）和胶结物质（Co，Ni 等）混合，加压制坯，再经烧结而成的一种粉末冶金工具材料，它广泛用作刀具材料，如车刀、铣刀、刨刀、钻头、镗刀等，用于切削普通钢材、铸铁、有色金属、塑料、玻璃、石材等，也可以用来切削耐热钢、不锈钢、高锰钢、工具钢等难加工的材料。现在新型硬质合金刀具的切削速度是碳素钢的数百倍。

一、硬质合金的性能特点

由于高熔点、高硬度的金属碳化物 WC，TiC 及 TiN 作为基体，软又韧的 Co，Ni 等金属起粘结作用，从而使硬质合金具有很高的硬度（76HRC），很高的热硬性，切削温度可达 1000℃，具有较高的耐磨性以及一定的强度。其耐磨性比高速钢高 1020 倍，它在 800～900℃时的硬度和高速钢在 500～600℃时的硬度相当。使用这种合金制作刀具，可以提高金属的切削速度，用硬质合金制作的刀具，其切削速度比高速钢提高 4～5 倍，从而提高机床的生产效率。硬质合金的主要缺点是韧性低、价格高，所以在用硬质合金做刀具或模具时，常常将硬质合金镶嵌在其他廉价材料之上使用。同时由于硬质合金的硬度很高，对其进行切削加工将非常困难。因此形状复杂的刀具，如拉刀、滚刀就不能用硬质合金来制作。

二、硬质合金的分类及牌号

硬质合金按其成分和性能特点分为钨钴合金（YG）、钨钛钴合金（YT）、钨钛钽（铌）钴合金（YW）和碳化钛铌铝合金（YN）四类。它们的牌号用汉语拼音字母“Y”和决定合金特性的主要元素（或化合物）及其成分数字（或顺序号）表示。分别介绍如下：

（1）钨钴类硬质合金（K 类）。牌号有 YG3、YG6、YG8 等。YG 表示钨钴类硬质合金，“G”是 Co 的代号，后边的数字表示 Co 的质量分数，如 YG8 表示 Co 的质量分数为 8%、WC 的质量分数为 92%的钨钴类硬质合金。

（2）钨钴钛类硬质合金（P 类）。牌号有 YT5、YT15、YT30 等。YT 表示钨钴钛类硬质合金，“T”是钛的代号，后边的数字表示 TiC 的质量分数。如 YT15 表示 TiC 的质量分数为 15%，其余为 WC 和 Co 的钨钴钛类硬质合金。

（3）钨钛钽（铌）钴类硬质合金（M 类）。牌号有 YW1 中“W”是“万”的代号，YW 表示钨钴钛钽（铌）硬质合金（也叫通用合金或万能合金），后面的数字是顺序号，不代表化学成分。

（4）碳化钛铌钼合金类。牌号有 YN10 中的“N”是镍的代号，表示碳化钛镍钼合金，后面的数字表示含钼量，即 YN10 表示钼含量为 10%的碳化钛镍钼硬质合金。

硬质合金的化学成分及碳化物颗粒大小对性能有很大影响。一般来说，碳化物含量越多，合金的硬度越高，强度越低；钴含量越多，合金的硬度越低，但强度则越高；制造硬质合金的碳化物颗粒越细，合金的硬度越高，但强度略有下降。反之，颗粒越粗，强度和韧性有所提高，但硬度和耐磨性略有下降。为了区分粉末粒度，有些牌号后边还加有“X”或“C”来表示合金中粉末粒度的粗细，如 TG6X 表示含钴量 6%的细颗粒硬质合金，YG6C 表示含钴量 6%的粗颗粒硬质合金。常用硬质合金的牌号、化学成分、力学性能及用途见表 9-6。

表 9-6　常用硬质合金的牌号、化学成分、力学性能及用途

类别	牌号	ISO	化学成分/%				力学性能(不低于)		用　途
			WC	TiC	TaC	Co	HRA	抗弯强度/MPa	
钨钴类合金	YG3X	K01	96.5	—	<0.5	3	92	1000	适用于制造加工铸铁、非铁金属及非金属材料的刀具，钢、非铁金属材料与管材的拉伸模、冲击钻钻头、机器及工件的易磨损零件
	YG6	K20	94.0	—	—	6	89.5	1450	
	YG6X	K10	93.5	—	<0.5	6	91	1400	
	YG8	K20～K30	92.0	—	—	8	89	1500	
	YG11C	K40	89.0	—	—	11	88.5	2100	
	YG15	K40	85.0	—	—	15	87	2200	
钨钴钛类合金	YT5	P30	85.0	5		10	88.5	1400	适于碳素钢、合金钢的连续切削加工
	YT15	P10	79.0	15		6	91	1130	
	YT30	—	66.0	30		4	92.5	880	
通用合金	YW1	M10	84.0	6	4	6	92	1230	适于高锰钢、不锈钢、耐热钢、普通合金钢及铸铁的加工
	YW2	M20	82.0	6	4	8	91.5	1470	

注：牌号“X”代表该晶粒是细颗粒，“C”代表该晶粒是粗颗粒，不标字母为一般颗粒合金。

三、硬质合金的应用

硬质合金的应用范围有以下五个方面：

① 制作硬质合金刀具，如图 9-3 所示，如车刀、铣刀、钻头、铰刀等。其中，YG 类合金适用于加工铸铁、有色金属及某些非金属材料，YT 类合金适用于加工钢材，YW 类适用于对铸铁及钢件的加工。

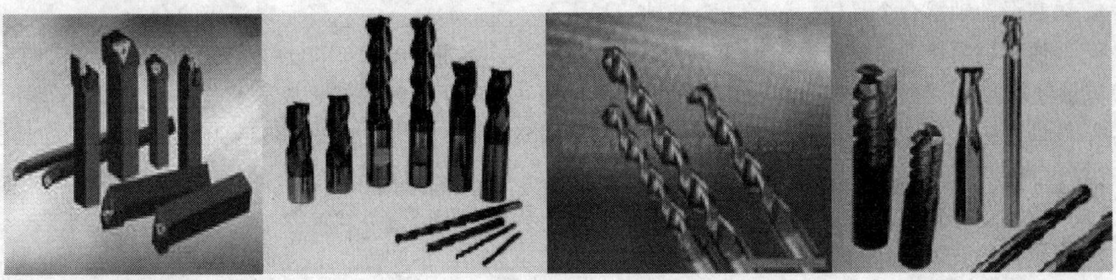

(a) 车刀　(b) 铣刀　(c) 钻头　(d) 铰刀

图 9-3　硬质合金刀具

② 制作模具，如拉伸模、冲压模、成型模等，小的拉伸模一般都用 YG6X 和 YG8，大的拉伸模则用 YG8 和 YG15。

③ 制作凿岩工具，一般用 YG15。

④ 制作量具，如千分尺及块规等各种专用量具，一般用 YG 类的硬质合金。

⑤ 制作耐磨零件，在容易磨损的工作面上镶以硬质合金，如精轧辊、顶尖、精密磨床的精密轴承等，常用的是 YG 类硬质合金。

典型实例 16

1. K类（YG）即钨钴类，由碳化钨和钴组成。这类硬质合金韧性较好，但硬度和耐磨性较差，适用于加工铸铁、青铜等脆性材料。常用的牌号有：YG8，YG6，YG3，它们制造的刀具依次适用于粗加工、半精加工和精加工。

2. P类（YT）即钨钴钛类，由碳化钨、碳化钛和钴组成。这类硬质合金耐热性和耐磨性较好，但抗冲击韧性较差，适用于加工钢料等韧性材料。常用的牌号有：YT5、YT15、YT30等，这三种牌号的硬质合金制造的刀具分别适用于粗加工、半精加工和精加工。

3. M类（YW）即钨钛钽铌类。由在钨钴钛类硬质合金中加入少量的稀有金属碳化物（TaC或NbC）组成。它具有前两类硬质合金的优点，用其制造的刀具既能加工脆性材料，又能加工韧性材料。同时还能加工高温合金、耐热合金及合金铸铁等难加工材料。常用牌号有YW1、YW2。

思考与应用

一、名词解释

1. 时效　2. 黄铜　3. 白铜　4. 青铜　5. 滑动轴承合金　6. 普通黄铜　7. 特殊黄铜　8. 硬质合金

二、填空题

1. 普通黄铜是________、________二元合金，在普通黄铜中加入其他元素时称________黄铜。

2. 纯铝________小、________低、具有良好的________性和________性，在大气中具有良好的________性。

3. 形变铝合金可分为________铝、________铝、________铝和________铝。

4. 锡基滑动轴承合金是以________为基础，加入________、________等元素组成的合金。

5. 普通黄铜当锌的质量分数小于39%时，称为________黄铜，由于其塑性好，适宜________加工；当锌的质量分数大于39%时，称为________黄铜，强度高，热态下塑性较好，故适于________加工。

6. 钛也有________现象，882℃以下为________晶格，称为________钛；882℃以上为________晶格称为________钛。

7. 铸造铝合金有________系、________系________系和________系合金等。

8. 按照合金的化学成分，合金可分为________铜、________铜和________铜三大类。

9. 工业钛合金按其使用组织状态的不同，可分为：________钛合金、________钛合金和________钛合金。其中________钛合金应用最广。

10. 常用的滑动轴承有________基滑动轴承合金、________基滑动轴承合金、________基滑动轴承合金、________基滑动轴承合金等。

11. 按化学成分和性能特点的不同，硬质合金通常分为________、________、________。

12. YG8表示________硬质合金，其中8表示________；YT5表示________硬质合金，其中5表示________；YW2表示________硬质合金。

三、选择题

1. 将相应牌号填入空格内：

硬铝________；防锈铝合金________；超硬铝________；铸造铝合金________；铅黄铜________；铝

青铜________。

A. HPb59-1　　B. 3A21（LF21）　　C. 2A12（LY12）

D. ZALSi7Mg　　E. 7A04（LC4）　　F. QA19-4

2. 5A02（LF2）按工艺性能和化学成分划分是________铝合金，属于热处理的________铝合金。

A. 铸造　　B. 变形　　C. 能强化　　D. 不能强化

3. 某一金属材料的牌号为 T3，它是________。

A. 碳的质量分数为 3%的碳素工具钢　　B. 3 号工业纯铜　　C. 3 号纯钛

4. 某一金属材料牌号为 QTi3.5，它是________。

A. 钛青铜　　B. 球墨铸铁　　C. 钛合金

5. 将相应牌号填入空格内：

普通黄铜________；特殊黄铜________；锡青铜________；硅青铜________。

A. H70　　B. QSn4-3　　C. QSi3-1　　D. Ha177-2

四、判断题

1. TA7 表示 7 号 α 钛合金。(　　)

2. 特殊黄铜是不含锌元素的黄铜。(　　)

3. 变形铝合金都不能用热处理强化。(　　)

4. 工业纯铝中杂质含量越高，其导电性，耐腐蚀性及塑性越低。(　　)

5. H80 属双相黄铜。(　　)

6. 在砂轮上磨削 YT30 硬质合金制成的刀具时，可以用水急冷。(　　)

五、简答题

1. 轴承合金应具备什么样的理想组织？

2. 铝合金热处理强化的原理与钢热处理的原理有何不同？

3. 硬质合金的性能特点有哪些？

4. 同类硬质合金中，钴的质量分数对硬质合金的性能有何用途？有何影响？

六、课外调研

观察有非铁金属在日常生活中和生产中的应用，查阅有关资料调查非铁金属材料在地球上的储量，并以“如何合理使用有限的非铁金属资源”为主题进行交流和研讨。

第十章　非金属材料及复合材料

知识目标

1. 了解高分子材料的分类和应用。

2. 了解常用工程塑料、合成橡胶、合成纤维等的应用。

能力目标

1. 能对高分子材料的分类和应用有认识。

2. 能对常用的工程塑料名称和应用有认识。

非金属材料是指除金属材料和复合材料以外的其他材料。由于非金属材料的原料来源广泛，成型工艺简单，并具有金属材料所不及的某些特殊性能，所以应用日益广泛。目前已成为机械工程材料中不可缺少的、独立的组成部分。机械中常用的非金属材料有高分子材料和陶瓷材料。

复合材料是材料家族中最年轻、最活跃的新成员，它是一种新型、独特、具有综合优异性能的新型工程材料，故拥有广阔的发展前景。

第一节　高分子材料

一、高分子材料简介

高分子材料是由分子量 10^4 以上的化合物构成的材料。它是以聚合物为基本组分的材料，所以又称聚合物材料或高聚合物材料。

（一）高分子材料的分类和应用

1. 高分子材料的分类

高分子材料种类繁多，可根据材料来源、性能、结构和用途不同进行分类。

按照高分子材料的来源分为天然高分子材料和合成高分子材料。天然高分子材料如天然橡胶、皮革、棉纤维等；合成高分子材料如合成橡胶、塑料、合成纤维等。

按高分子材料性能和产品用途分为塑料、橡胶、纤维、聚合物共混物、高分子合金、聚合物基复合材料、胶黏剂和涂料等。

按高分子材料的热行为及成型工艺特点分为热塑性高分子材料和热固性高分子材料。

按高分子几何构型分为线型高聚物、体型高聚物和支链型高聚物。

2. 高分子材料的应用

高分子材料具有性能优异、加工成型方法简单、价格低廉等特点，而且原料丰富，在机械制造、交通、建筑、电子、化工、轻工、包装以及航空航天、国防科技等各个领域，其使用已相当普遍。化工过程装备工业中各种防腐设备、管道、塔、衬里、罐和密封件；国防高科技工业中的雷达、火箭、飞船、人造卫星都离不开高分子材料。随着科学技术的不断发展，高分子材料作为材料的一个重要领域，必将日益发挥更大的作用。

（二）高分子材料性能的主要特点

塑料、橡胶等高分子材料同金属材料、无机非金属材料一样具备有力学性能、电学性能、热学性能和化学性能等。由于高分子材料结构的特殊性，在性能上与其他材料相比有以下的特点。

具有高弹性和低弹性模量。

黏弹特性。

有缓冲作用、能吸收振动和声音。

高绝缘体。

低耐热性和低导热性。

耐水、大多数能耐酸、碱、盐、溶剂、油脂。

有蠕变、应力松弛现象。

高热膨胀性。

易“老化”等特性。

（三）过程装备对高分子材料的选择原则

现以高分子材料代替金属材料制作压缩机活塞环为例，说明高分子材料的选择原则。活塞环是压缩机的一个重要部件，它的性能直接关系到压缩机的工作性能。活塞环的工作一是无油润滑，二要密封，既保证活塞来回运动要紧贴缸壁又不损伤壁面。在无油润滑的工作条件下，摩擦生热严重，导致温度升高，兼之压缩机的压缩介质又都是较高温度，所以活塞环的工作温度也是相当高的。特别是高压压缩机，载荷大、运转快、工作温度高，所以选择的高分子材料除了应该具有一定的机械强度外，还应具有良好的耐磨性、减摩和自润滑性，以及耐高温性能。高分子材料中的多种塑料，如尼龙、聚甲醛、聚酰亚胺、耐热聚酯、氟塑料等材料均具有优良的摩擦性能，又有一定的承载能力，从性能指标数据上可以满足作摩擦材料的基本要求，特别是氟塑料和聚酰亚胺。但单纯使用一种塑料均有一定局限性，如承载能力低、力学性能差、容易产生蠕变或摩擦特性的稳定性不好等缺陷。选用上述材料中的氟塑料，摩擦因数低、自润滑性好，有耐较高温度的良好性能，但由于该材料蠕变严重、不耐磨、承载能力低，又影响了选用效果。但若选用填充改性处理后的聚四氟乙烯塑料，不仅改善其热物理性能，提高其耐磨性，而且可用于较大负荷和较快速度的场合。所以它是高压压缩机活塞环的合适材料。

二、工程塑料

（一）工程塑料简介

塑料是以合成的或天然的树脂作为主要成分，添加多种不同作用的添加剂，然后经过加热、加压而成型的制品。塑料的性能主要取决于主体成分高聚物树脂的性质，高聚物中适当添加某些辅料可以改善材料的耐热、耐磨、耐寒、导热、力学和加工性能。一般塑料具有密度小、比强度大、电绝缘性好、耐腐蚀性好和易加工等优点，但也具有强度差、不耐高温、易变形、导热差、热膨胀系数大、易老化等缺点。在过程装备中可以作为结构材料、耐蚀衬里材料、绝缘材料等；可以制作多种型材，如棒、管、板、模；可以制作各类制品，如阀、塔、泵、槽、机械零部件。

塑料有多种分类方法。按应用领域分为通用塑料、工程塑料和特种塑料；按树脂的受热变化分类，分为热塑性塑料和热固性塑料两大类。热塑性塑料是以热塑性树脂为主体成分（如聚氯乙烯、聚乙烯、聚丙烯、聚苯乙烯），加工塑化成型后一般都具有链状的线型分子结构，受热后又软化，可反复塑制成型，也可对型材进行二次热加工。热固性塑料是以热固性树脂为主体成分（如环氧树脂、酚醛树脂、不饱和聚酯树脂），加工固化成型后一般具有三维网状的体型结构，受热不再软化，在强烈受热下发生热分解破坏，不可反复成型。按树脂的结构分类，有聚烯烃类、聚酰胺类、聚酯类等。

（二）常用工程塑料

1. 聚甲醛（POM）

聚甲醛为淡黄色或白色半透明或不透明的粉料或粒料，硬而质密，制品表面光滑并有光泽，成型收缩率高达3.5%。易燃、透气性小。聚甲醛的力学性能好并接近金属材料，是替代铜、钢、铝等金属材料的理想材料；耐疲劳性和耐蠕变性极好；耐磨损、自润性和摩擦性好；热稳定性和化学稳定性高，电绝缘性优良。聚甲醛的缺点为密度大，耐酸和耐燃性不好，后收缩大且不稳定，尺寸稳定性差。

聚甲醛广泛用于机械、电子、电器、汽车、仪表建筑和日用品等领域。如轴承、齿轮、凸轮、辊轴、滚子、滑轮、风扇、开关、电视及录像机的配件、水箱、玩具等。

2. 聚酰胺（PA）

聚酰胺俗称尼龙，是结晶性塑料，白色至淡黄色的透明或不透明固体，表观材质坚硬，制品表面有光泽，吸水率比较大，属中等阻隔性塑料。具有良好的力学性能，与金属材料相比，刚性逊于金属，但比抗压强度与金属相近，因此代替金属材料。尼龙具有优良的耐摩擦性、耐磨耗性和自润滑性，摩擦因数为0.1～0.3，其耐磨效果是铜的8倍，抗疲劳强度低于钢，但与铸铁和铝合金等金属材料相近。尼龙具有良好的韧性，在湿度较高的条件下也具有良好的电绝缘性。尼龙耐油、耐溶性能良好。尼龙的缺点是有吸湿性，吸湿后屈服强度下降，也影响尺寸的稳定性。所以在加工前必须干燥。尼龙的主要品种有尼龙6、尼龙66、尼龙1010和尼龙610以及单体浇铸尼龙（即MC尼龙）。尼龙广泛用于机械、电气部件，如轴承、齿轮、凸轮、辊轴、滚子、滑轮、涡轮、泵叶轮、风扇叶片、密封垫片、阀座、油箱、油管等。用玻璃纤维增强尼龙后，广泛用来代替金属作结构材料。

3. 聚碳酸酯（PC）

聚碳酸酯为透明、呈微黄色或白色硬而韧的树脂，燃烧时发出花果臭味、离火自熄、火焰呈黄色、熔融起泡。它的突出性能是优异的冲击性，优良的力学性能和电绝缘性，使用温度范围广（－130～130℃），尺寸稳定性高，耐蠕变性高，是一种集刚、硬、韧于一体的典型塑料品种。聚碳酸酯的主要缺点是吸湿性能大、加工易产生气泡及银丝，制品易产生残余内应力、并对缺口敏感性大，耐疲劳性低、摩擦性及耐磨性不好。广泛应用于光学材料、电子电器、机械零件、包装材料以及医疗器材，如防护玻璃、大型灯罩、录音带、齿轮、凸轮、曲轴、餐具和人工肾等。

4. ABS（丙烯腈-丁二烯-苯乙烯共聚物）

ABS是在聚苯乙烯树脂改性的基础上发展起来的高分子材料，具有坚韧、质硬、刚性好，良好的综合性能，极其优良的冲击强度，比聚氯乙烯、聚苯乙烯的热变形温度高、尺寸稳定性好，有较高的耐磨性。硬质ABS的摩擦因数甚低，虽然不能做自润滑制件，但在中等转速和载荷不大的情况下可做轴承。

ABS具有一定的化学稳定性，良好的电绝缘性能。而且加工性能良好，模塑收缩率低，所以它是一种重要的工程塑料，广泛用于制作齿轮、泵叶轮、轴承、电机外壳、仪表壳、容器、管道等结构件的材料。

5. 聚丙烯（PP）

聚丙烯一般是无色或乳白色，无毒，是通用塑料中密度最小的一个品种。

聚丙烯具有较好的力学性能，其强度、刚度和表面硬度较大。由于聚丙烯不含极性基团，所以具有优良的电绝缘性能，介电常数低，不吸水，故击穿电压高。聚丙烯具有优良的化学稳定性，在常温下几乎不溶于任何溶剂，除浓硫酸、浓硝酸外，对其他的酸、碱、盐都很稳定。聚丙烯的耐热性能好，连续使用温度可达 110～120℃。聚丙烯的摩擦因数与尼龙相近。与其他塑料相比，聚丙烯的独特性能是有较大的耐弯曲疲劳性，所以具有做铰链的功能。聚丙烯的不足之处是脆且容易老化，成型收缩率大，在低温下抗冲击性能较差。

聚丙烯主要用于化工管道、容器、设备及衬里，电线电缆包皮、绳缆、电瓶壳、齿轮、泵叶轮、薄膜、纤维等，近年来用聚丙烯塑料制作大型全塑防腐蚀制件日益增多，并通过改性等方法，改善其抗冲击性能和成型加工性。

6. 热固性塑料

热固性塑料为树脂在加工过程中发生化学变化，成型后再重新加热也不能软化的一类聚合物。它具有强度高、耐蠕变性好、耐热温度高、加工尺寸精度高及耐电弧性好等优点。其缺点是加工较难，常规加工方法为压制和层压等。通用热固性塑料的品种较少，有环氧树脂、酚醛树脂、不饱和聚酯树脂和氨基树脂等四种。

（1）环氧树脂（EP）及其塑料　环氧树脂是指大分子链中含有醚基而在两端含有环氧基团的一类聚合物。它可分为液体和固体粉末两类，固体粉末常用于压制成型，液体粉末常用于浇铸及层压成型等。

环氧树脂主要用于涂料、电绝缘材料、玻璃钢、胶黏剂及土木建筑等方面。在我国，环氧树脂仍是耐腐蚀玻璃钢的主要树脂品种之一，广泛用于储槽、管道、塔器、风机及建筑防腐等方面。

用环氧树脂为基本组分的塑料称环氧塑料，环氧塑料有增强塑料、泡沫塑料、浇铸塑料之分。环氧增强塑料如玻璃钢，是一种性能优异的工程材料。环氧泡沫塑料用于绝热、减振、吸声等。环氧浇铸塑料主要用于电气元件灌封等方面。另外，环氧树脂是一种重要的胶黏剂，素有“万能胶”之称。

（2）酚醛树脂（PF）及其塑料　以酚醛树脂为基本成分的塑料称之为酚醛塑料。按成型加工方法，酚醛塑料可分为酚醛层压塑料、酚醛模压塑料和酚醛泡沫塑料。

固化后的酚醛塑料强度高，硬而耐磨，耐酸、盐等大多数溶剂和药品，吸湿性低，制件尺寸稳定，耐热、耐燃。由于酚醛树脂具有优良的电绝缘性能，故常被称为“电木”。酚醛树脂的缺点是质脆易折断，耐碱性能差，即使在室温的条件下碱就能将它破坏。

酚醛树脂用途广泛，如各种电器零件、机器外壳和配件。在化工防腐设备中酚醛玻璃钢、涂料就是用热固性酚醛树脂作粘接剂的。

（3）不饱和聚酯（UP）　不饱和聚酯是以不饱和聚酯树脂为基础的塑料，经固化后成为体型高分子固体。不饱和聚酯树脂也称聚酯树脂，经玻璃纤维增强后的塑料俗称玻璃钢。

不饱和聚酯具有工艺性能优良，固化后综合性能好、品种多、适应性广等特点。在室温下具有适宜的黏度，室温固化后该树脂的力学性能略低于环氧树脂，但优于酚醛树脂，它不溶不熔，呈褐色半透明状。能在常压下成型，施工方便，容易保证质量，最适合于大型和现场制造玻璃钢制品。

三、合成橡胶和合成纤维

（一）合成橡胶

橡胶是一类具有高弹性的高分子材料。在外力的作用下，很容易发生极大的变形，当除去外力后，又恢复到原来的状态，并在很宽的温度范围内（−50～50℃）具有优异的弹性，所以又称高弹体。它还有较好的抗撕裂、耐疲劳特性。在使用中经多次弯曲、拉伸、剪切和压缩不受损伤，并具有不透水、不透气、耐酸碱和绝缘等特性，使得橡胶在过程装备中广泛应用于密封、防腐蚀、防渗漏、减振、耐磨、绝缘以及安全防护等方面。但是使用中应注意，除某些品种外，橡胶一般不耐油、不耐溶剂和强氧化性介质，而且容易老化。

按照原料来源橡胶可分为天然橡胶和合成橡胶两大类。如按照橡胶的使用性能和环境又可分为通用橡胶和特种橡胶。橡胶的品种和化学结构见表10-1。

表10-1　橡胶的品种和化学结构

通用橡胶		特种橡胶	
品种(代号)	主要成分化学结构	品种(代号)	主要成分化学结构
天然橡胶(NR)	顺式异戊二烯	乙丙橡胶(EPM,EPDM)	乙烯和丙烯的共聚物(分二元乙丙橡胶和三元乙丙橡胶)
丁苯橡胶(SBR)	丁二烯和苯乙烯的共聚物	氯丁橡胶(CR)	2-氯代丁二烯
顺丁橡胶(BR)	顺式-1,4-聚丁二烯	丙烯酰胺(ACM)	主要品种为丙烯酸乙酯和乙氯乙基乙烯醚共聚
丁基橡胶(IIR)	异丁烯和异戊二烯的共聚物	聚氨酯橡胶(UR)	聚氨酯是含有氨基甲酸酯基的聚合物的统称
丁腈橡胶(NBR)	丁二烯和丙烯腈的共聚物	氟橡胶(FPM)	氟橡胶是含有氟原子的橡胶的统称

1. 天然橡胶（NR）

天然橡胶的主要成分是橡胶烃，是天然的高分子材料。

天然橡胶在常温下具有很好的弹性，伸长率可达1 000%，是钢的300倍。强度大，耐弯曲开裂性优良，内部发热少，抗撕裂强度高、耐磨耗性优良。耐寒性好，有优异的电绝缘性，有较好耐透气性，不透水，良好的加工性、黏合性，滞后损失小。缺点是耐老化性能、耐药品和溶剂性能差。

天然橡胶具有良好的综合性能，特别是高弹性和工艺加工性能较为优异，大量用于制造各种轮胎，以及工作条件比较复杂、一般物理力学性能要求较高的橡胶制品。其他橡胶制品，如胶管、胶带、胶板、防尘罩、伸缩套及阻尼制品多采用天然橡胶。

2. 丁苯橡胶（SBR）

丁苯橡胶是丁二烯与苯乙烯聚合而得的共聚物，为浅黄褐色弹性体，有苯乙烯气味。它是一种较早出现、用途广泛的通用合成橡胶。

与天然橡胶相比，丁苯橡胶具有较好的耐热、耐老化性能和在一定条件下具有较高的耐磨性能。但丁苯橡胶的弹性、耐寒性、耐屈挠龟裂性、耐撕裂性能和粘着性能均比天然橡胶差，工艺加工性能不如天然橡胶。苯乙烯含量越多，丁苯橡胶的耐热性能和耐老化性能、耐磨耗性能就越好，而弹性、耐寒性、滞后损失、粘着性和工艺加工性能则越差。

丁苯橡胶的成本低廉，其物理力学性能和工艺加工性能的不足之处，可通过调整配方和工艺条件得到改善。丁苯-30 在多数场合可以部分地或全部代替天然橡胶，用于制造各种轮胎和其他橡胶制品，如胶管、胶带、电缆、胶鞋等。

3. 丁腈橡胶（NBR）

丁腈橡胶是丁二烯和丙烯腈的共聚物，是浅黄色略带香味的弹性体，它是以耐油而著称的通用合成橡胶。

丁腈橡胶具有优良的耐油性、耐非极性溶剂性能。其耐油性仅次于聚硫橡胶、丙烯酸酯橡胶和氟橡胶。丁腈橡胶的耐热性、耐老化性、耐磨性、气密性和耐腐蚀性均优于天然橡胶。但丁腈橡胶耐臭氧性能、电绝缘性能和耐寒性能较差，导电性能较好，弹性稍低，价格较贵。

丁腈橡胶广泛用于各种耐油橡胶制品。丙烯腈含量高的更适用于直接与油类接触的橡胶制品，如油封、输油管、油料容器衬里，密封胶垫和胶辊。低丙烯腈含量的丁腈橡胶适用于做低温耐油制品及耐油减振橡胶零件。

4. 氯丁橡胶（CR）

氯丁橡胶是由氯丁二烯聚合而成的一种高分子弹性体，为浅黄色或暗褐色，是发展较早的一种合成橡胶。氯丁橡胶由于分子结构比较规整，而且有极性较大的氯原子存在，使其物理、力学性能与天然橡胶十分相似，即使未加填料的生胶也有很高的拉伸强度与伸长率，而耐老化性、耐热性、耐油性、耐溶剂和化学药品腐蚀性等均比天然橡胶好。特别是耐候性和耐臭氧老化性能也相当好，耐油性仅次于丁腈橡胶而优于其他通用橡胶，耐热性与丁腈橡胶接近，耐燃烧性则是通用橡胶中最好的一种。此外还有良好的自补强性、粘着性、耐水性和气密性等比较优良的综合性能，所以，有“万能橡胶”之称。

氯丁橡胶用途十分广泛，主要用于各种模压制品，输油与输送腐蚀性介质的胶管、高速 V 带、耐热运输带、化工容器衬里，密封垫圈和胶黏剂。尤其是利用其优良的不燃烧性做地下采矿用的各种橡胶制品。氯丁橡胶的缺点是电绝缘性差、耐寒性不好、密度大、储存稳定性差。

5. 氟橡胶（FPM）

氟橡胶是指主链或侧链的碳原子上含有氟原子的高分子弹性体。氟橡胶的品种很多，主要分为四大类：含氟烯烃类、亚硝基类、全氟醚类和氧化磷腈类。但含氟烯烃类的产量最大，应用最广泛，一般所说的氟橡胶就是指这一类橡胶。氟橡胶分子中含氟的结构特点，决定了氟橡胶具有一系列特殊的性能。由于 C-F 键能高并能对 C-C 键产生很好的屏蔽作用，这是使氟橡胶具有很高的耐热性、耐氧化和耐化学药品性能的重要原因。氟橡胶的突出特点是耐热、耐油、耐药品性（除碱外）、耐候性和耐臭氧性，对各种有机溶剂及腐蚀介质的抗蚀性，均优于其他各种橡胶，耐热性可与硅橡胶媲美。

氟橡胶主要用作耐高温、耐特种介质腐蚀的制品。如密封垫圈、阀门零件等在高温和有油、氧或其他腐蚀介质条件下使用的各种橡胶制品，化工容器衬里、减振零件等。氟橡胶的主要缺点是弹性及加工性能较差，磨损大，价格比较昂贵。氟橡胶可以通过与其他橡胶并用改性，改善其加工性、弹性和耐低温性能。

除了上述化工常用的橡胶品种之外，工业上使用的橡胶还有：乙丙橡胶、丁基橡胶、硅橡胶、顺丁橡胶、聚硫橡胶、氯醚橡胶等，工业上用橡胶材料制造的产品有轮胎、带、管、板和各种模压制品。

(二) 合成纤维

1. 合成纤维简介

合成纤维是用石油、天然气、煤等为原料，经一系列的化学反应，制成的合成高分子化合物，再经加工而制得的纤维。根据大分子的化学结构，合成纤维又可分为杂链纤维和碳链纤维两类。涤纶、锦纶、氨纶和芳纶等属于杂链纤维类；腈纶、丙纶、维纶、乙纶、碳纤维等属于碳链纤维类。

工业用布是合成纤维最广泛使用的领域。合成纤维具有强度高、耐腐蚀等特性，使它在各行各业无处不见，医用纤维甚至进入人体中。

2. 聚酯纤维（涤纶）

对苯二甲酸和乙二醇进行缩聚反应合成的物质，称为聚酯纤维，在我国称为涤纶。聚酯纤维的优点是强度高，耐磨性好，变形回复能力好，耐热性能好，干、湿态下力学性能没有多大差异等。用聚酯纤维制造的产品，弹性好，尺寸稳定性好，易洗快干。保形性好。其缺点是摩擦因数大，纺织加工时易产生静电；由于吸湿性低，在化学加固时胶黏剂的分布有困难。

3. 聚酰胺纤维（锦纶）

锦纶又称尼龙纤维，用已内酰胺缩聚得到了聚酰胺纤维，是合成纤维中最早用于非织造布生产的一种纤维，它的综合性能是很好的，但价格较高。聚酰胺纤维的最大优点强度高，耐磨性在所有的纤维中居首位，弹性回复性能特别好。缺点是热收缩率大，在小负荷作用下纤维易变形，制成的产品容易起毛、起球，耐日晒牢度差。耐热性与热稳定性不及聚酯纤维，摩擦因数大，在加工过程中要加油剂。

4. 聚丙烯腈纤维（腈纶）

腈纶是非织造生产中用量最多的纤维之一。它强度较高、耐磨性好，弹性回复好，不起球；耐酸碱，耐化学腐蚀性优于大部分其他纤维；抗微生物性能好，不霉不蛀，对皮肤无过敏现象，卫生性能好；阻燃性能好，耐污性好，吸尘量只相当于羊毛，易洗涤清洁，易干燥，电绝缘性能好等。

5. 聚乙烯醇纤维（维纶）

维纶可用电石乙炔或石油乙烯作为基本原料制成，原料易得，成本低。聚乙烯醇纤维的吸湿性是所有合成纤维中最高的，一般中和性能比较好。耐日光与耐气候性与棉接近，耐干热不耐湿热，耐碱不耐酸，耐霉菌。

6. 其他纤维

非织造布加工中所用的原料范围是很广的，如聚乙烯纤维、玻璃纤维、碳纤维、硅酸盐纤维、金属纤维、甲壳素纤维、木浆纤维等都可以作为非织造布的原料。此外，在非织造布加工中，还可以用双组分纤维、超细纤维等。

四、合成胶黏剂和涂料

(一) 合成胶黏剂

1. 组成

在工程上连接各种金属和非金属的方法除焊接、铆接和螺钉连接之外，还有胶接（粘接）。胶接是借助于一种物质在固体表面产生的粘合力将分离的两部分牢固地连接在一起的方法。用以产生粘合力的物质称为胶黏剂。早期使用的粘接剂采用动、植物胶液，但黏合性能差。现代粘接技术多采用合成胶黏剂。

合成胶黏剂是一种多组分的、具有优良黏合性能的物质，一般是由基料、固化剂、稀释剂、增塑剂、填料、增黏剂、稳定剂、分散剂、偶联剂、引法剂、阻聚剂、防老剂、着色剂、增韧剂等多种成分构成的混合物。

(1) 基料　即主体高分子材料赋予胶黏剂胶黏性的根本成分，有树脂型和橡胶型两大类。

(2) 固化剂　是一种可使单体或低聚物变为线型高聚物或网状体型高聚物的物质，又称为硬化剂或熟化剂。

(3) 溶剂　在胶黏剂配方中常用的溶剂多是低黏度的液体物质，主要有脂肪烃、脂类、醇类、醚类、酰胺类等。

(4) 增塑剂　是一种能降低高分子化合物玻璃化温度和熔融温度，改善胶层脆性，增进熔融流动性的物质。按作用分为内增塑剂（聚硫橡胶）和外增塑剂（各种脂类）。

(5) 填料　是在胶黏剂组分中不与主体成分起化学反应，但可以改变其性能，降低成本的固体材料。

此外，还可以加入增黏剂、稳定剂、分散剂、偶联剂、阻聚剂、防老剂、稳定剂、着色剂、增韧剂等。

2. 种类及应用

合成胶黏剂的品种多，组成各异，常按基料的化学成分来区分胶黏剂。

常用胶黏剂的种类、性能及其应用见表 10-2。

表 10-2　常用胶黏剂的种类、性能及其应用

<table>
<tr><th>类别</th><th>名称</th><th>代号</th><th>主要特点</th><th>应用举例</th></tr>
<tr><td rowspan="3">环氧胶黏剂</td><td>环氧-丁腈胶</td><td>E-7</td><td>耐热性、密封性好，使用温度 150℃</td><td>可胶接金属、玻璃钢等多种材料</td></tr>
<tr><td>环氧通用胶</td><td>914</td><td>固化迅速、耐水、耐油，使用方便，成本低</td><td>适合各种材料的快速胶接、固定和修补</td></tr>
<tr><td>环氧-聚砜胶</td><td>J-19A</td><td>胶接强度和韧性高，耐腐蚀及电绝缘性好。使用温度 −60～120℃</td><td>可胶接金属、玻璃钢、陶瓷和木材</td></tr>
<tr><td>聚氨酯胶黏剂</td><td>聚氨基甲酸酯胶</td><td>101</td><td>胶膜柔软、绝缘性、耐老化性和耐油性好。有良好超低温性能</td><td>可胶接金属、塑料、陶瓷、橡胶、皮革和木材等多种材料</td></tr>
<tr><td rowspan="3">酚醛胶黏剂</td><td>酚醛-缩醛胶</td><td>JSF-2
FSC-2</td><td>胶接强度较高，特别是抗冲击和耐疲劳性，良好的耐老化性能和综合性能</td><td>可胶接金属、塑料、玻璃、木材、皮革等</td></tr>
<tr><td rowspan="2">酚醛-丁腈胶</td><td>J-03
J-29</td><td>胶接强度高，弹性好，韧性好，耐振动，耐冲击，可在 −50～180℃下长期工作</td><td>可胶接金属、玻璃钢、陶瓷等。也可用于蜂窝结构胶接</td></tr>
<tr><td>J-15</td><td>胶接强度高，韧性好，可在 −50～250℃下工作</td><td>用于蜂窝结构胶接</td></tr>
<tr><td>瞬干胶</td><td>α-氰基丙烯酸酯胶</td><td>502</td><td>黏度小，在室温下接触水、气即固化，胶膜较脆不耐水。在 −40～70℃下工作</td><td>用于金属、陶瓷、玻璃、塑料、橡胶等材料的小面积胶接和固化</td></tr>
</table>

（二）涂料

涂料是指涂到物体表面能干燥成膜，使物体美观并得到保护，或者在物体表面形成具有其他特殊功能膜的一类成膜物质。其使用历史悠久，可追溯至3000年前古巴比伦人使用的沥青，我国古代的油漆。其中沥青大概就是最早的防水涂料。20世纪30年代出现了以合成高分子为基材的合成树脂涂料，目前涂料已成为一种重要的精细高分子化工产品，在国防及国民经济各部门都有重要的应用。

第二节　陶瓷材料和复合材料

一、陶瓷材料

陶瓷是无机非金属材料。一般可分为普通陶瓷（普通工业陶瓷、化工陶瓷）和特种陶瓷（氧化铝陶瓷、氮化硅陶瓷、氮化硼陶瓷、氧化镁陶瓷及氧化铍陶瓷等）两大类。普通陶瓷是以天然硅酸盐矿物（黏土、石英、长石等）为原料，经粉碎、压制成型和高温烧结而成，主要用于日用品、建筑和卫生用品，以及工业上的低压和高压瓷瓶、耐酸、过滤制品等。特种陶瓷是以人工制造的纯度较高的金属氧化物、碳化物、氮化物、硅酸盐等化合物为原料，经配制、烧结而成，这类陶瓷具有独特的力学、物理、化学等性能，能满足工程技术的特殊要求，主要用于化工、冶金、机械、电子、能源和一些新技术中。

陶瓷的优点是硬度极高（如氧化铝陶瓷的硬度可达85～86HRA），抗压强度高，耐磨性、耐蚀性好，耐高温和抗氧化能力强等。但缺点也较明显，如质脆易碎，延展性差，抗急冷急热性差等。

为了提高陶瓷强度，改善脆性，目前常采用的措施是：制造微晶、高密度、高纯度的陶瓷，提高陶瓷中晶体的完整性；在陶瓷制品表面制造一层残余应力，以抵消部分外加拉力，减小应力峰值；用碳纤维、石墨纤维等复合强化陶瓷材料。

二、复合材料

金属材料、高分子材料和陶瓷材料作为三大类工程材料，有着各自的性能特点和应用范围。但是现代工业和尖端技术的迅猛发展，对工程材料有性能更高、更严和更多的要求，使得单一材料无法全面满足。在这种情况下，人工复合材料以其无可比拟的优越性能，站在现代工程材料的前列。可以说，人工复合材料的使用，标志着人类社会发展已进入了一个崭新的时代。

复合材料是由两种或两种以上物理、化学性质不同的物质，经人工合成的多相固体材料。

（一）复合材料的性能特点

1. 比强度和比模量高

比强度、比模量分别是指材料的抗拉强度（σ_b）和弹性模量（E）与相对密度（ρ）之比。

在复合材料中，由于一般作为增强相的多数是强度很高的纤维，而且组成材料密度较小，所以复合材料的比强度、比模量比其他材料要高得多。

2. 抗疲劳性能好

复合材料中基体和增强纤维间的界面能够有效地阻止疲劳裂纹扩展。当裂纹从基体的薄弱环节处产生并扩展到结合面时，受阻而停止，所以复合材料的疲劳强度比较高。例如，纤维增强复合材料的疲劳强度可为抗拉强度的70%～80%，而大多数金属只为40%～50%。

3. 减振性好

纤维增强复合材料比模量高，自振频率也高，在一般情况下，不会发生因共振而脆断现象。此外，纤维与基体的界面具有吸振能力，所以具有很高的阻尼作用。

除了上述几种特性外，复合材料还具有较高的耐热性和断裂安全性，良好的自润滑和耐磨性等。但复合材料伸长率小，抗冲击性差，横向强度较低，成本较高。

（二）复合材料的分类

复合材料按照增强相的性质和形态，可分为纤维增强复合材料、层状复合材料和颗粒复合材料三类。

1. 纤维增强复合材料

（1）玻璃纤维增强复合材料　是以玻璃纤维及制品为增强剂，以树脂为粘接剂而制成的，俗称玻璃钢。

以尼龙、聚烯烃类、聚苯乙烯类等热塑性树脂为粘接剂制成的热塑性玻璃钢，具有较高的力学、介电、耐热和抗老化性能，工艺性能也好。与基体材料相比，强度和疲劳性能可提高2～3倍以上，冲击韧度提高1～4倍。可制造轴承、齿轮、仪表盘、壳体、叶片等零件。

以环氧树脂、酚醛树脂、有机硅树脂、聚酯树脂等热固性树脂为粘接剂制成的热固性玻璃钢，具有密度小，强度高，介电性和耐蚀性及成型工艺性能好的优点。可制造车身、船体、直升机旋翼等。

（2）碳纤维增强复合材料　是以碳纤维或其织物为增强剂，用树脂、金属、陶瓷等加工而制成的。目前有碳纤维树脂、碳纤维碳、碳纤维金属、碳纤维陶瓷复合材料等。其中，以碳纤维树脂复合材料应用最为广泛。

碳纤维树脂复合材料中采用的树脂有环氧、酚醛树脂、聚四乙烯树脂等。与玻璃钢相比，其强度和弹性模量高，密度小，有较高的冲击韧度、疲劳强度和优良的减振性、耐磨性、导热性、耐蚀性和耐热性等。目前广泛用于制造要求比强度、比模量高的飞行器结构件，如导弹的鼻锥体、火箭喷嘴、喷气发动机叶片等。还可制造重型机械的轴瓦、齿轮、化工设备的耐蚀件等。

2. 层状复合材料

层状复合材料是由两层或两层以上的不同材料结合而成的，其目的是为了将组分层材料的最佳性能组合起来，以得到更为有用的材料。

这类复合材料的典型代表是SF型三层复合材料，它是以钢为基体，烧结铜网或铜球为中间层，塑料为表面层的一种自润滑材料。它的物理、力学性能主要取决于基体，而摩擦、磨损性能取决于表面塑料层。中间多孔性青铜使三层之间获得较强的结合力，且一旦塑料磨损露出青铜也不致磨伤轴颈。常用于表面层的塑料为聚四氟乙烯（如SF-1型）和聚甲醛（如SF-2型）。这种复合材料适用于制作高应力（140MPa）、高温（270℃）及低温（－195℃）、无油润滑或少油润滑的各种机械、车辆的轴承。

3. 颗粒复合材料

颗粒复合材料是由一种或多种颗粒均匀分布在基体材料内而制成的。颗粒起增强作用，一般颗粒直径在0.01～0.1μm范围内。颗粒直径偏离这一范围，均无法获得最佳增强效果。

常见的颗粒复合材料有两类：一类是颗粒与树脂复合，如塑料中加颗粒填料，橡胶用炭黑增强等；另一类是陶瓷粒与金属复合，典型的有金属基陶瓷颗粒复合材料等。

典型实例 17

前苏联在 1957 年把第一颗人造卫星送入太空，令美国人震惊不已，认识到在导弹火箭技术上落后了。因此在其后的十年里，美国人在十多所大学中陆续建立了材料科学研究中心，并把约 2/3 大学的冶金系或矿冶系改建成了冶金材料科学系或材料科学与工程系，其涉及的材料由金属扩展到了陶瓷和高分子聚合物材料。可见，高技术需要先进材料的支持。

思考与应用

一、名词解释

1. 高分子材料　2. 塑料　3. 聚丙烯　4. 橡胶　5. 合成纤维　6. 合成胶黏剂

二、填空题

1. 线型无定型高聚物的力学状态为______、______、______。
2. 塑料按树脂的受热变化分为______、______。
3. 天然橡胶的主要成分是______。

三、选择题

1. 高分子材料具有其他材料所没有的特性是______。
   A. 强度　　B. 塑性　　C. 高弹性
2. 聚酰胺俗称尼龙简称为______。
   A. POM　　B. PA　　C. PC
3. 丁苯橡胶是一种______的弹性体。
   A. 浅黄褐色　　B. 浅黄色略带香味　　C. 浅黄色或暗褐色

四、判断题

1. 体型高分子化合物的相对分子质量和分子体积为没有限度的一个巨型分子。（　）
2. 所有线型高分子材料都要在黏流态时才能成型为制品。（　）
3. 结晶高聚物的熔点是一个温度范围。（　）
4. 塑料的性能取决于高聚物树脂的性质。（　）
5. 均聚 POM 的大分子链中的重复结构单元为氧化亚基和二氧五环基两种。（　）

五、简答题

1. 高分子材料按性能和用途可分为哪几类？按材料的热行为及成型工艺特点分为哪两类？
2. 在加工成型过程中，结晶对高分子材料性能有何影响？取向后，高分子材料的性能变化有何特点？
3. 简述高分子材料性能的主要特点及应用。
4. 简述合成纤维的特点、分类和应用。

六、课外调研

通过市场调查校外实习，了解高分子材料和复合材料在生产实际中的应用并列表总结。

第十一章　材料的选用

知识目标

1. 了解零件的失效形式及其失效分析方法。
2. 初步掌握选材的一般原则和基本方法。
3. 了解典型零件材料的选用。

能力目标

1. 能认识零件的失效形式和失效原因。
2. 能熟悉合理选材的一般原则。
3. 能对齿轮、轴类零件进行合理选材。

机械制造中，要获得满意的机械零件，必须从结构设计、合理选材、毛坯制造及机械加工等方面综合考虑。而正确、合理地选择零件材料将直接关系到产品的质量和经济效益。因此，金属材料的选用是机械零件设计中的重要一环。

每个机械零件和构件都具有一定的功能，如在载荷作用下保持一定的几何形状、实现规定的机械运动、传递力或能等。若零件在使用过程中由于某种原因而丧失原设计功能，即为失效。

第一节　零件的失效形式及失效分析

零件的失效种类很多，一般零部件的失效主要有以下几种类型，即过量变形、断裂、表面损伤及裂纹失效等。

一、零件的失效形式

1. 过量变形失效

过量变形失效是指零件在工作过程中受力变形超过了允许量，而导致整个机器无法正常工作或虽然能正常工作，但被加工零件精度却严重下降的现象。过量变形分过量弹性变形和过量塑性变形。例如，高温下工作的螺栓发生松弛，就是因为过量弹性变形转化为塑性变形而造成的失效现象。

2. 断裂失效

零件在工作过程中完全断裂，致使整个机器或设备无法工作的现象称断裂失效。

断裂是最危险的一种失效形式，在机械零件设计时，认真考虑如何防止断裂事故发生是非常重要的。例如，钢丝绳在吊运中断裂。常见的断裂方式有塑性断裂、低应力脆性断裂、疲劳断裂、蠕变断裂等。

3. 表面磨损失效

表面磨损失效是指零件在工作中，因机械和化学作用，使其表面损坏造成机器或设备无法正常工作的失效。表面损伤失效主要有表面磨损失效、表面腐蚀失效和表面疲劳失效。例如，齿轮经长期工作轮齿表面被磨损，精度降低的现象也属于表面损伤失效。

4. 高温下工作零件的失效

对于许多在高温下工作的零件，只考虑室温下的力学性能是不够的，因为高温下材料的强度随温度升高和加载时间的延长而降低。评定材料高温力学性能指标有：蠕变极限和持久强度。对于某些在高温下工作时不考虑变形量的大小，只考虑在承受给定应力下使用寿命的零件。高温下零件的失效和室温下零件的失效相似，主要有过量塑性变形、断裂、磨损等。由于温度和应力的同时作用，更加速了塑性变形、裂纹形成和扩展过程，有时同一零件可同时发生几种失效形式。

二、机械零件失效分析

由于零件的工作条件和制作工艺的不同，失效的原因是多方面的。下面主要从结构设计、材料选择、加工工艺制定和工作环境等几方面进行分析。

1. 结构设计不合理

零件的结构形状、尺寸设计不合理易引起失效。例如，结构上存在尖角、尖锐缺口或圆角过度过小，产生应力集中引起失效；安全系数小，未达到实际承载能力等。

2. 材料选取不当

所用的材料性能未达到使用要求，或材质较差，这些都容易造成零件的失效。例如，某钢材锻造时出现裂纹，经成分分析，硫含量超标，断口也呈现出热裂的特征，由此判断是材料不合格造成的。

3. 加工工艺问题

在零件的加工工艺过程中，由于工艺方法或参数不当，会产生一系列缺陷，这些缺陷的存在，往往导致构件过早破坏。例如，构件中缩孔的存在，在热加工时会引起内裂纹，导致构件脆断；锻造工艺不当造成的锻件缺陷主要是折叠、表面裂纹、过热及内裂纹等，这些缺陷均是导致零件早期失效的原因；机器加工过程中表面粗糙度值过大，磨削裂纹的存在，也是导致零件失效的根源；热处理工艺中，表面氧化脱碳、过热过烧组织、出现软点或裂纹、回火脆性等造成零件组织、性能不合格，影响使用寿命。

4. 安装、使用维护不正确

安装不良，操作失灵，超载运行，润滑条件不良，保养不善，零件磨损增加等均可造成零件早期失效。

零件失效的原因是多种多样的，实际情况往往也错综复杂，失效分析就是寻找构件断裂、变形、磨损、腐蚀等失效现象的特征和规律，并从中找出损坏的主因。

第二节　选材的一般原则和基本方法

一、选材的一般原则

选用材料应考虑的一般原则是：①使用性能原则；②工艺性能原则；③经济性能原则。

1. 使用性能原则

使用性能是保证零件完成规定功能的必要条件。在大多数情况下，这是选材首先要考虑的问题。使用性能主要指零件在使用状态下应具有的力学性能、物理性能和化学性能。力学性能要求，一般是在分析零件工作条件和失效形式的基础上提出的。零件的工作条件包括：

① 从受力状态来分析，有拉、压、弯、扭等应力。

② 从载荷性质来分，有静载荷、动载荷；从工作温度来分，有低温、室温、高温、交变温度等。

③ 从环境介质来看，有加润滑剂的，有接触酸、碱、盐、海水、粉尘的等。

④ 此外，有时还要考虑物理性能要求，如电导性、磁导性、热导性、热膨胀性、辐射等。

通过对零件工作条件和失效形式的全面分析，确定零件对使用性能的具体要求。表11-1举出了几种常用零件的工作条件、失效形式和所要求的主要力学性能指标。

表 11-1 几种常用零件的工作条件、失效形式和所要求的主要力学性能指标

零件	工作条件			常见的失效形式	主要力学性能
	应力种类	载荷性质	受载状态		
紧固螺栓	拉、剪应力	静载		过量变形，断裂	强度，塑性
传动轴	弯、扭应力	循环，冲击	轴颈摩擦，振动	疲劳断裂，过量变形，轴颈磨损	综合机械性能
传动齿轮	压、弯应力	循环，冲击	摩擦，振动	齿折断，磨损，疲劳断裂，接触疲劳	表面强度及疲劳极限，心部强度、韧性
弹簧	扭、弯应力	交变，冲击	振动	弹性失稳，疲劳破坏	弹性极限，屈强比，疲劳极限
冷作模具	复杂应力	交变，冲击	强烈摩擦	磨损，脆断	硬度，足够的强度

对于在复杂条件下工作的零件，必须采用特殊实验室性能指标作选材依据。例如采用高温强度、低疲劳及热疲劳性能、疲劳裂纹扩展速率和断裂韧性、介质作用下的力学性能等。

仅仅从零件使用性能要求的角度来选材，显然是不够的，因为能够满足零件不致失效的材料可能有多种，在这些可用的材料中，如何进一步优选，一般还要考虑以下两个原则。

2. 工艺性能原则

材料的工艺性能表示材料加工的难易程度。在选材中，同使用性能相比材料的工艺性能常处于次要地位，但在某些特殊情况下，工艺性能也可成为选材考虑的主要依据。如切削加工中，大批量生产时，为保证材料的切削加工性，而选用易切削钢便是一个例子。当某一材料的性能很理想，但极难加工或加工成本较高时，则该材料是不可选的。因此，选材时必须考虑材料的工艺性能。

高分子材料的加工工艺比较简单，切削加工性尚好，但它的导热性较差，在切削过程中不易散热，易使工件温度急剧升高，可能使热固性塑料变焦，使热塑性塑料变软。高分子材料主要成型工艺的比较见表 11-2。

陶瓷材料的加工工艺也比较简单，主要工艺就是成型，几种成型工艺的比较见表 11-3。陶瓷材料成型后，除了可以用碳化硅或金刚石砂磨加工外，几乎不能进行任何其他加工。

表 11-2 高分子材料主要成型工艺的比较

工艺	适用材料	形状	表面粗糙度	尺寸精度	模具费用	生产率
热压成型	范围较广	复杂形状	很低	好	高	中等
喷射成型	热塑性塑料	复杂形状	很低	非常好	很高	高
热挤成型	热塑性塑料	棒类	低	一般	低	高
真空成型	热塑性塑料	棒类	一般	一般	低	低

表 11-3 陶瓷材料各种成型工艺的比较

工艺	优　点	缺　点
粉浆成型	可做形状复杂件、薄塑件，成本低	收缩大，尺寸精度低，生产率低
压制成型	可做形状复杂件，有高密度和高强度，精度较高	设备较复杂，成本高
挤压成型	成本低，生产率高	不能做薄壁件，零件形状需对称
可塑成型	尺寸精度高，可做形状复杂件	成本高

3. 经济性能原则

材料的经济性是选材的重要原则之一，一般包括材料的价格，零件的总成本与国家的资源等。

零件材料的价格无疑应该尽量低。材料的价格在产品的总成本中占有较大的比重，据有关资料统计，在许多工业部门中可占产品价格的30%～70%，因此设计人员要十分关心材料的市场价格。

零件选用的材料必须保证其生产和使用的总成本最低。零件的总成本与其使用寿命、重量、加工费用、研究费用、维修费用和材料价格有关。

如果准确地知道了零件总成本与上述各因素之间的关系，则可以对选材的影响做精确的分析，并选出使总成本最低的材料。但是，要找出这种关系，只有在大规模工业生产中进行详尽实验分析的条件下才有可能。对于一般情况，详尽的实验分析有困难，要利用一切可能得到的资料，逐项进行分析，以确保零件总成本降低，使选材和设计工作做得更合理些。

随着工业的发展，资源和能源的问题日渐突出，选用材料时必须对此有所考虑，特别是对于大批量生产的零件，所用材料应该来源丰富并顾及我国资源状况。另外，还要注意生产所用材料的能源消耗，尽量选用耗能低的材料。

二、选材的基本步骤

通常可按下面步骤对零件材料进行选择：

① 分析零件的工作条件和失效形式，根据分析结果提出零件最关键的性能要求，同时考虑其他性能要求。

② 对同类零件的用材情况和失效形式进行调查研究，这样可从其使用性能、原材料状况和加工工艺等方面分析其选材是否合理，以便作为选材时的参考。

③ 通过分析计算，确定零件应具有的主要力学性能判据，在特定条件下还要考虑物理、化学性能判据。

④ 在以上工作的基础上，进行材料的预选择。此时不局限于选择一种材料，可提出多种用材方案，以便比较。

⑤ 对预选的材料，在经过工艺性和经济性分析之后，进行综合评价。评价应采用定量与定性相结合的方法。由此可确定零件所用材料的牌号并决定零件的热处理方法或其他强化处理方法。

⑥ 必要时，对于重要的零件应在投产前先进行有关试验，如实验室试验、台架和工艺试验等，初步检验所选材料和热处理方法是否满足所设计的性能判据要求，以及零件加工过程有无困难，试验结果基本满意后再正式投产。

就一般过程而言，并非一成不变。实际工作中，往往根据具体情况，侧重于其中某个或某些步骤，因而形成了以下几种选材方式。

1．经验法

也可称为套用法。它是根据以往生产相同零件时选材的成功经验，或者根据有关设计手册对此类零件的推荐用材（它是总结前人的成功经验而得出的）作为依据来选材。此外，在国内外已有同类产品的情况下，可通过技术引进或进行材料成分与性能测试，套用其中同类零件所用的材料。

2．类比法

通过参考其他种类产品中功能或使用条件类似，且实际使用良好的零件的用材情况，经过合理的分析、对比后，选择与之相同或相近的材料。

3．替代法

在生产零件或维修机械更新零件时，如果原来所选用的材料因某种原因无法得到或不能使用，则可参照原用材料的主要性能判据，另选一种性能与之近似的材料。为了确保零件的使用安全件，替代材料的品质和性能一般应不低于原用的材料。

4．试差法

如果是新设计的关键零件，应按照上述选材步骤的全过程进行。如果试验结果未能达到设计的性能要求，应找出差距，分析原因，并对所选材料牌号或热处理方法加以改进后再进行试验，直至其结果满足要求，并根据此结果确定所选材料及其热处理方法。

所选择的材料是否能够很好地满足零件的使用和加工要求，还有待于在实践中做出检验。因此，选材的工作不仅贯穿于产品的开发、设计、制造等各个阶段，而且还要在使用过程中及时发现问题（如通过零件的失效分析），不断加以改进。

第三节　典型零件的选材及材料的应用

机械零件设计主要内容包括机械零件结构设计、材料选用、工艺设计及其经济指标等各方面。这几方面的要素既相互关联，又相互影响，甚至相互依赖，而且这些要素还并不都是协调统一的，有时甚至是矛盾的。结构设计和经济指标在很大程度上取决于零件的材料选用及工艺设计，因此对机械零件用材及工艺路线进行合理地选择是十分重要的。

一、齿轮类零件的选材

齿轮的主要作用是传递扭矩和调节速度、换挡或改变传动方向。不同条件下工作的齿轮不仅转速可以相差很大，齿轮的直径也由几毫米到几米，因此齿轮的工作条件是复杂的，但大多数重要齿轮仍有其共同特点。

1．齿轮的工作条件

齿轮是机械工业中应用最广的零件之一，主要用于传递扭矩和调节速度，其工作时的受力情况如下：

① 由于传递扭矩，齿根承受较大的交变弯曲应力；

② 齿面相互滑动和滚动，承受较大的接触应力，并发生强烈的摩擦；

③ 由于换挡、启动或啮合不良，齿部承受一定的冲击。

2．齿轮的失效形式

由于齿轮的工作特点，其主要失效形式有以下几种。

① 疲劳断裂：主要发生在齿根，常常一齿断裂引起数齿、甚至更多的齿断裂。它是齿

轮最严重的失效形式；

② 齿面磨损：由于齿面接触区摩擦，使齿厚变小，齿隙增大；

③ 齿面接触疲劳破坏：在交变接触应力作用下，齿面产生微裂纹并逐渐发展，引起点状剥落；

④ 过载断裂：主要是冲击载荷过大造成的断齿。

3. 齿轮的性能要求

根据工作条件和失效形式，对齿轮用材提出如下性能要求：

① 高的弯曲疲劳强度；

② 高的接触疲劳强度和耐磨性；

③ 齿轮心部要有足够的强度和韧性。

4. 齿轮零件的选材

根据工作条件，表 11-4 给出了一般齿轮的选材情况。

表 11-4 根据工作条件推荐选用的齿轮材料和热处理方法

传动方式	工作条件		小齿轮			大齿轮		
	速度	载荷	材料	热处理	硬度	材料	热处理	硬度
开式传动	低速	轻载,无冲击,不重要的传动	Q275	正火	150～180HBS	HT200	正火	170～230HBS
						HT250		170～400HBS
		轻载,冲击小	45	正火	170～200HBS	QT500-7		170～207HBS
						QT600-3		197～269HBS
闭式传动		中载	45	正火	170～200HBS	35	正火	150～180HBS
			ZG310～570	调质	200～250HBS	ZG270～500	调质	190～230HBS
		重载	45	整体淬火	38～48HRC	35、ZG270～500	整体淬火	35～40HRC
	中速	中载	45	调质	220～250HBS	35、ZG270～500	调质	190～230HBS
			45	整体淬火	38～48HRC	35	整体淬火	35～40HRC
			40Cr 40MnB 40MnVB	调质	230～280HBS	45、50	调质	220～250HBS
						ZG270～500	正火	180～230HBS
						35、40	调质	190～230HBS
		重载	45	整体淬火	38～48HRC	35	整体淬火	35～45HRC
				表面淬火	45～50HRC	45	调质	220～250HBS
			40Cr 40MnB 40MnVB	整体淬火	35～42HRC	35、45	整体淬火	35～40HRC
				表面淬火	52～56HRC	45、50	表面淬火	45～50HRC
	高速	中载,无猛烈冲击	40Cr 40MnB 40MnVB	整体淬火	35～42HRC	35、40	整体淬火	35～40HRC
				表面淬火	52～56HRC	45、50	表面淬火	45～50HRC
		中载,有冲击	20Cr 20Mn2B 20MnVB 20CrMnTi	渗碳淬火	56～62HRC	ZG310～570	正火	160～210HBS
						35	调质	190～230HBS
						20Cr 20MnVB	渗碳淬火	56～62HRC

由于陶瓷脆性大，不能承受冲击，不宜用来制造齿轮。一些受力不大或无润滑条件下工作的齿轮，可选用塑料来制造。

5. 典型齿轮选材举例

(1) 机床齿轮　机床传动齿轮工作时受力不大，转速中等，工作较平稳，无强烈冲击，强度和韧性要求均不高，一般用中碳钢（如 45 钢）制造，经调质后心部有足够的强韧性，能承受较大的弯曲应力和冲击载荷。表面采用高频淬火强化，硬度可达 52HRC 左右，提高了耐磨性，且因在表面造成一定压应力，也提高了抗疲劳破坏的能力。其加工工艺路线为：

下料→锻造→正火→粗加工→调质→精加工→高频淬火、低温回火→精磨

(2) 汽车齿轮　汽车变速齿轮工作条件比机床齿轮差，特别是主传动系统中的齿轮。它们受力较大，受冲击较频繁，因此对材料要求较高。由于弯曲与接触应力都很大，所以重要齿轮都须渗碳、淬火处理，以提高耐磨性和疲劳抗力。为保证心部有足够的强度及韧性，材料的淬透性要求较高，心部硬度应在 35～45HRC 之间。另外，汽车生产特点是批量大，因此在选用钢材时，在满足力学性能的前提下，对工艺性能必须予以足够的重视。

实践证明，20CrMnTi 钢具有较高的力学性能，在渗碳、淬火、低温回火后，表面硬度可达 58～62HRC，心部硬度 30～45HRC。正火态切削加工工艺性和热处理工艺性均较好。为进一步提高齿轮的耐用性，渗碳、淬火、回火后，还可采用喷丸处理，增大表面压应力。渗碳齿轮的加工工艺路线为：

下料→锻造→正火→切削加工→渗碳、淬火及低温回火→喷丸→磨削加工

二、轴类零件的选材

工程实际中，一切回转零件都安装在轴上，轴是机械工业中最重要的基础零件之一。根据承受载荷的不同，轴可分为心轴、传动轴和转轴三种。心轴是只承受弯矩、不传递转矩的轴，如自行车的前轴等。传动轴是只传递扭矩不承受弯矩或承受弯矩较小的轴，如汽车的传动轴等。转轴既传递扭矩又承受弯矩，如齿轮减速箱中的轴等。此外，有些轴还要承受拉、压载荷。

1. 轴的工作条件

轴是机器中最基本的零件之一，其主要作用是支撑传动零件，并传递运动和动力。轴的质量好坏，直接影响机器的精度与寿命。一般轴的工作条件为：

① 传递一定的扭矩，承受一定的交变弯矩和拉、压载荷；

② 轴颈承受较大的摩擦；

③ 承受一定的冲击载荷。

2. 轴的失效形式及性能要求

由于轴的工作特点，其主要失效形式有以下几种：

① 疲劳断裂：由于受扭转和弯曲交变载荷长期作用，造成轴疲劳断裂，这是最主要的失效形式。

② 断裂失效：由于大载荷或冲击载荷作用，轴发生折断或扭断。

③ 磨损失效：轴颈或花键处过度磨损。

3. 轴的性能要求

根据工作条件和失效形式，对轴的用料提出如下性能要求：

① 良好的综合力学性能，即强度、塑性、韧性间有良好的配合，以防止冲击或过载断裂；

② 高的疲劳强度，以防疲劳断裂；

③ 良好的耐磨性，防止轴颈磨损。

此外，还应考虑刚度、切削加工性、热处理工艺性和成本。

4. 轴类零件的选材

对轴作选材时，必须将轴的受力情况作进一步分析，按受力情况，可分为以下几类。

① 对于只承受弯矩起支撑作用不传递扭矩的心轴，主要考虑刚度和耐磨性。如主要考虑刚度，可以用碳钢或球墨铸铁来制造；对于轴颈有较高耐磨性要求的轴，则须选用中碳钢并进行表面淬火，将硬度提高到52HRC以上。

② 对于主要受弯曲、扭转的轴（传动轴和转轴），如变速箱传动轴、发动机曲轴、机床主轴等。这类轴在工作时整个截面上所受的应力分布不均匀，表面应力较大，心部应力较小。这类轴无需选用淬透性很高的钢种，通常选用中碳钢，如45钢、40Cr、40MnB等；若要求高精度、高的尺寸稳定性及高耐磨性的轴，如磨床主轴，则常选用38CrMoAl钢，进行调质及氮化处理。

③ 同时承受弯曲（或扭转）及拉、压载荷的轴，如船用推进器轴、锻锤锤杆等。这类轴的整个截面上应力分布较均匀，心部受力也较大，应选用淬透性较高的钢种。

表11-5列出了轴类零件常用材料的情况。

表11-5 根据工作条件推荐选用的机床主轴材料及热处理工艺

<table>
<tr><th>序号</th><th>工作条件</th><th>材料</th><th>热处理工艺</th><th>硬度要求</th><th>应用举例</th></tr>
<tr><td>1</td><td>(1)在滚动轴承内运转
(2)低速，轻或中等载荷
(3)精度要求不高
(4)冲击、交变载荷不大</td><td>45</td><td>正火或调质后局淬火
1. 正火
调质
2. 局部淬火</td><td>≤229HBS
220～250HBS
46～51HRC</td><td>一般简易机床主轴、龙门铣床、立式铣床、小型式车床的主轴</td></tr>
<tr><td rowspan="2">2</td><td rowspan="2">(1)在滚动轴承运转
(2)中等载荷、转速略高
(3)精度要求较高
有一定交变、冲击载荷</td><td rowspan="2">40Cr
40MnB
40MnVB</td><td>整体淬硬</td><td>40～45HRC</td><td rowspan="2">滚齿机、铣齿机组合机床的主轴、铣床、C6132车床主轴、M7475B磨床砂主轴</td></tr>
<tr><td>调质后局部淬火
1. 调质
2. 局部淬火</td><td>220～250HBS
46～51HRC</td></tr>
<tr><td>3</td><td>(1)在滚动或滑动轴承内运转
(2)轻、中载荷，转速较低</td><td>50Mn2</td><td>正火</td><td>≤241HBS</td><td>重型机床主轴</td></tr>
<tr><td>4</td><td>(1)在滑动轴承内运转
(2)中等或重载荷
(3)轴颈耐磨性更高
(4)精度很高
(5)有较高的交变应力</td><td>65Mn</td><td>调质后局部淬火
1. 调质
2. 轴颈、头颈淬火</td><td>250～280HBS
50～61HRC</td><td>M1450磨床主轴</td></tr>
<tr><td>5</td><td>工作条件同4，但表面硬度要求更高</td><td>GCr15
9Mn2V</td><td>调质后局部淬火
1. 调质
2. 轴颈和头处局部淬火</td><td>250～280HBS
≥50HRC</td><td>MQ1420、MB1432A磨床砂轮主轴</td></tr>
<tr><td>6</td><td>(1)在滑动轴承内运转
(2)重载荷，转速很高
(3)精度要求极高
(4)有很高的交变、冲击载荷</td><td>38CrMoAl</td><td>调质后渗氮
1. 调质
2. 渗氮</td><td>≤260HBS
≥850HV</td><td>高精度磨床及坐标镗床主轴、多轴自动车床中心轴</td></tr>
<tr><td>7</td><td>(1)在滑动轴承内运转
(2)重载荷，转速很高
(3)高的冲击载荷
(4)很高的交变应力</td><td>20CrMnTi
12CrNi3</td><td>渗碳淬火</td><td>≥59HRC</td><td>Y7163磨床、CG1107车床、SG8630精密车床主轴</td></tr>
</table>

5. 典型轴选材举例

(1) 机床主轴选材　以 C620 车床主轴为例进行选材。

由于主轴受交变弯曲和扭转复合应力作用，但载荷和转速均不高，冲击载荷也不大，所以具有一般综合力学性能即可满足要求。但大端的轴颈、锥孔与卡盘、顶尖之间有摩擦，这些部位要求有较高的硬度和耐磨性。

根据以上分析，车床主轴可选用 45 钢。热处理工艺为调质处理，硬度要求为 220～250HB；轴颈和锥孔进行表面淬火，硬度要求为 52HRC。它的加工工艺路线如下：

锻造→正火→粗加工→调质→精加工→表面淬火及低温回火→磨削加工

如机床主轴的载荷较大，可用 40Cr 钢制造。当承受较大的冲击载荷和疲劳载荷时，则可采用合金渗碳钢制造，如 20Cr 或 20CrMnTi 等。

其他机床主轴的工作条件，选材及热处理工艺等列于表 11-5 中。

(2) 内燃机曲轴选材　生产中，按制造工艺把曲轴分为锻钢曲轴和铸造曲轴两种。锻钢曲轴主要由优质中碳钢和中碳合金钢制造，如 35、40、35Mn2、40Cr，35CrMo 钢等。铸造曲轴主要由铸钢、球墨铸铁、珠光体可锻铸铁以及合金铸铁等制造，如 ZG230-450、QT600-3、QT700-2、KTZ450-5、KTZ500-4 等。

内燃机曲轴选材原则，主要根据内燃机的类型、功率大小、转速高低和相应轴承材料等项条件而定。同时也需考虑加工条件，生产批量和热处理工艺及制造成本等。

图 11-1 是 175A 型农用柴油机曲轴简图。175 型柴油机为单缸四冲程柴油机，汽缸直径为 75mm，转速为 2200～2600r/min，功率为 4.4kW。由于功率不大，因此曲轴所承受的弯曲、扭转、冲击等载荷也不大。但由于在滑动轴承中工作，故要求轴颈部位有较高的硬度及耐磨性。一般条件下，性能要求是 $\sigma_b \geqslant 750$MPa，整体硬度在 240～260HBS，轴颈表面硬度≥625HV，$\delta \geqslant 2\%$，$a_K \geqslant 150 \mathrm{kJ/m^2}$。

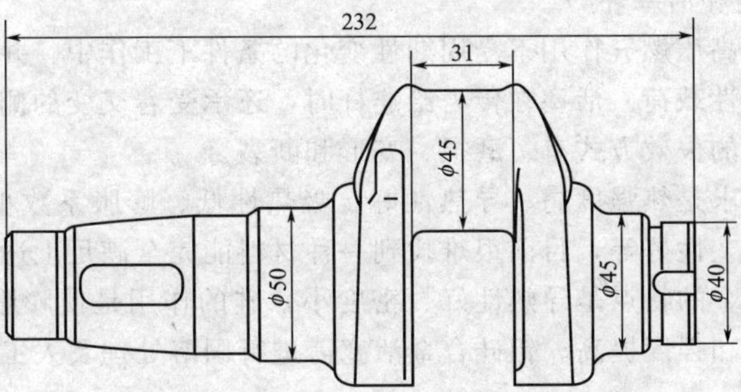

图 11-1　175A 型农用柴油机曲轴简图

根据上述要求，曲轴材料可选用 QT700-2，其加工工艺路线如下：

铸造→高温正火→高温回火→切削加工→轮颈气体渗氮

三、实际机械零件的用材

(一) 汽车零件用材

汽车常常是在－45～45℃之间以及尘土飞扬、雨雪、风沙等环境下工作，同时经常受到较大的冲击与过载，在交变载荷和振动的条件下工作。有些零件要在高温、腐蚀及摩擦等条件下使用。因此，汽车零件要求有高的强度、韧性、耐磨性及疲劳强度等，此外还要求自重轻，具有高的强度。

1. 缸体和缸盖

缸体是发动机的骨架和外壳，在缸体内外安装着发动机主要的零部件。缸体在工作中承受气压力的拉伸和气压力与惯性力联合作用下的倾覆力矩的扭转和弯曲以及螺栓预紧力的综合作用。因此缸体材料必须满足下列要求：

① 有足够的强度和刚度，特别是要有足够的刚度，以减小变形，保证尺寸的稳定性；

② 良好的铸造性和切削性；

③ 价格低廉。

缸体常用的材料有灰口铸铁和铝合金两种。铝合金的密度小，但刚度差、强度低且价格贵，所以除了某些发动机为减轻重量而采用外，一般均用灰口铸铁作为缸体材料。

缸盖主要用来封闭汽缸构成燃烧室。缸盖承受燃气的高温、高压作用、机械负荷和热负荷的作用。由于温度高、形状复杂、受热不均匀使缸盖上的热应力很大，严重时可造成缸盖变形甚至出现裂纹。因此，缸盖应用导热性好、高温机械强度高、能承受反复热应力、铸造性能良好的材料来制造。目前使用的缸盖材料有两种：一是灰铸铁或合金铸铁；另一种是铝合金。

铸铁缸盖具有高温强度高、铸造性能好、价格低等优点，但其导热性差、重量大。铝合金缸盖的主要优点是导热性好、重量轻，但其高温强度低，使用中容易变形、成本较高。

2. 缸套

汽缸内壁的过量磨损是造成发动机大修的主要原因之一，所以应选用相应的材料，即缸体用普通铸铁或铝合金，而汽缸工作面则用耐磨材料，制成缸套镶入汽缸。

常用缸套材料为耐磨合金铸铁，主要有高磷铸铁、硼铸铁、合金铸铁等。

为了提高缸套的耐磨性，可以用镀铬、表面淬火、喷镀金属钼或其他耐磨合金等办法对缸套进行表面处理。

3. 活塞、活塞销和活塞环

活塞组在高温、高压燃气作用下受周期性变化的条件下工作中，并在汽缸内作高速往复运动，产生很大的惯性载荷。活塞在传力给连杆时，还承受着交变的侧压力，工作条件十分苛刻。活塞组最常见的失效方式有：磨损、变形和断裂。

活塞用材料的要求是热强度高、导热性好、吸热性低、膨胀系数小、密度小，减磨性、耐磨性、耐蚀性和工艺性好等，目前很难找到一种材料能完全满足上述要求。常用的活塞材料是铝硅合金，铝合金的特点是导热性好、密度小，硅的作用是使膨胀系数减小，耐磨性、耐蚀性、硬度、刚度和强度提高。铝硅合金活塞需进行固溶处理及人工时效处理，以提高表面硬度。

经活塞销传递的力高达数万牛顿，且承受的载荷是交变的。这就要求活塞销材料应有足够的刚度和强度以及足够的承压面积和耐磨性，还要求外硬内韧，表面耐磨，同时具有较高的疲劳强度和冲击韧性。活塞销材料一般用 20 钢或 20Cr、20CrMnTi 等低碳合金钢。活塞销外表面应进行渗碳或氰化处理，以满足外表面硬而耐磨，内部韧而耐冲击的要求。

4. 连杆

连杆是在一个很复杂的应力状态下工作的，它既受交变的拉压应力，又受弯曲应力。连杆的主要损坏形式是疲劳断裂和过量变形。通常疲劳断裂的部位是在连杆上的三个高应力区域（见图 11-2）。连杆的工作条件要求连杆具有较高的强度和抗疲劳性能，又要求具有足够的刚性和韧性。

连杆材料一般采用45钢、40Cr或者40MnB等调质钢。合金钢虽具有很高强度，但对应力集中很敏感。所以，在连杆外形、过渡圆角等方面需严格要求，还应注意表面加工质量以提高疲劳强度，否则高强度合金钢的应用并不能达到预期效果。

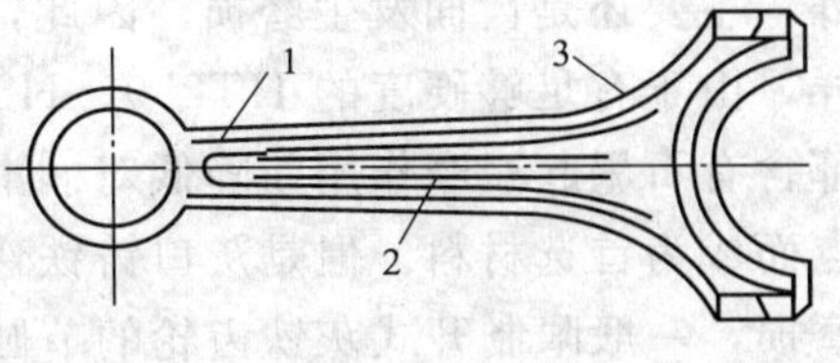

图 11-2 连杆上的三个高应力区域
1—小头与连杆的过渡区；2—连杆中间；3—大头与连杆的过渡区

（二）机床零件用材

通常机床零部件有机座、轴承、导轨、轴类、齿轮、弹簧、紧固件、刀具等。机床零部件在工作时将承受拉伸、压缩、弯曲、剪切、扭转、冲击、摩擦、振动等力的作用，或几种力的同时作用。在机床零部件的截面上产生拉、压、切等应力，这些应力或是恒定值或是变化值，在方向上或是单向的或是反复的，在加载方式上或是逐渐加载或是骤然加载。这些零部件的工作温度多在－50～150℃之间，同时受到大气、水分、润滑油及其他介质的腐蚀作用。

机床零部件在制造过程中往往要经过锻压、铸造、焊接、弯曲、拉拔和车、铣、刨、镗、磨等冷、热加工工序，所以机床用材应该具有良好的热加工性能及切削加工性能。

常用的机床用材有各种结构钢、轴承钢、工具钢、铸铁、有色金属、橡胶和工程塑料等。

1. 机身、底座用材

机身、机床底座、油缸、导轨、齿轮箱体、轴承座等大型零件以及其他一些如牛头刨床的滑枕、皮带轮、导杆、摆杆、载物台、手轮、刀架等零件或重量大，或形状复杂，首选材料当为灰口铸铁、孕育铸铁，球墨铸铁亦可选用，它们成本低、铸造性好、切削性能优异、对缺口不敏感、减振性好，非常适合铸造上述零部件，且石墨有良好的润滑作用，并能储存润滑油，很适宜制造导轨，同时铸铁有良好的耐磨性。常用的灰口铸铁牌号是：HT150、HT200及孕育铸铁HT250、HT300、HT350、HT400等，其中HT200和HT250用得最多。常用的球墨铸铁牌号为：QT400-17、QT420-10、QT500-5、QT600-2、QT700-2、QT800-2。QT400-17、QT420-10可用来制造阀体、阀盖，QT600-2、QT700-2、QT800-2可制造冷冻机缸体。

机身、箱体等大型零部件在单件或小批量生产时，也可采用普通低碳碳素钢来制造，如Q215、Q235、Q255，其中Q235用得最多。随着对产品外观装饰效果的日益重视，1Cr13、1Cr18Ni9、1Cr18Ni9Ti等不锈钢，H62、H68等黄铜的使用也日趋增多。铝（工业纯铝L15以及防锈铝LF5、LF11、LF21，硬铝LY11、LY12等）的装饰效果也很好，可制作控制面板、标牌、底版及箱体等。

对于非金属材料，尤其是工程塑料和复合材料，力学性能大幅度提高，颜色鲜艳、不锈蚀、成本低，已经大量应用于机床行业中。如聚丙烯，刚性、弹性模量、硬度等力学性能都较高，同时绝缘性优越，用于电气部分。ABS塑料力学性能良好，同时尺寸稳定，容易电镀和易于成型，耐热和耐蚀性较好，且原料易得，价钱便宜，是制造机床，控制箱壳体等的优秀材料。聚甲醛塑料具有优异的综合性能，弹性模量和硬度较高，抗蠕变性能好，韧性也很好，耐疲劳性能在热塑性工程塑料中是最高的，已广泛用作各种容器、管道等。复合材料如玻璃纤维增强聚乙烯的强度和抗蠕变性能好，耐水性优良，可以作转矩变换器、干燥器壳体。

2. 齿轮用材

(1) 开式齿轮传动　当防护和润滑的条件较差时，其可能破坏的方式，除了在齿根折断外，主要还是齿面发生磨损。因此，选用材料应当考虑其耐磨性且不需要经常给予润滑。这样，由于有足够硬度的 HT250、HT300 和 HT400 等灰口铸铁既有较好的耐磨性，又因内部含有石墨起减摩作用而降低对润滑的要求，同时还具有容易做成复杂的形状和成本低的优点而成为首选材料。但是灰口铸铁弯曲强度低、脆性大，不宜承受冲击载荷，同时为了减轻磨损，一般限制开式灰铁齿轮的节圆线速度在 3m/s 以下。钢在无润滑情况下，只能用作小齿轮和铸铁的大齿轮互相啮合，常用普通碳素钢 Q235、Q255 和 Q275 制造。成对的钢齿轮不应用于开式齿轮传动。

(2) 闭式齿轮　当有防护和润滑的条件较好时，多采用 40 钢、45 钢等经正火或调质处理的中碳优质钢制造，齿面硬度在 170～280HB 之间为宜。整体淬火和表面淬火后强度和硬度更高，硬度可达 40～63HC，适合用于较高的速度和承受较重的载荷。高速、重载或受强烈冲击的闭式齿轮，宜采用 40Cr 等调质钢或 20Cr、20CrMnTi 等渗碳钢制造，并进行相应的热处理。

(3) 不重要的闭式齿轮　当有防护和润滑的条件一般时，可使用普通碳素钢 Q275 制造，一般不经热处理。球墨铸铁 QT450-5、可锻铸铁 KTZ450-5、KTZ500-4 已广泛用来制造尺寸较大或形状复杂的闭式传动齿轮，并可提高速度到 5～6m/s。普通的灰口铸铁脆性大，非金属材料强度较低，都不宜用来制造机床闭式传动的齿轮。

3. 轴类零件用材

轴类零件材料应具有足够的疲劳强度、较小的应力集中敏感性和良好的加工性能，后者是易于加工和获得高光洁的表面的必要条件。一般采用正火或调质处理的 45 钢等优质碳素钢制造轴类零件。不重要的或受力较小的轴及一般较长的传动轴可以采用 Q235、Q255 或 Q275 等普通碳素钢制造。承受载荷较大，且要求直径小、重量轻或要求提高轴颈耐磨性的轴，可以采用 40Cr 等合金调质钢或 20Cr 等合金渗碳钢，整体与轴颈应进行相应的热处理。

曲轴和主轴常采用 QT600-2、KTZ600-3 等球墨铸铁和可锻铸铁制造。

(三) 化工设备用材

化工设备主要有压力容器、换热器、塔设备和反应釜等。这些设备的使用条件比较复杂，温度从低温到高温，压力从真空（负压）到超高压，物料有易燃、易爆、剧毒或强腐蚀等。不同的使用条件对设备材料有不同的要求，如有的要求良好的力学性能和加工工艺性能，有的要求优良的耐腐蚀性能，有的则要求材料耐高温或低温等。目前，化工设备的主要用材是合金钢，有的还用有色金属及其合金、非金属材料。

1. 低合金钢

(1) 压力容器用低合金结构钢　常用的是低合金结构钢。对该钢除要求强度外，还要求有较好的塑性和焊接性，以利设备的加工制造。但强度较高者，其塑性和焊接性能将有所下降。因此，必须根据容器的具体工作条件（如温度、压力）和制造加工要求（如卷板、焊接）来选用适当强度级别的钢材。常用的钢种有 16MnR、15MnVR 和 18MnMoNbR 等。

(2) 不锈钢　化工设备对材料耐蚀性能有较高的要求，因为其往往在酸、碱、盐以及各种活性气体等介质中工作，其失效原因多是由于腐蚀所致。因此，化工设备广泛地应用各种类型的不锈钢。

铬不锈钢：铬不锈钢（1Cr13、2Cr13）等钢种在弱腐蚀介质（如盐水溶液、硝酸、浓度不高的有机酸等）和温度低于 30℃时，有良好的耐蚀性。在海水、蒸汽和潮湿大气条件下，也有足够的耐蚀性。但在硫酸、盐酸、热硝酸、熔融碱中耐蚀性较低，故多用作化工设备中受力不大的耐蚀零件，如轴、活塞杆、阀件、螺栓等。

0Cr13、0Cr17Ti 等钢种，具有较好的塑性，而且耐氧化性酸（如稀硝酸）和硫化氢气体腐蚀，常用于代替高铬镍型不锈钢用于化工设备上，如用于维纶生产中耐冷醋酸和防铁锈污染产品的耐蚀设备上。

铬镍不锈钢：铬镍不锈钢有耐蚀要求的压力容器常用铬镍不锈钢，主要牌号有1Cr18Ni9、0Cr18Ni11Ti 和 0Cr17Ni12Mo2 等。该类钢经固溶处理后是单一的奥氏体组织，可得到良好的耐蚀性、耐热性、低温和高温力学性能及焊接性能。

高铬镍不锈钢在强氧化性介质（如硝酸）中具有很高的耐蚀性，但在还原性介质（如盐酸、稀硫酸）中则是不耐蚀的。为了扩大在这方面的耐蚀范围，常在铬镍钢中加入合金元素Mo、Cu，如 0Cr17Ni14Mo2。一般含 Mo 的钢对氯离子的腐蚀具有较大的抵抗力，而同时含 Mo 和 Cu 的钢在室温、浓度为 50%以下的硫酸中具有较高的耐蚀性，在低浓度盐酸中也比不含 Mo、Cu 的钢具有较高的化学稳定性。

(3) 耐热钢　还有一些化工设备是在 650℃以上的高温环境下工作，如原油加热、裂解、催化设备，在工作时就要求能承受 650～800℃左右的高温。在这样高的温度下，一般碳钢抗氧化腐蚀性能和强度变得很差而无法使用，此时必须采用耐热钢。

耐热钢的性能主要特点是良好的化学稳定性，主要是抗氧化性，以及热强性。化工设备上常用的耐热钢，按耐热要求的不同，可分为抗氧化钢与热强钢。抗氧化钢主要能抗高温氧化，但强度并不高，常用作直接着火但受力不大的零部件，如热裂解管、热交换器等。热强钢主要能抗蠕变，也有一定的抗氧化能力，常用作高温下受力的零部件，如加热炉管、再热蒸汽管等。

常见耐热钢的主要性能及用途见表 11-6。

表 11-6　常见耐热钢的主要性能及用途

用途分类	钢　号	主　要　性　能	抗氧化最高使用温度/℃	用途举例
抗氧化钢	1Cr13Si3 1Cr25Si2	铁素体钢,有晶粒长大倾向,不宜承受冲击负荷,但抗氧化性好,在含硫的气氛中有好的抗蚀性	900 1150	过热器吊架,吹灰器管,喷嘴等,热交换器,渗碳箱
	1Cr23Ni13 1Cr25Ni20Si2	奥氏体钢,有较高的高温强度及抗氧化性,对含硫气氛较敏感,在 600～800℃有析出相的脆化倾向	1050 1200	热裂解管,炉内传送带,炉内支架,高温加热炉管,燃烧室构件
	3Cr18Mn12Si2N	无镍奥氏体钢,有较高的高温强度和一定的抗硫及抗增碳性	1000	吊挂支架,渗碳炉构件,加热炉传送带,料盘,炉爪
	1Al3Mn2MoWTi	无铬抗硫耐蚀钢,有良好的抗硫及抗氧化性	650	石油炼厂加热炉管及反应塔体和塔内构件

(4) 其他类型的特殊性能钢

低温钢：在化工生产中，有些设备如深冷分离、空气分离、润滑油脱脂、液化天然气储存等，常处于低温状态下工作，因而其零件必须采用能承受低温的金属材料制造。我国常用低温钢的主要牌号和力学性能见表 11-7。

表 11-7　低温钢的主要牌号和力学性能

牌　号	钢板厚度/mm	σ_S/MPa	σ_S/MPa	δ/%	最低冲击温度/℃	冲击功值/J 不小于
			不小于			试样尺寸 10mm×10mm×50mm
16MnDR	6～20	500～630	320	21.0	−40	21
	21～38	480～610	300	19.0	−30	
09MnTiCuXtDR	6～20	450～580	320	21.0	−60	21
	21～30	430～560	300	21.0	−50	
	32～40	430～560	300	21.0	−40	
09Mn2VDR	6～20	470～600	330	21.0	−70	21
06MnNbDR	6～16	400～530	300	21.0	0	21

抗氢腐蚀钢：氢在常温下对钢没有明显的腐蚀，但当温度在 200～300℃，压力为 30MPa 时，氢会扩散入钢内，与渗碳体进行化学反应而生成甲烷，使钢脱碳并产生大量的晶界裂纹和鼓泡，从而使钢的强度和塑性显著降低，并且产生严重的脆化。因此，在高温、高压及富氢气体中工作的设备，在选材时首先要考虑氢腐蚀。

为防止氢对钢的腐蚀，可以在钢中加入与碳的亲和力较氢强的合金元素，如 Cr、Ti、W、V、Nb、Mo 等，以形成稳定的碳化物，从而把碳固定住，以免生成甲烷。而另一方面，则尽量降低钢中碳的含量。如“微碳纯铁”，其 $w_C \leqslant 0.01\%$，它抗 H_2、N_2、NH_3 的腐蚀性都很好，但其强度低，故使用上常受到限制。

根据上述原则，我国目前生产的抗氢钢种有下列几种。

15CrMo 用于温度低于 300℃的氨合成塔出塔气管材。

20CrMo 在合成氨生产中用于 250℃以下的高压管道，在非腐蚀介质中使用时，温度可达 520℃。

12Cr3MoA 为高压抗氢钢之一，可用作绕带式高压容器的内层。

微碳纯铁不含任何合金元素，可部分取代铬-镍不锈钢作氨合成塔内件。经试用，使用期可达 4 年。

10MoVWNb、15MnV 是化工、石油、化肥耐腐蚀新钢种，对 H_2、N_2、NH_3、CO 等介质的抗腐蚀性能较好，适于用作化肥系统 400℃左右的抗 H_2、N_2、NH_3 腐蚀用的高压管、炼油厂 500℃以下高压抗氢装置、甲醇合成塔内件和小化肥氨合成塔内件，渗铝后可作 800℃以下石油裂解炉管。由于其抗氢性能较好，也可用于石油加氢设备，而且它同时具有良好的加工工艺性能和焊接性能，是很有发展前途的耐蚀低合金钢。

抗氮腐蚀钢：干燥的氮气在温度低于 500℃时，对大多数金属是不起作用的。因为 N_2 是一种不易离解的气体分子，不易溶于钢，也不易与金属生成化合物，因此氮肥厂合成气中的 N_2 对钢是没有腐蚀作用的。不过，合成氨在 300～500℃时（合成塔内件的工作温度即在此范围内），却能在铁表面上分解，并形成初生态的氮，而这种初生态的氮能和很多金属元素，如 Fe、Mn、Cr、W、V、Ti、Nb 等形成氮化物。这种氮化物性质很脆，当腐蚀严重时，钢材就极容易发生脆裂。1Cr18Ni9Ti 不锈钢具有较强的耐氮化腐蚀能力，故常用 1Cr18Ni9Ti 钢作氨合成塔的内件。

2. 有色金属及其合金

应用于化工设备的还有有色金属，主要有铜、铝等及其合金。

（1）铜及其合金　铜具有耐不浓的硫酸、亚硫酸，稀的和中等浓度的盐酸、醋酸、氢氟酸及其他非氧化性酸等介质的腐蚀。对淡水、大气和碱类溶液的耐蚀能力很好。铜不耐各种浓度的硝酸、氨和铵盐溶液。纯铜主要用于制造有机合成和有机酸工业上用的蒸发器、蛇管等。

黄铜（Cu-Zn 系合金）由于其价格较低，锌质量分数小于 45%时又具有良好的压力加工性和较高的力学性能，耐蚀性与铜相似，特别是在大气中耐蚀性要比铜好，在化工设备上应用很广。化工上常用的黄铜牌号是 H80、H68 和 H62 等。H80 和 H68 塑性好，可在常温下冲压成型，用于制造容器零件。H62 在常温下塑性较差，力学性能较高，可做深冷设备的筒体、管板、法兰和螺母等。

锡青铜不仅强度、硬度高，铸造性能好，而且耐蚀性好，在许多介质中的耐蚀性都比铜高，特别在稀硫酸溶液、有机酸和焦油、稀盐酸溶液、硫酸钠溶液、氢氧化钠溶液和海水介质中，都具有很好的耐蚀性。锡青铜主要用来铸造耐蚀和耐磨零件如泵外壳、阀门、齿轮、轴瓦、蜗轮等零件。

（2）铝及其合金　工业纯铝广泛应用于制造硝酸、含硫石油工业、橡胶硫化和含硫的药剂等生产所用设备，如反应器、热交换器、槽车和管件等。

防锈铝的耐蚀性比纯铝高，可用作空气分离的蒸馏塔、热交换器、各式容器和防锈蒙皮等。

铸铝可用来铸造形状复杂的耐蚀零件，如化工管件、汽缸、活塞等。

思考与应用

一、名词解释

1. 失效　2. 断裂失效　3. 裂纹失效

二、填空题

1. 零件失效的主要形式有：________、________、________、________。

2. 零件的失效原因有________、________、________、________。

3. 工程序上常用的材料有________、________、________、________等。

4. 金属材料的选用原则是：一般情况下首先要满足零件的________，同时要考虑材料的________和________。

5. 零件的工作条件包括：________、________、________、________、________。

6. 常用的力学性能指标是________、________、________、________等。

三、选择题

1. 工程上使用的金属材料一般都呈（　　）。

A. 各向异性　B. 各向同性　C. 伪各向异性　D. 伪各向同性

2. 当晶格常数相同时，体心立方晶格比面心立方晶格（　　）。

A. 原子半径大，但致密度也大　B. 原子半径小，但致密度也小

C. 原子半径大，但致密度小　D. 原子半径小，但致密度大

3. 在面心立方晶格中，原子密度最大的晶向是（　　）。

A. [110]　　B. [111]　　C. [123]　　D. [100]

4. 在体心立方晶格中，原子密度最大的晶面是（　　）。

A. (110)　　B. (111)　　C. (123)　　D. (100)

四、判断题

1. 冲击韧性的实质是表征在交变载荷和复杂应力状态下材料的塑性，它对材料费组织缺陷和温度更为敏感，是判断材料脆性的重要指标。（　　）

2. 根据加工工艺的不同，裂纹可分为铸造裂纹、锻造裂纹、热处理裂纹和机械加工裂纹等。（　　）

五、简答题

1. 什么是零件的失效？机械零件有哪些常见的失效形式？

2. 简述按力学性能选材的步骤和应注意的问题。

3. 试确定下列齿轮的材料。

(1) 承受冲击的高速重载齿轮。

(2) 小模数仪表用无润滑小齿轮。

(3) 农家用受力小无润滑大型直齿圆柱齿轮。

六、课外调研

1. 论述日常生活中可见的、常见的失效现象，并作出科学理解和解释。

2. 有一 ϕ30mm×300mm 钢，要求摩擦部分硬度为 53～55HRC，现选用 30 钢制造，经调质处理后表面高频淬火和低温回火。使用过程中发现摩擦部分严重磨损，试分析失效原因，并提出如何改进。

第十二章 新型材料发展动态

知识目标

1. 了解纳米材料特性和应用。
2. 了解新型复合材料的发展。

能力目标

1. 能对新型材料（纳米材料等）特性和应用有所认识。
2. 能自主探索新型复合材料的发展动态。

随着机械工业的飞速发展，对机械工程材料的要求不仅仅限于具有一定的强度、硬度、韧性及耐磨性等力学性能，同时还要求具有某些特殊物理性能或功能。因此，人们对纳米材料、富勒烯类材料、新一代高温结构材料（金属间化合物）、非晶合金、储氢材料及新型复合材料等逐渐产生了极大的兴趣并对其进行广泛研究，并使得材料的开发重点由结构材料向功能材料转化。

第一节 纳米材料

纳米材料是近几年材料科学中最富有活力、研究内涵十分丰富的热点之一。纳米是一个尺寸单位（10^{-9}m），纳米材料是由尺寸为10～100nm的超微粒经压实和烧结而成的材料。

一、纳米材料的特性

1. 力学性能

经过大量的实验测试、模拟计算及理论分析，发现金属纳米材料具有非常独特的力学性能与结构性能。

（1）强度　纳米金属的屈服强度和断裂强度均远高于同成分的粗晶材料。例如，纳米铜（晶粒尺寸为25～50nm）的屈服强度高达350MPa，而冷轧态粗晶铜为260MPa，退火态粗晶铜仅为70MPa。

（2）塑性　绝大多数纳米材料的塑性很低，如纳米铜的伸长率低于10%，它比粗晶铜的伸长率小得多，而且塑性随晶粒的减小而减小，它与样品中的缺陷与杂质密切相关，尤其是在压制纳米粉体时引入的空隙等缺陷会大幅度降低塑性。

（3）弹性模量　实验结果显示纳米材料的弹性模量比多晶材料的低15%～50%。Sanders等的实验结果表明，弹性模量随样品中的微孔隙增多而线性下降。

2. 热学性能

材料尺寸减小到纳米级后，其熔点明显降低。如金微粒的尺寸减小到10nm时，熔点从1064℃降到1037℃；尺寸减小到2nm时，熔点变为327℃。银的熔点为690℃，而超细银粉的熔点仅为100℃。

3. 磁学性质

因纳米颗粒尺寸超细，其磁化过程由晶粒的磁各向异性和晶粒间的磁相互作用所决定。纳米晶粒的磁各向异性与颗粒形状、晶体结构、内应力以及晶粒表面的原子状态有关，并与粗晶粒有显著区别，表现出明显的小尺寸效应。在一些纳米铁磁体中发现饱和磁化强度比相应的多晶体的低，比普通多晶体铁低约40%。

二、纳米材料的应用

1. 催化剂

催化是纳米微粒应用的重要领域之一。它已作为国际第四代催化剂进行研究和开发，并在燃料化学、催化化学中占有十分重要的地位。纳米粒子表面大、表面活性中心多，特别适合用作催化剂。在火箭发射的固体燃料推进剂中添加 $w=1\%$ 的纳米铝粉（或镍粉），燃料的燃烧热可增加一倍；纳米硼粉、高铬酸铵粉可以用作炸药的有效催化剂；纳米铂粉、WC 粉是高效氮化催化剂；纳米银粉可作为乙烯氧化的催化剂；纳米微粒用作液体燃料的助燃剂，既可提高燃烧效率，又可减轻污染。金纳米微粒置于 Fe_2O_3、Co_3O_4、NiO_2 中，在-70℃就具有较高的催化氧化活性。

2. 电子工业产品中的应用

磁记录是信息存储与处理的重要手段，随着科学的发展，对记录密度的要求不断提高。早在日本曾经利用铁、钴、镍等金属纳米微粒制备高密度磁带。另外一些含钴、钛的钡铁氧体微粒可制成信用卡、票证、磁性钥匙等。利用纳米微粒的高比表面积可制成多种传感器，只需微量的纳米微粒便可发挥相当大的功能。纳米微粒对光具有强烈的吸收能力，而通常呈黑色，可在电镜-核磁共振波谱仪和太阳能利用中作为光照吸波材料，还可作为防红外线、防雷达的隐形材料。

3. 在环保、医药卫生领域的应用

随着经济的发展，人们越来越重视生活质量和健康水平的提高。ZnO、Fe_2O_3、TiO_2 等半导体纳米微粒的光催化作用在环保方面有着广阔的应用。纳米材料和纳米技术在抗菌、防腐、除味、净化空气、优化环境这方面将有广阔的应用前景。

利用纳米材料和纳米技术还可以对生物大分子进行组装，以获得具有更高性能的生物分子聚合物。

第二节　富勒烯类材料

富勒烯族（碳的又一种同素异构体）的发现是世界科技史上的一个重要的里程碑。富勒烯是笼状碳原子簇的总称，包括 C_{60}/C_{70} 分子、碳纳米管、洋葱状富勒烯、内包金属微粒的富勒烯等。十多年来，因富勒烯在超导、非线性光学、催化剂及纳米复合材料等诸多领域显示出诱人的潜在应用前景，已受到世界性的广泛关注。

C_{60} 及其水溶液具有光限性，当光流量较小时，溶液透明，当光强超过阈值后，立即变成不透明。因此，用作数字处理器中的光阈值器件和保护敏感器。C_{60} 可以生成单线态氧，或者形成可溶性富勒醇与生物蛋白相互作用，从而具有治疗癌症的作用。此外，C_{60} 还可以用来合成金刚石，或与金属形成夹层化合物成为性能优良的催化剂和润滑剂。

第三节　金属间化合物

金属间化合物是新一代高温结构材料，由于原子在晶体中作长程有序排列，因而也称有序金属间化合物。金属间化合物的特殊结构，使其具有许多特殊的性能。其中最突出的是具有优良的高温性能，如高温强度、抗氧化性和抗蠕变性等，某些金属间化合物还有屈服强度随温度升高而提高的反常特性。正是由于金属间化合物所具有比陶瓷材料的韧性高、比高温合金的密度低的特点，所以它被认为是介于高温合金与陶瓷材料之间的一类新型高温结构材料。但它的不足之处是韧性和塑性比较低，加工性能比较差。近几年国内外对金属间化合物的塑性研究已有突破性的进展。

典型金属间化合物包括 Fe-Al 金属间化合物、Ti-Al 金属间化合物、Ni-Al 金属间化合物等。

一、Ni_3Al 金属间化合物

熔点为 1390℃ Ni_3Al 合金，在熔点以下为面心立方晶格有序结构。它具有密度小、比强度高、高温强度高等特点，其屈服强度具有反常的温度效应，它在 800℃时达到峰值。此外，Ni_3Al 具有很高的加工硬化速率和良好的抗氧化性能，是很有生命力的新一代高温合金。Ni_3Al 合金的主要缺点是在室温时脆性很大，易断裂，切削时容易产生裂纹。

二、Ti_3Al 金属间化合物

Ti_3Al 合金具有密排六方晶格超点阵结构，它在高温（800～850℃）下具有良好的热强性和抗氧化性能，是一种很有发展前途的新型高温合金。美国已用 Ti_3Al 高温合金制成喷气发动机加力燃烧室和机匣。

三、TiAl 金属间化合物

TiAl 合金具有面心立方有序结构，它的密度小，耐热性好。由于 TiAl 能在铝表面形成性能优良的涂层，使用温度可高达 1000℃。此外，TiAl 合金的强度高于 Ti_3Al，而且不易产生氢脆。所以 TiAl 合金是一种很有吸引力的高温结构材料。

提高 TiAl 金属间化合物韧性的途径如下。

① 添加 Cr、Mn、V 等合金元素，改善合金的塑性。

② 细化晶粒和加入第二相弥散质点可以分散滑移，减小局部应力集中。

③ 当 TiAl 合金使用高纯度的原材料后，在不添加其他合金元素的情况下，可以显著地改善 TiAl 金属间化合物的室温塑性。

第四节　储 氢 材 料

随着工业的发展，煤和石油作为能源日渐枯竭，使人类面临着能源、资源和环境危机的严峻挑战。氢作为一种高能量密度、清洁的绿色新能源，已日益受到人们的重视。要利用氢作为能源，必须解决氢的储存和运输问题。用高压气瓶储存或以液态、固态储存氢既不经济也不安全，比较经济实用的办法是用储氢材料。

储氢材料主要包括离子型氢化物、合金储氢材料、碳质储氢材料、有机液态储氢材料等几大类，其中最有发展前途的是储氢合金和碳质储氢材料。

某些过渡族金属、合金和金属间化合物特殊的晶体结构，使氢原子容易进入其晶格的间

隙并形成金属氢化物，但氢与这些金属的结合力很弱，且这些金属氢化物的储氢量很大，可以储存比其本身大1000～1300倍的氢，而在加热时氢可能从金属中释放出来。

储氢合金储存氢气既方便又安全，储存时间长、无损耗、无污染。目前，储氢合金包括镁系、稀土系、钛系、锆系等四大系列，由于其制备技术和工艺较成熟，是目前应用最为广泛的储氢材料。

碳质储氢材料主要是指高比表面积活性碳、碳纳米管和石墨纳米纤维。经特殊加工后的高比表面积活性碳，在2～4MPa和超低温（77K）下，可储存5.3%～7.4%的氢，但特殊的低温条件限制了它的应用。

研究发现单壁碳纳米管能吸收大量氢气，并预测高纯度的单壁碳纳米管的储氢能力将高达5%～10%。

虽然碳纳米管、石墨纳米纤维类储氢量大，但成本高，还不能进行大规模生产。而合金类储氢材料可以大规模工业生产，成本比较低。现已开发出储氢量超过5%的复合系合金。因此，储氢合金仍然是目前主要的储氢材料。

第五节　新型复合材料的发展

随着科技的飞速发展，人们对材料提出了更高的要求，实践表明很难寻找一种单质材料可以同时满足某些要求，因此，新型复合材料的发展成为人们十分关注的问题。当前各种先进的新型复合材料已取得重要的研究成果，并得到广泛的应用，同时随着不断推出的高性能增强体和基体材料构成的复合材料的性能指标在逐步提高，新型复合材料逐渐向微观复合、多元混杂复合、功能复合、机敏复合和智能复合等方向发展。

一、由宏观复合向微观复合形式发展

复合材料基本上是以纤维、晶须等尺寸较大的增强体与基体材料复合而成的。已经研究出尺寸比一般增强体小得多的增强组元与基体复合的新型微观复合材料。微观复合材料包括均质材料在加工过程中内部析出增强相和剩余的基体相构成的原位复合材料或微纤维增强复合材料，也包括用纳米级增强体的纳米复合材料以及用刚强棒状分子增强的分子复合材料等。

很有吸引力的新型材料是纳米复合材料，因为如果增强体的尺寸降到纳米数量级，必然具有巨大的表面能，而其内部微结构也因体积小而发生变化。这些因素将会大大改善复合材料的性能。例如，Al_2O_3 基体含有纳米级 SiC 晶粒的陶瓷基复合材料，其强度可高达1500MPa，最高使用温度也可从原来 Al_2O_3 基体的800℃提高到1200℃。

二、从双元混杂复合向多元混杂和超混杂方向扩展

以两种增强纤维混杂实现增强的混杂复合材料已经取得良好的使用效果，并得到了发展。因为在混杂复合材料中存在混杂效应，从而使某些性能明显优于用简单混合规则所估计的数值，而且还可以降低原材料价格。目前混杂的形式正在从原来的增强体双元混杂向多元混杂方向发展。多元混杂是在混杂的纤维增强体中再加入颗粒填料，基体也可用混合体，如采用共混高聚物等，甚至还可以混杂其他属性的材料。

近来出现的铝板和纤维增塑交替叠层是最为典型的超混杂复合材料（ARALL）。在此基础上又发展出铝-碳纤维/环氧（CALL）和铝-玻璃纤维/环氧（GLALL）等超混杂复合材料。

这类材料的特点是耐疲劳性能极好，同时兼有铝和一般复合材料的其他特点。其缺点是二次加工性能差，弯曲时易造成分层破坏，连接问题尚未完全解决，成本也较高。目前在航空和汽车工业上已获得应用或试用，如用来制造机翼舱口板、工字梁和汽车传动轴等零部件。

三、以结构复合材料为主向与功能复合材料并重的方向发展

结构复合材料在复合材料领域中基本处于一统的地位，现已逐步随迅速发展的功能复合材料而有所改变，向着与其并重的方向发展。功能复合材料是指具有除力学性能外的其他优良的物理、化学性能的复合材料。例如，在电学方面有导电、超导、变阻、离子导电、半导电、屏蔽或吸收电磁波、压电、正导电温度系数（PTC）、消静电等功能；在磁学方面有软磁、永磁、压磁等功能；在光学方面有光波选择吸收、变频、抗激光、慢反射、高透光和光导等功能；在热学方面有导热、绝热、低热膨胀系数和耐烧蚀防热等功能；在声学方面有吸声、声呐发射与接收和声共振等功能；在机械学方面有振动阻尼、自润滑、高摩擦因数、抗磨损和复合装甲等功能；在化学方面则有选择分离和选择吸收等功能。不难看出功能复合材料的涉及面极为广泛，是一类具有重要使用价值的新型材料。

功能复合材料最大的特点是设计的自由度比一般均质功能材料大得多。由于功能材料需要同时用多个物理量来衡量，因此可以任意改变它特有的三个因素，即复合度（各组分的体积分数或质量分数）、连接型（各组分在三维空间的连接形式）和对称性（空间排列的对称性能），从而大幅度地定向化调整物理张量组元的数值，由此使其性能达到最佳优化值。

四、由被动复合材料向主动复合材料方向发展

专业人员正在致力于具有主动性即有源的材料的研究，它的初级形式称为机敏材料，具有感觉、处理和执行功能，起到自诊断、自适应和自修补的作用。它的高级形式称为智能材料，即不仅具有上述功能，而且能够根据环境实时的作用大小做出优化反应，起到自决策的作用。这类材料基本上是把敏感材料作为传感器，执行作用的材料作为驱动器的支持材料复合在一起，称为机敏（智能）复合材料。然后与外接电路装置构成系统，因此也统称为机敏（智能）系统。

具有代表性的自诊断机敏复合材料是在一般先进结构材料制作的承载件中（如飞机机翼）埋入若干根光导纤维，并配置各自的光源和检测装置。一旦飞机机翼局部发生过载的情况，相应的光导纤维即因异常应变或断裂，使其产生光路干涉性质的变化或传导中断，即可知道发生损伤或破坏的程度和部位。

初步的成果已引起人们广泛的重视，并预计根据这种思路将可创造出各种新的机敏或智能复合材料。

五、由复合材料的常规设计向仿生和CAD方向发展

目前，生物材料绝大多数是复合材料，在与自然界长期抗争和演化过程中形成了优化的复合与结构形式。例如，竹、木和动物骨骼等都是很好的复合材料，以竹为例，它是由许多直径不同的管状纤维，分散于基体组织中所形成的复合材料，纤维的直径与排列密度由表及里是不同的。表皮纤维的直径小而排列紧密，以利于增加它的抗弯曲能力，内层的纤维粗而排列疏，可以改善它的韧性，所以这种复合材料很合理。再如风力发电机和直升机的旋翼，其的内层结构是硬泡沫塑料，中层是玻璃纤维增强复合材料，外层是刚度、强度高的碳纤维复合材料。借鉴的是骨骼中心为疏松泡沫组织而发展起来的仿生材料。

复合材料因其具有可设计性，而且又有宽广的设计自由度，所以采用计算机辅助设计势在必行。目前正处在收集各种基础数据和设计程序的过程中，并已进行试验。根据材料的要求，分别通过结构途径来进行考虑，同时还要不断交叉考虑两个途径各阶段之间的相互关系，最终得到符合要求的设计。可以预测不久的将来，复合材料的CAD将会逐步普及到各种复合材料的结构件设计之中，并将成为学科研究的新目标之一。

思考与应用

一、名词解释

1. 纳米材料 2. 富勒烯材料 3. 金属间化合物 4. 储氢合金

二、填空题

1. 纳米金属的屈服强度和断裂强度均远______同成分的粗晶材料。

2. 纳米是一个______尺寸单位。

3. 纳米材料的制备方法主要有______、______、______和______。

4. 富勒烯主要包括______、______、______和______。

5. 典型金属间化合物包括______、______和______。

6. 金属间化合物的长程有序结构，使其具有许多特殊的性能。其中最突出的是具有优良的______。

三、选择题

1. 纳米材料在化工产品中应用的重要领域之一是（　）。

A. 催化　　B. 裂化　　C. 电镀　　D. 化学镀

2. 金属间化合物具有许多特殊的性能，其中最突出的是（　）。

A. 优良的高温性能　　B. 优良的低温性能

C. 比陶瓷材料的韧性低　　D. 高温合金的密度高

四、判断题

1. C_{60}具有很高的对称性，属于二十面体点阵，是富勒烯中最稳定的分子。（　）

2. 金属间化合物是新一代高温结构材料，由于原子在晶体中作短程有序排列。（　）

3. 目前使用的人工材料基本上属于被动性材料或称无源材料，即在外界环境作用下材料只能作出被动相应的反应。（　）

4. 必须强调指出功能复合材料最大的特点是设计的自由度比一般均质功能材料小得多。（　）

五、简答题

1. 纳米材料可能具有哪些奇特的性能？

2. 试解释非晶态金属的耐蚀性极强的原因？

3. 非晶态合金的结构主要特征是什么？

4. 简要说明新型复合材料的主要发展动态。

六、课外调研

纳米材料和储氢材料在生产和生活中的应用情况。

附录Ⅰ 国内外常用钢号对照表

分类	中国	美国			英国	日本	德国	前苏联
	GB	AISI SAE	ACI	ASTM	BS	JIS	DIN W-Nr	ГОСТ
碳素结构钢	10	1010 1012			En2A	S10C	C10、CK10 1.1121	10
	15	1015			En2、En2B、En2E	S15C	C15、CK15 1.1141	15
	20	1020			En2C、4S21、T54	S20C	C22、CK22 1.1151	20
	25	1025			En4、En4A	S25C		25
	30	1030			En5A、En5B	S30C		30
	35	1035			En8A、S93	S35C	C35、CK35 1.1181	35
	40	1040			En8D、S116	S40C		40
	45	1045				S45C	C45、CK45 1.1191	45
	50	1050			En43	S50C	CK53 1.1210	50
	55	1055			En9、En9K	S55C	CK56 1.1214	55
	60	1060			En43D	S60C	C60、CK60 1.221	60
合金结构钢	15Mn	C1115 1115			En14A	SB46	14Mn4 1.0915	14Г
	30Mn	C1033 1033			En5D、En5K			30Г
	30Mn2	1330			En14B、S92、S514		30Mn5 1.5066	30Г2
					3T35、3T45			
	42SiMn				En46		46MnSi4 1.5121	40СГ
	15Cr	5115			En206	SCr21	15Cr3 1.7015	15X
	20Cr	5120			En207	SCr22	20Cr4 1.7031	20X
	40Cr	5140			En18、S117	SCr4	41Cr4 1.7035	40
	45Cr	5145 5147				SCr5		45X
	38CrSi							38XC
	35CrMo	E4132			En19B	SCM3	34CrMo4 1.7220	35XM
		E4135						
	40CrV	6140					42CrV6 1.7561	40XФA
	18CrMnTi							18XГT
	30CrMnTi							30XГT
	30CrMnSi							30XГCA
	38CrMoAlA				En41B	SACM1	34CrMoA15 1.8507	38XMЮA
	40B	约 TS14						
		B35						
	40CrB	50B40						40XP
	20MnMoB	80B20						
	12CrNi3A	E3310 3310			En36A、En36B、S107	SNC22	14NiCr14 1.5752	12XH3A
	12Cr2Ni4A	2515 2515H			En39A、En39B、2S82		14NiCr18 1.5860	12X2H4A
	18CrNiWA							18XHWA
	40CrNiMoA	4340			En110、S95、S118	SNCM8	36CrNiMo4 1.6511	40XHMA
	40CrMnMo	4140			En19C			38XГM、40XГM

续表

分类	中国 GB	美国 AISI SAE	美国 ACI	美国 ASTM	英国 BS	日本 JIS	德国 DIN W-Nr	前苏联 ГОСТ
弹簧钢	65	C1065 1065			En43E	SUP2 SWR7	CK67 1.1231	65
	75	1074				SUP3 SWR9	C75、MK75 1.1248	75
	65Mn	C1065 1065			En43E			65Г
	60SiMn	9260			En45A	SUP6	60SiMn5 1.0908	60ГС
	55Si2Mn	9255			En45 1429		55Si7 1.0904	55С2
	63Si2Mn	9260				SUP7	65Si7 1.0906	63С2
	50CrVA	6150			En47	SUP10	50CrV4 1.8159	50ХФА
轴承钢	GCr6	E51100 51100					105Cr2 1.3501	ЩХ6
	GCr9	E52100			En31	SUJ1	105Cr4 1.3503	ЩХ9
	GCr15	52100			En31	SUJ2	100Cr6 1.3505	ЩХ15
	GCr15SiMn						100CrMn6 1.3520	ЩХ15СГ
碳素工具钢	T7A						C70W1 1.1520	у7А
	T8	W1-0.8			D1	SKU3	C85W2 1.1630	у8
	T8A	W1-0.8C-Special					C85W1 1.1530	у8А
	T10	W1-1.0C			D1	SK3	C100W2 1.1640	у10
	T10A	W1-1.0 C-Special					C100W1 1.1540	у10А
	T12	W1-1.2C			D1	SK2 SKU2	C115W2 1.1650	у12
	T12A	W1-1.2 C-Special					C110W1 1.1550	у12А
	T13A				D1	SK1 SKU1	C130W2 1.1660	у13
	T8MnA					SK5	C85W5 1.1830	у8ГА
高速钢	W9Cr4V2	T7			(A)14%W	SKH6	ABCⅠ(旧)3316	Р9
	W18Cr4V	T1			(A)18%W	SKH2	S18-0-1 3355	Р18
	W6Mo5Cr4V2	M2				SKH9	S6-5-2 3343	
合金工具钢	9CrSi						90CrSi5 1.2108	9ХС
	Cr						105Cr4 1.2056	Х09
							90Cr3	
	CrMn	L4					145Cr6 1.2063	ХГ
	CrWMn				Steel for cold working C	SKS31	105WCr6 1.2419	ХВГ
	5CrMnMo					SKT5	40CrMnMo7 1.2311	5ХГМ
	5CrNiMo	L6				SKT4	55NiCrMoV6 1.2713	5ХНМ
	CrW5					SKS1	X130W5 1.2453	ХВ5
	3Cr2W8V	H21			A1W-Cr	SKD5	X30WCrV9-3 1.2581	3Х2В8
	Cr12				Steel for cold working A1	SKD1	X210Cr12 1.2080	Х12
	Cr12W	约 D6				约 SKD2	X210CrW12 1.2436	
	Cr12MoV	D3			Type(A)2	SKD11	X165CrMoV12 1.1601	Х12М
耐热钢	Cr5Mo	501、50251501					12CrMo195 1.7354	Х5М
	4Cr10Si2Mo					SEH3		Х10С2М
	4Cr14Ni14W2Mo				En54	SEH4		4Х14Н14В2М
	Cr15Ni36W3Ti	330					X12NiCrSi36.16 1.4864	ХН35ВТ
不锈耐酸钢	0Cr13	410			En56A		X7Cr13 1.4000	08Х13
	1Cr13	403			En56A、En56AM	SUS21	X10Cr13 1.4006	1Х13(ЭЖ1)
	2Cr13	410 51410 60410	CA-15	A-296	En56B、En6C	SUS22	X20Cr13 1.4021	2Х13(ЭЖ2)
	3Cr13	420 51420 60420	CA-40	A-296	En56M	SUS23		3Х13(ЭЖ3)
	4Cr13				En56D		X40Cr13 1.4034	4Х13(ЭЖ4)
	Cr17	430 51430 60442	CB-30	A-296	En60	SUS24	X8Cr17 1.4016	Х17(ЭЖ17)
	Cr17Ti						X8CrTi17 1.4510	0Х17Т
	Cr17Ni2	430 51431			En57	SUS44	X22CrNi17 1.4057	Х17Н2
	Cr25	446 51446 60446	CC-50	A-296			X8Cr28 1.4083	Х25,Х25Т
	9Cr18		HC					0Х18
	0Cr18Ni9	304 30304 60304			En58E	SUS27	X5CrNi189 1.4301	0Х18Н10(ЭЯ0)
	1Cr18Ni9	302 30302 60302	CF-8	A-296	En58A	SUS40	X12CrNi189 1.4300	1Х18Н9(ЭЯ1)
	1Cr18Ni9Ti	321 30321	CF-20	A-296	En58B、En58C	SUS29	X10CrNiTi189 1.4541	1Х18Н9Т(ЭЯ1Т)
	1Cr18Ni11Nb	347、348、30347			En58F、约 En58G	SUS43	X10CrNiNb189 1.4550	0Х18Н12B

附录Ⅱ 国内外部分铝及其合金牌号对照表

	中国	美国	英国	日本	法国	德国	前苏联
	GB	ASTM	BS	JIS	NF	DIN	ГОСТ
工业纯铝	1A99	1199				A199.99R	A99
	1A97					A199.98R	A97
	1A95						A95
	1A80		1080(1A)	1080	1080A	A199.80	A8
	1A50	1050	1050(1B)	1050	1050A	A199.50	A5
防锈铝	5A02	5052	NS4	5052	5052	A1Mg2.5	AMg
	5A03		NS5				AMg3
	5A05	5056	NB6	5056		A1Mg5	AMg5V
	5A30	5456	NG61	5556	5957		
硬铝	2A01	2036		2117	2117	AlCu2.5Mg0.5	D18
	2A11		HF15	2017	2017S	AlCuMg1	D1
	2A12	2124		2024	2024	AlCuMg2	D16AVTV
	2B216	2319					
锻铝	2A80			2N01			AK4
	2A90	2218		2018			AK2
	2A14	2014		2014	2014	AlCuSiMn	AK8
超硬铝	7A09	7175		7075	7075	AlZnMgCu1.5	V95P
铸造铝合金	ZAlSi7Mn	356.2	LM25	AC4C		G-AlSi7Mg	AL2
	ZAlSi12	413.2	LM6	AC3A	A-S12-Y4	G-Al12	AL5
	ZAlSi5CulMg	355.2					
	ZAlSi12Cu2Mg1	413.0		AC8A		G-Al12(Cu)	AL19
	ZAlCu5Mn						
	ZAlCu5MnCdVA	201.0					
	ZAlMg10	520.2	LM10		AG11	G-AlMg10	AL8
	ZAlMg5Si1					G-AlMg5Si	AL13

参 考 文 献

[1] 许德珠. 机械工程材料. 第 2 版. 北京：高等教育出版社，2001.
[2] 邢建东. 工程材料基础. 北京：机械工业出版社，2004.
[3] 赵程，杨建民. 机械工程材料. 北京：机械工业出版社，2003.
[4] 边洁等. 机械工程材料学习方法指导. 哈尔滨：哈尔滨工业大学出版社，2003.
[5] 王运炎，叶尚川. 机械工程材料. 第 2 版. 北京：机械工业出版社，2002.
[6] 刘会霞. 金属工艺学. 北京：机械工业出版社，2001.
[7] 朱张校. 工程材料. 第 3 版. 北京：清华大学出版社，2001.
[8] 初福民. 机械工程材料实验与习题. 北京：机械工业出版社，2003.
[9] 闫康平. 工程材料. 北京：化学工业出版社，2001.
[10] 丁德全. 金属工艺学. 北京：机械工业出版社，2002.
[11] 王焕庭，李芋华，徐善国. 机械工程材料. 第 4 版. 大连：大连理工大学出版社，2000.
[12] 王广生. 金属热处理缺陷分析及案例. 北京：机械工业出版社，2002.
[13] 王纪安. 工程材料与材料成形工艺. 北京：高等教育出版社，2000.
[14] 司乃钧，许德珠. 金属工艺学. 北京：高等教育出版社，1998.
[15] 李义增. 金属工艺学. 北京：高等教育出版社，1995.
[16] 丁德全. 金属工艺学. 北京：机械工业出版社，2000.
[17] 孙琳如，史保萱. 机械制造基础. 太原：山西科学技术出版社，1994.
[18] 丁殿忠. 金属工艺学课程设计. 北京：机械工业出版社，1997.
[19] 王英杰. 金属工艺学. 太原：山西科学技术出版社，1997.
[20] 王英杰. 金属工艺学实验指导及题集. 太原：山西科学技术出版社，1998.
[21] 王英杰. 金属材料及热处理. 北京：中国铁道出版社，1999.
[22] 王英杰. 金工实习指导. 北京：中国铁道出版社，2000.
[23] 赵小东. 金工实习. 南京：东南大学出版社，1997.
[24] 王雅然，王希平. 金属工艺学. 北京：高等教育出版社，1995.
[25] 罗会昌. 金属工艺学. 北京：高等教育出版社，2000.
[26] 苏家麟，王毓敏. 金属工艺学. 北京：高等教育出版社，1996.
[27] 王雅然. 金属工艺学. 北京：机械工业出版社，1999.
[28] 梅启钟. 机械制造工艺基础. 北京：中国劳动出版社，1996.
[29] 盛善权. 机械制造基础. 北京：高等教育出版社，1993.
[30] 王俊山. 金工实习. 北京：高等教育出版社，2000.
[31] 孙以安，陈茂贞. 金工实习教学指导. 上海：上海交通大学出版社，1998.
[32] 贺锡生. 金工实习. 南京：东南大学出版社，1996.
[33] 郝广发主编. 金属工艺学. 北京：机械工业出版社，1996.
[34] 王雅然主编. 金属工艺学. 北京：机械工业出版社，1994.
[35] 骆志斌主编. 金属工艺学. 南京：东南大学出版社，1994.
[36] 王特典主编. 工程材料. 南京：东南大学出版社，1996.
[37] 隋福梅主编. 金属工艺基础. 北京：中国劳动出版社，1993.
[38] 吴一江主编. 机械工程学基础. 北京：机械工业出版社，1993.
[39] 刘世英主编. 金属材料及热处理. 北京：机械工业出版社，1992.
[40] 房世荣主编. 工程材料与金属工艺学. 北京：机械工业出版社，1994.
[41] 邢玉清编. 热塑性塑料及其复合材料. 哈尔滨：哈尔滨工业大学出版社，1990.
[42] 陈明深等. 金属材料与热处理. 第 3 版. 北京：中国劳动出版社，1993.
[43] 王文广等. 塑料材料的选用. 北京：化学工业出版社，2001.
[44] 陈耀庭等. 橡胶加工工艺. 北京：化学工业出版社，1982.
[45] 程侣柏等. 精细化工产品的合成及应用. 第 3 版. 大连：大连理工大学出版社，2001.
[46] 丁厚福. 王立人. 工程材料. 武汉：武汉理工大学出版社，2001 年.
[47] 范悦. 工程材料. 北京：北京航空航天大学出版社，2003 年.
[48] 罗会昌. 金属材料及热处理. 北京：化学工业出版社，1991 年.
[49] 刘德力. 金属材料与热处理. 北京：科学出版社，2009.